WESTEND

FLORIAN SCHWINN

DIE KLIMA KUH

Von der Umweltsünderin zur Weltenretterin

WESTEND

Dieses Buch erscheint in der Reihe *Pro Natur*. Rudolph L. Schreiber, einer der Pioniere der ökologischen Bewegung, publizierte vor vielen Jahren bereits wichtige und bahnbrechende Bücher zum Thema in seinem Pro Natur Verlag. Diese Reihe soll sein Denken und Arbeiten fortführen und dazu anstiften, sich für den Erhalt unserer Erde einzusetzen.

Mehr über unsere Autoren und Bücher:
www.westendverlag.de

Die Deutsche Nationalbibliothek verzeichnet diese Publikation in der Deutschen Nationalbibliografie; detaillierte bibliografische Daten sind im Internet über http://dnb.d-nb.de abrufbar.

MIX
Papier | Fördert gute Waldnutzung
FSC® C014889
www.fsc.org

ISBN 978-3-86489-421-3

Umschlaggestaltung: Buchgut Berlin
Satz: Publikations Atelier, Weiterstadt
Druck und Bindung: Friedrich Pustet GmbH & Co. KG, Regensburg
Printed in Germany

Inhalt

PROLOG **Schäferstündchen** 8

KAPITEL 1 **Bukolische Landschaft** 14

Rinderwege 14
Besuch im Psychotop 19
Landwirtschaft als Naturschutz 26
Schuss auf der Weide 30
Nose to Tail 34
Huteland 40
Sonderwirtschaftszone 46
Fossile Milch 49
Milchmädchenrechnung 55
Graswissen 63
Mühweide 69
Umtriebe 75
Weidegeld 80
Kargland 86
Weide für Heide 90
Schöne Scheiße 95
Dungforschung 99
Weidekrank 107

KAPITEL 2 **Klimatische Verschiebung** 114

Sündenrinder 114
Die Kuh-Klima-Lüge 117

Verdauungsfragen 124
Methanmilch 128
Der dritte Weg 134
Die Fleisch-Wasser-Lüge 140
Wolfsland 148
Hundszeit 153
Zaunleid 159
Laissez-faire 165
Konsequenz 170
Hobbybeute 174

KAPITEL 3 **Ruck zur Natur** 180
Geburt einer Landschaft 180
Mittelland 187
Feldversuch 194
Waldweide 199
Rückkehr der Vielfalt 204
Migranten 209
Natur oder Naturschutz 217
Wunderbare Unordnung 224

EPILOG **Kuhwende** 236

Literatur 240

Anmerkungen 245

Dank 255

Siehe auch: www.dieklimakuh.de

Prolog
Schäferstündchen

»Friedrich lag im Grase, nach seiner gewohnten Weise, und schnitzelte an einem Weidenstabe (...) Sein Hund lag in einiger Entfernung nah bei den Kühen, die, unbekümmert um die Forstgesetze, ebenso oft den jungen Baumspitzen als dem Grase zusprachen und in die frische Morgenluft schnaubten.«[1]

Wir haben das Bild sofort vor Augen: Ein Hirt ruht am Boden, halb aufgerichtet auf der Seite unter einem Baum, vielleicht an einer dem Waldrand vorgelagerten alten Eiche. Unweit liegt sein Hund und dahinter weiden die Tiere, die die beiden beaufsichtigen. Was ihnen aber nicht viel abverlangt, weshalb sie anderen Beschäftigungen nachgehen können. Das zum vollständigen Bild gehörende Schäferstündchen bleibt dem Hirten Friedrich verwehrt. Dennoch ist das Bild genau die Romantik, wie sie uns im Gemüt sitzt. Spätestens seit jener Epoche immer gern mit Waldrand und Tieren verbunden.

Literarisch gesehen geht die Romantik hier allerdings gerade in den Realismus über, denn Annette von Droste-Hülshoffs Kriminalgeschichte und Milieustudie *Die Judenbuche* wird schon zur Epoche des deutschen Realismus gerechnet. »Pastoral« gesehen, also vom Hirten her, wird hier ein forstliches Vergehen beschrieben. Allerdings eines, das heute in den meisten Teilen Deutschlands völlig unrealistisch ist.

Die Kühe fressen an den Bäumen. Das darf nicht sein aus der Sicht eines Försters, und der hat schließlich das Sagen im Wald. Es ist verboten, Nutztiere im Wald weiden zu lassen. Und heute kann sich ein einzelner Hirte über dieses Verbot auch nicht mehr hinwegsetzen so wie der traurige Held Friedrich in der *Judenbuche*. Schon weil es diesen Hirten heute gar nicht mehr gibt, außer vereinzelt vielleicht noch in den Bergen als Senn oder als Wanderschäferin. Vor allem aber, weil die Trennung von Äckern, Weiden und Wald eine vollständige ist. Mit einigen wenigen Ausnahmegebieten, die in den letzten Jahren und Jahrzehnten neu entstanden sind und bei denen es zumeist um Naturschutz geht.

Wenn die Deutschen alle zwei Jahre vom Bundesamt für Naturschutz zu ihrem Verständnis von Natur befragt werden, dann treten in schöner Regelmäßigkeit ebenfalls solche Bilder von Schäferstündchen zutage. Schon die erste Studie zum Naturbewusstsein fasste 2009 zusammen: »Natur bedeutet Stille, Entspannung und Erholung, sie ist der Gegenpol zum stressigen Alltag. Naturbilder sind häufig Urlaubs- und Freizeitbilder. Die häufigsten spontanen Assoziationen zum Begriff Natur sind Wald und Wiese, auch Tiere werden relativ oft genannt.«[2]

Bei genauerem Hinschauen gesellen sich am Waldrand und auf der Wiese ganz bestimmte Lieblingstiere hinzu. In den Naturbildern, die den Menschen spontan einfallen, dominieren die Kuh mit fünfzehn und der Hund mit vierzehn Prozent; übertroffen einzig vom Reh, das siebzehn Prozent der Befragten nennen.[3] In den Folgestudien zum Naturbewusstsein, die sich bis heute jeweils ein Schwerpunktthema gesetzt haben, wird das immer wieder spontan abgefragte und frei formulierte grundlegende Bild von Natur bestätigt. »Natur ist das, was der Naturwissenschaftler so nennt«, sagt der Naturwissenschaftler Hansjörg Küster, der auch ein Landschaftsforscher ist: »In der Landschaft aber spielt nicht nur die Natur eine Rolle, sondern immer auch Kultur. Und das heißt vor allem auch die Idee, die Menschen mit diesem Stück Land verknüpfen. Die Idee ist eigentlich das Konstanteste an einer Landschaft.«[4] In unserer Vorstellung von Natur hat sich offenbar eine Kulturlandschaft eingenistet, für viele ausgestattet mit Hütehund und Rindern. Auf den zugehörigen romantischen Bildern, auf denen sich auch gerne mal Faune mit Panflöte herumtreiben, ist die Landschaft oft eine arkadische. Also ein Abbild der zum Mythos verklärten, von einem Hirtenvolk gestalteten antiken Landschaft, festgehalten in der zugehörigen bukolischen Dichtung.[I] Die Wälder sind licht und ähneln Parks, sie lassen den Blick frei auf einen weiten Hintergrund.

»Die Landschaft ist natürlich ein Konstrukt«, stellte schon 1979 der Schweizer Soziologe und Ökonom Lucius Burckhardt fest, der an der Universität Kassel die Promenadologie, also die Spaziergangswissenschaft, entwickelte: »In der Umwelt eine Landschaft zu erblicken ist eine schöpferische Tat unseres Gehirns (…) Wenn sich in unserem Kopfe eine Landschaft aufbaut, so bedient sich unser Kopf einer Palette von in der Umwelt vorgefundenen Erscheinungen: Farben, Strukturen, erkennbaren natürlichen Zusammenhängen und Zeichen menschlicher Eingriffe.«[5]

Die Elemente dieser Palette mischen wir dann mit dem Ideal des »lieblichen Ortes«, wie er durch Schriftsteller und Maler überliefert oder eher erst hergestellt wurde. Denn: »Als Horaz seine arkadischen Hirtengedichte schrieb, gab es kein Arkadien mehr, sondern ein Sizilien, in welchem Sklavenheere das Getreide produzierten, das die Weltstadt Rom ernährte.«[6]

Dennoch blieb das arkadische Idealbild der bukolischen Landschaft bis heute in unseren Köpfen. Und da, wo eine Landschaft wiederhergestellt wird, die diesem mythischen Ideal nahekommt, fühlen wir uns spontan wohl. Dann ist es übrigens egal, ob das auf einer kulturellen Leistung basiert, also der schöpferischen Tat des Gehirns, wie Lucius Burckhardt vermuten würde, oder ob es sich bei solchen halboffenen Landschaften um ein viel tiefer in uns verankertes Bild handelt. Ein Landschaftsbild, das uns quasi in den Genen sitzt, weil unsere Vorfahren durch solche Landschaft gestreift sind, auf der Suche nach den Vorfahren unserer heutigen Rinder. Das würde der niederländische Biologe und Naturschützer Frans Vera vermuten, von dem später noch die Rede sein wird.

I Nach griechisch *boukólos*, zu Deutsch »Rinderhirte«.

Solche Landschaften lassen sich wiederherstellen, und das real zum konkreten Erleben. Und wo wir sie wieder erstehen lassen, fühlen wir uns nicht nur geborgen in ihnen. Dort stellen wir auch die verloren gegangene Biodiversität wieder her, wir lassen Insekten auffliegen und ernähren Vögel. Und wir bauen Humus auf im lebendigen Boden, lagern damit Kohlenstoff aus der Luft im Boden ein und bekämpfen so die Klimakrise. Der Schlüssel für die Rückkehr zu diesen neuen Landschaften ist das Tier, mit dessen Hilfe wir seit Jahrtausenden Landschaft gestalten und auf dessen Rücken wir unsere Kultur aufgebaut haben: die Kuh.

Die Kuh ist allerdings in Verruf geraten. Weil die Rindviecher angeblich den Klimawandel herbeirülpsen und -pupsen. Bei der Verdauung entsteht in ihren Mägen bekanntlich das Treibhausgas Methan, das vermeintlich 25-mal wirksamer als Kohlendioxid ist, oder auch 28-mal oder gar 30-mal, je nach Lesart und Dateninterpretation. Egal, jedenfalls muss das reduziert werden. Deshalb sollen wir weniger Rinder halten, weniger Milch trinken, weniger Butter, Joghurt, Käse essen und natürlich auch weniger Fleisch.

Deshalb will die Republik Irland 200 000 Kühe keulen. Das ist das hässliche Wort für eine Tötung ohne Verwertungsabsicht. Die ist nach dem Deutschen Tierschutzgesetz verboten und kann nur im Seuchenfall als Ausnahme dennoch geschehen. In Irland wäre dann die Klimakrise der Notfall, der den tausendfachen Tod rechtfertigen soll. So jedenfalls der Vorschlag in einem internen Papier des Agrarministeriums, das im Juli 2023 veröffentlicht wurde. Damit will die Regierung ihre eigenen Klimaziele einhalten.

Nur – muss das Methan aus dem Inneren der Kühe wirklich reduziert werden? Gehört das nicht vielleicht zum seit Jahrtausenden bestehenden Methankreislauf der Atmosphäre? Oder, ein wenig zugespitzter argumentiert: Wenn das richtig ist, was Irlands Regierung plant, müsste dann nicht Südafrika zum Beispiel um der Klimaziele willen seine Giraffen töten? Die sind schließlich viel größer als Rinder, fressen mehr und stoßen mehr Treibhausgase aus. Man muss nur das Rindvieh durch ein anderes Tier ersetzen, schon erscheint die Methanrechnerei absurd. Und das ist sie auch: unnötig verschüttete Milch. Wir werden sehen, wie solche Berechnungen zustande kommen, weshalb sie die Wissenschaft spalten und die veröffentlichte Meinung in der Ablehnung des Klimakillers Kuh vereinen – zumindest, wenn man dem glaubt, der am lautesten muht.

Wir werden auch sehen, wie es im Gegensatz zum derzeitigen »Narrativ« funktionieren kann, mit der Kuh als Helferin das Klima wirksam zu schützen. Das geht allerdings nicht so, wie bei uns die Mehrzahl der Rinder gehalten wird. Die stehen nämlich immer oder die meiste Zeit in den Ställen. Und dort können sie das nicht tun, was sie am besten können: Gras fressen und die Weide düngen, und damit auch für Insektennachwuchs und Vogelbrut sorgen, und für Humus im Boden, also gespeichertes Treibhausgas. Die Tiere müssen deshalb wieder raus.

Von Narrativen wird auch zu reden sein, denn das sind Erzählungen, die uns etwas einreden. Und das ist nicht immer das Richtige. Um einen befreundeten Biobauern zu zitieren, von dem auch noch die Rede sein wird: »Neunzig Prozent der sogenannten Narrative über die Landwirtschaft stimmen nicht, oder sie stimmen so nicht. Der Fakt als solcher stimmt, aber die Schlüsse, die daraus gezogen werden, sind falsch oder unsinnig« – und das bisweilen auch absichtlich. Gezieltes Missverstehen ist eine Form der politischen Auseinandersetzung. Entsprechend schwer sind solche Erzählungen zu entlarven oder gar aus der Welt zu schaffen. Selbst als Märchen können sie ewig leben.

Also versuchen wir es auch mal andersherum: Wir zeigen, wie wir mit Kühen den Klimawandel aufhalten, die Biodiversität wiederherstellen, die Landschaft verschönern und den Naturschutz stärken können. Nebenbei retten wir die Wälder und schaffen neue, vernetzte Lebensräume für Wildpflanzen und Wildtiere sowie Erholungsgebiete für gestresste Städter.

So wie die Kuh der Nukleus unserer ganzen Kultur ist, weil wir unsere Zivilisation auf dem Rücken der Rinder aufgebaut haben, so kann die »Kuhwende« der Nukleus einer umfassenden Agrarwende werden. Mit der sichern wir übrigens auch die Landwirtschaft – und damit unsere Zukunft.

Was wir dazu brauchen: den Mut, diese Landwirtschaft neu zu denken und neu aufzustellen, sie aus der Sackgasse der Industrialisierung herauszuholen und regional angepasst auch mal kleinräumiger zu gestalten. Außerdem brauchen wir robuste Kühe, die ganzjährig draußen leben können, die ohne Kraftfutter auskommen und dennoch Milch geben und Fleisch ansetzen.

Die gute Nachricht: Den Mut gibt es schon. Allerdings nur bei einzelnen Bäuerinnen und Bauern. Und die Rinderrassen, die das mitmachen, gibt es auch – noch. Die schlechte Nachricht: Wir entwerfen hier gerade einen kompletten Umbau der Landwirtschaft. Und der wird viele Feinde haben, die mit bäuerlichen Strukturen gebrochen und sich der Agrarindustrie verschrieben haben. Das macht aber nichts, weil wir im Falle der großen »Kuhwende« in der Lage sind, klein anzufangen und anschauliche Beispiele zu generieren, die viele Nachahmer finden können und hoffentlich auch finden werden. Manche dieser Beispiele gibt es schon. Sie müssen nur breiter bekannt gemacht und dargestellt werden. Das unter anderem soll dieses Buch tun.

Ach ja, und noch etwas müssen die guten Beispiele, nämlich unterstützt werden. Wie unterstützt man ein Weideprojekt, das mit Rindern arbeitet, wenn man keine Bäuerin, kein Bauer ist? Es ist ganz einfach, wird vielen aber dennoch nicht gefallen und womöglich eine verhärtet geführte Diskussion weiter anfeuern: indem man Milchprodukte konsumiert, und zwar solche, die von Weidetieren stammen. Und auch, indem man Fleisch isst. Es kann, muss und sollte gerne weniger Fleisch sein, als wir in den reichen Industrieländern derzeit im Durchschnitt konsumieren. Das wäre sogar gut für alle Beteiligten. Es muss nur, wenn Fleisch, dann das richtige sein. Das wird allerdings teurer, mit Tendenz zur Rückkehr des Sonntagsbratens.

Kapitel 1
Bukolische Landschaft

»Alle guten Dinge haben etwas Lässiges und liegen wie Kühe auf der Wiese.«[1]

Friedrich Nietzsche

Rinderwege

Das Ende des Waldweges kündigt sich an. Mit Gesang. Alle paar Schritte ein paar Vogelstimmen mehr. Mit Wärme. Die Feuchte des Waldes wird von einer trockenen Brise abgelöst. Mit Gebrumm. Plötzlich sind Insekten in der Luft. Die Bäume stehen nicht mehr dicht, werden dann von Büschen abgelöst, da wachsen Kräuter am Wegesrand, da blühen Stauden, ranken stachelige Beeren.

Ein paar Meter noch, einen Pfad durchs Gestrüpp entlang, dann öffnet sich die Landschaft. Der Blick stößt nicht mehr an. Es gibt jetzt einen Horizont aus Grasland und Buschwerk, dazwischen einzelne Bäume und Baumgruppen und einen hohen Himmel über dem ganzen Bild.

Nein, wir sind nicht gerade aus dem Regenwald getreten und stehen am Rande der Savanne, wir schauen jetzt nicht über den Afrikanischen Grabenbruch, die Tiere dort hinten im hohen Gras sind weder Gnus noch Büffel, und die Pferde haben hier auch keine Streifen. Obwohl die Beschreibung des Wegs aus dem Budongo Forest heraus in die Savanne des Murchison Falls Nationalparks in Uganda ganz ähnlich ausfallen würde – bis auf die Geräusche. Dort ist der Regenwald voller Stimmen, hier bei uns ist der Forst eher still. In Deutschland, in Mitteleuropa, sind die offenen Landschaften belebter als der dichte Wald; zumindest an den wenigen Stellen, wo man das offene Land noch leben lässt.

Solch eine Stelle ist dies hier: »Stiftungsland Schäferhaus«, eine Savanne in Norddeutschland. Das spanische Wort *Sabana* ist eine Entlehnung aus dem Karibischen und heißt eigentlich »weite Ebene«. Wobei wir natürlich wissen, dass Savannen nicht nur eben und vor allem nicht leer sind. Hier erstreckt sich die Weite über dreihundert Hektar, eine eher überschaubare Fläche in der Nähe von Flensburg. Aber dieser Ausschnitt einer urtümlich anmutenden Landschaft zeigt, was geht, was kreucht, was fliegt – was läuft.

Die Tiere, die da im Gelände zu sehen sind, das sind Rinder und ein paar kleine Pferde. Die sind Schwarzfalben mit einem dunklen Aalstrich auf dem Rücken und einer halb stehenden, halb fallenden dunklen Mähne. Wir nennen sie Wildpferde, obwohl sie das nicht sind. Treffender ist der polnische Name für die von dort stammenden Ponys: Konik. Das heißt einfach »Pferdchen«. Eigentlich wurden sie als Arbeitstiere gezüchtet, heute arbeiten sie vorwiegend im Naturschutz. Aber von denen gibt es nur ein paar wenige im Stiftungsland Schäferhaus. Die Tiere, die man zuerst sieht und auch persönlich antrifft, weil sie nicht weglaufen und es kaum Zäune gibt, das sind Kühe und ihre Kälber. »Robustrinder« sagen wir heute zu ihnen, seit wir Rindviecher gezüchtet haben, die den robusten Namen »Viech« eigentlich nicht mehr verdienen, weil sie für ein Leben draußen nicht mehr geeignet sind. Hier sind diese Viecher, die keinen Stall kennen, weil sie das ganze Jahr draußen leben, zumeist Galloways.

Sie sind vergleichsweise klein, wie auch die Koniks eben nur Pferdchen sind. Obwohl man schwerlich »Rindchen« sagen würde zu einer Gallowaykuh, die stämmig vor ihrem Kalb steht. »Mittelrahmig« sagen die Züchter zu so einem Rind, also nicht wirklich klein. Und durchaus Respekt einflößend, auch ohne die kuhtypischen Waffen auf dem Kopf.

Galloways sind genetisch hornlos. Irgendwann in ihrer langen Geschichte haben sie ihre Hörner verloren. Das belegen schon prähistorische Zeichnungen in Schottland. Und auch der römische Dichter Livius Andronicus berichtete von den hornlosen schwarzen und braunen Rindern aus dem Norden Britanniens, die als einzige Lebewesen den Hadrianswall überqueren durften. Die Römer schätzten das Fleisch der Tiere und ließen sie daher gerne nach Süden durchziehen.

Auch ohne Hörner sind die kleinen Galloways allerdings wehrhaft oder sollen es zumindest sein. Der Biopionier Werner Lampert schreibt in seiner Hommage an die Kuh über die Keltenrinder: »Galloways sind ausgesprochene Herdentiere. Bedrohungen erledigen sie im Verbund. Werden sie in der freien Welt von Wölfen bedrängt, greifen sie sofort an und rollen den Angreifer mit ihren Köpfen so schnell, dass jedes Leben aus ihm weicht.«[2] Hoffentlich erinnern sich die Galloways an die vom österreichischen Kuhkenner beschriebene Kampftechnik, wenn sie es dann mit realen Wölfen in ebendieser freien Weidewelt zu tun haben. Dass sie sofort alle reagieren, wenn ein Tier mit Muhen eine Gefahr signalisiert, bezeugen die Menschen, die sie betreuen. Man hat eine ganze Herde gegen sich, wenn eines der Rinder irgendeine Handlung, einen menschlichen Zugriff, als bedrohlich empfindet. Das Paradebeispiel ist das vorgeschriebene Einsetzen der Ohrmarke bei neugeborenen Kälbern. Im Freien, wo man Kalb und Kuh nicht voneinander trennen kann, gestaltet sich das nicht ungefährlich.

Galloways stammen aus der gleichnamigen Landschaft im Südwesten Schottlands. Sie sind genügsam und trotzen mit ihrem zotteligen Fell selbst harten Wintern. Auch wenn es nicht einmal mehr trockenes Gras zu fressen gibt, kommen sie zurecht. Dann ernähren sie sich von Blattknospen und Baumtrieben. Genau das sollen sie hier im Stiftungsland auch. So gestalten sie die Landschaft, halten sie offen, machen sie zur nordischen Savanne und damit zum Ursprung neuer biologischer Vielfalt.

Also treten wir hinaus in diese Landschaft – und damit ein in ein Bild romantischer Maler. Es hat die Weite, den Horizont, die Höhe des Himmels. Claude Lorrain hat diese Landschaften schon im 17. Jahrhundert in die Kunst eingeführt. Nennen wir ihn mal hilfsweise den Vater der Landschaftsmalerei. Er malte lange vor der Romantik, über 150 Jahre vor Caspar David Friedrich, der mit seinen Kollegen dann unser modernes Bild von Landschaft tatsächlich geprägt hat. Mit Bildern wie dem vom einsamen Baum.[3] Es ist nicht groß, siebzig Zentimeter breit und fünfzig hoch, anzuschauen auf der Berliner Museumsinsel und in zahllosen Replikationen fast überall. Vor einer mächtigen Bergkulisse eine weite Hochebene, von einzelnen Baumhecken und wenigen Einzelbäumen durchbrochenes Grasland, ganz hinten ragt aus einer Senke ein Kirchturm. Im Vordergrund aber, mitten im Bild, ein gewaltiger, fast schon sterbender alter Baum an einem Teich. An dem breiten Stamm der Eiche lehnt im Schatten ganz klein ein Hirte. Nicht weit von ihm entfernt ein paar Schafe.

So oder so ist es diese Art von Landschaft, die beide Maler inspiriert hat, vor der wir und in der wir auch heute noch real stehen können, wenn wir eine Welt betreten, die von Rindern geformt ist. Diese Welt ist eine Pastorale, eine Hirtenwelt, selbst dann, wenn chronischer oder eher sogar systemischer Personalmangel herrscht und die realen Hirten fehlen.

Nein, es geht hier nicht um Ursprünglichkeit, nicht um Wildnis, nicht um unberührte Natur. Es gibt in Deutschland ohnehin nur noch »berührte Natur«. Und doch geht es hier um etwas ursprünglich Natürliches. Dies hier ist eine von Menschen und »ihren« Tieren überformte Natur, eine bukolische Landschaft im 21. Jahrhundert, Arkadien im Norden. Das »Natürliche« daran ist die Gestaltung der Landschaft durch die Rinder.

Das war vielleicht schon immer so, zumindest seit der letzten Eiszeit, dass hierzulande Wiederkäuer, vor allem große Pflanzenfresser, die Landschaftsgestalter gewesen sind.

Ich weiß durchaus, dass heute wir es sind, die Menschen, die diese Rolle übernommen haben. Doch wir fressen die Landschaft, indem wir sie gestalten. Wir baggern sie weg oder begraben sie unter unseren Bauten. Rinder fressen nur Gras – und gestalten damit Landschaft. Vorausgesetzt, man zwängt sie nicht in enge Koppeln, sondern lässt sie ihre Pfade finden, ihr Territorium abstecken. Das geht nicht klein-klein. Rinder sind eben große Weidetiere und brauchen Platz, wenn sie mehr machen sollen, als selber zu wachsen, wenn sie Anderes und Neues wachsen lassen sollen, wenn sie Biotope gestalten sollen und Biodiversität zurückholen. Wenn man sie auch an die Büsche und Bäume lässt, dann können sie die Landschaft offenhalten und größer machen.

Wo sie ihre Pfade anlegen, ihre Rinderwege, da halten sie auch den Boden offen. Damit schaffen sie Lebensraum für viele Tiere, die bei uns vom Aussterben bedroht sind, weil sie so etwas nicht mehr finden: sandige oder steinig ausgetretene Wege, oder schlammige Löcher, oder freies Grasland, das nicht gemäht wird.

In kleinen Teilen unserer ausgeräumten Fluren wird das nun wieder zugelassen. »Wilde Weiden« werden solche Projekte gerne genannt. »Halboffene Weidelandschaft« wäre der korrekte Begriff aus Natur- und Landschaftsschutz, aber »Wilde Weide« hört sich natürlich interessanter an, weil ach so natürlich. Stimmt nur leider nicht. Das Adjektiv »wild« kann man getrost streichen. Nichts ist wild an den wieder erstandenen Weidelandschaften in unserem flächendeckend gestalteten Mitteleuropa, alles ist von Menschen überformt – was diese Weidelandschaften jedoch keineswegs schlechter macht.

Schlechter für die Biodiversität sind dagegen Projekte, die hierzulande »Wildnis« wachsen lassen wollen, wie sie heute gerne verstanden wird: Wildnis wächst, wenn »die Natur«, wer immer das ist, einfach machen darf. Diese Natur ist jedenfalls etwas außerhalb von uns, unser gedachter Antagonist. Und wenn man sie in Ruhe ließe, würde alles gut, so die Erzählung. Während wir Menschen durch die von uns ausgestoßenen Schadstoffe jeden

Winkel überdüngen und damit ständig überall eingreifen. Heute ist der Stickstoffeintrag über die Luft durch unsere Abgase und den Stickstoffüberschuss der Landwirtschaft[I] so hoch wie einst die gesamte Düngergabe, die sich ein Bauer für seine Ackerflächen leisten konnte.[4] Dadurch würde zunächst einmal alles zuwachsen, wenn wir es einfach wachsen lassen würden.

Wir leben aber nicht in einer Weltgegend, die komplett zuwachsen sollte, wenn wir die Artenvielfalt erhalten wollen, die wir von der Klimageschichte und der Evolution unseres Kontinents geerbt haben. Der nämlich bestand nach der letzten Eiszeit zuerst hauptsächlich aus Steppe, damals, nachdem die Eisschilde abgeschmolzen waren, ebenso wie in den eisfreien Gebieten während der letzten großen Eiszeit. Nicht umsonst nennen die Prähistoriker diese Landschaft »Mammutsteppe«, obwohl das Mammut die nach ihm benannte Steppe nicht geprägt haben dürfte, dafür umso mehr etwas kleinere Pflanzenfresser, Rentiere und Rinder. Diese, unsere ganz eigene Naturgeschichte müssen wir uns noch genauer anschauen, wenn wir die Biodiversitätskrise meistern wollen.[II]

Das Naturschutzgebiet Schäferhaus, das gleichzeitig Landwirtschaft ist, mag vielleicht wild sein im Erscheinungsbild, aber Wildnis, im Sinne des Laissez-faire-Naturschutzverständnisses vom Wachsenlassen, ist es keineswegs. Dafür ein Zuhause für viele Tiere und Pflanzen – und für Menschen, die sich ein Gefühl für Natur und Landschaft erlauben.

Besuch im Psychotop

Man kann hineinlaufen in sein eigenes landschaftliches Zuhause. Vielleicht ist es am Anfang nicht sofort spürbar, dass man gerade nach Hause kommt, aber irgendwann stellt sich das Gefühl ein.

I Siehe dazu auch den Abschnitt *Migranten* in Kapitel 3.

II Siehe dazu die Abschnitte *Mittelland* und *Migranten* in Kapitel 3.

Die Landschaft ist dann wie ein bekanntes und lieb gewonnenes Haus, das man mit gutem Gefühl betritt. Es ist das Gefühl des Ankommens, des Zuhause-Seins, selbst wenn man zum ersten Mal diese Landschaft durchwandert.

Bei mir stellte es sich ein, als ich zum ersten Mal eine der neuen, halboffenen Weidelandschaften betrat. Auch beim Stiftungsland Schäferhaus war das so. Und ich bin mit meinen Empfindungen in dieser Landschaft offenbar nicht allein, denn die Weideprojekte, die in den letzten Jahren und inzwischen auch Jahrzehnten in Deutschland entstanden sind, ziehen viele Spaziergänger und Wanderer an. Manche Touristen nehmen lange Anfahrtswege in Kauf, um die neuen »Wilden Weiden« zu besuchen.

Diese Landschaft ist wohl mein »Psychotop«. Das sei, sagt der Duden, ein Landschaftstyp, der Tieren beziehungsweise Menschen durch Gewöhnung vertraut ist. Den Begriff habe ich vom damaligen Frankfurter Zoodirektor Christian R. Schmidt gelernt. »Wenn du dich in einer Landschaft rundum zuhause fühlst, dann bist du angekommen in deinem Psychotop«, sagte er. Wir hatten gerade über seine letzte Reise nach Afrika gesprochen und darüber, wie wohl er sich dort fühlte. »Die Savanne ist halt mein Psychotop«, erklärte er dazu. Den Begriff gab es schon lange, aber ich hatte ihn noch nie gehört. Nun fand ich ihn allerdings unmittelbar einleuchtend.

Weil Christian Schmidt ein zurückhaltender und korrekter Mensch ist, fügte er gleich hinzu, dass das Wort nicht von ihm stamme, sondern von seinem Zoolehrer und Doktorvater Heini Hediger. Der war Tierpsychologe und lange Jahre Direktor des Zoos in Zürich, sozusagen der Schweizer Grzimek. Mit Bernhard Grzimek und dem Verhaltensforscher Konrad Lorenz zusammen hat Heini Hediger übrigens die Zeitschrift *Das Tier* gegründet. Das war eine der ersten populären deutschsprachigen Zeitschriften, die sich um Artenschutz kümmerte und die Probleme der sogenannten Massentierhaltung thematisierte.[5]

Heini Hediger schreibt in seiner 1961 erschienenen *Tierpsychologie*:

»Man hält es zwar schon längst für selbstverständlich, daß ein Tier in bezug auf Bau und Leistung, das heißt morphologisch und physiologisch (ökologisch), an seinen Lebensraum an- und sogar in ihn eingepaßt ist. Eine ganz entsprechende Anpassung wie an diesen Biotop läßt sich auch auf psychischem Gebiet beobachten, die Abstimmung auf den Psychotop.«[6]

Eine nicht unbedeutende Erkenntnis für einen Zoologen, der Tiere in Gehegen hält und sich über deren Gestaltung Gedanken machen muss. Tiere leben in Territorien, erklärt Heini Hediger minutiös. Die durchstreifen oder durchwandern sie, und je nach Art und Größe und Explorationsbedürfnis, also Erkundungsdrang, ist das Territorium von äußerst unterschiedlicher Größe. Wenn sie nicht wandern müssen, um Nahrung zu finden, kann es auf die Größe eines Zoogeheges schrumpfen.

Andererseits legten ziehende Tiere Straßen an, lange bevor wir Menschen das zum ersten Mal taten. Wie solches Verhalten übertragen auf ein begrenztes Gehege? Heini Hediger beobachtete das Verhalten der Tiere in Gefangenschaft. Er notierte, wo sie ihre Duftmarken setzten, also ihr Territorium markierten, wo sie sich öfter aufhielten, welche Ecken sie mieden. Und er versuchte herauszufinden, was sie warum taten. Das war die Geburt der modernen Zoogärtnerei, die versucht, die Gehege nach den Bedürfnissen der Tiere zu gestalten, nicht nach denen der Zoobesucher. Wer heute in den Zoo geht und seinen Kindern in manchen Gehegen keine Tiere mehr zeigen kann, weil die sich inzwischen auch verstecken können, möge sich bei Heini Hediger beschweren. Unsere Erwartungen unterscheiden sich eben von den Bedürfnissen der anderen Arten.

Wenn man die Tiere gleich ganze Landschaften gestalten lässt, gelingt das selbstverständlich und relativ einfach so, dass sich dort nicht nur die eine Art wohl fühlt, die die Gestaltung hauptsächlich übernimmt. Wenn Rinder die Landschaftsgärtner sind, dann passt diese Landschaft offenbar auch zu anderen Tieren – und zu uns Menschen.

Das kann daran liegen, dass wir Menschen vor vielen Jahrtausenden in solchen Landschaften groß geworden sind. Oder sagen wir: Die Menschheit ist groß geworden in solchen Landschaften. Die Menschwerdung des Affen könnte ja etwas mit der Savanne zu tun haben, die sich damals durch eine Klimaveränderung nach heftigen Erdverschiebungen in unserem Heimatkontinent Afrika ausbreitete. Der Afrikanische Grabenbruch ist bis heute Zeugnis davon.

Vielleicht ist also das Psychotop Savanne etwas genetisch in uns Verankertes? Wobei wir da nicht zurückgreifen müssen auf Prägungen unserer Hominiden-Verwandten vor der evolutionären Entstehung des *Homo sapiens*. Als unsere Vorfahren nach Europa einwanderten, nach der letzten großen Vereisung des Nordens, da fanden sie hier mitnichten nur dichte Wälder vor. Stattdessen wanderten sie nach Norden und betraten auch Savannen. Einerseits die Landschaft, aus der wir stammen, und andererseits auch die eigentlich ursprüngliche Landschaft des Nordens, zumindest in Menschenzeit gemessen.

Die Stiftung Naturschutz Schleswig-Holstein, welcher der ehemalige Truppenübungsplatz bei Flensburg, der heute Stiftungsland Schäferhaus heißt, seit Ende der 1990er-Jahre gehört, beschreibt und bewirbt die dort von den Kühen entwickelte Landschaft ganz offensiv als »nordische Savanne«. Safaris zu den Rindern werden allerdings nicht angeboten.

Es sind nicht ohne Grund sehr häufig aktive oder ehemalige Truppenübungsplätze, die heute Hotspots der Artenvielfalt in Deutschland geworden sind. Es gibt eben doch einen »freundlichen Platz zwischen Mündungsfeuer und Aufschlag«, anders als der Schriftsteller Christian Geissler das postulierte.[7]

Das Einzige, was im jetzigen Naturschutzgebiet Schäferhaus noch an die Bundeswehr erinnert – und das auch nur, wenn man um die Geschichte weiß –, ist die ehemalige Panzerstraße. Zwischenzeitlich hat sich der geschotterte und festgetrampelte sandige Weg durch die dreihundert Hektar Land zu einem bevorzugten Brutgebiet unzähliger Wildbienen entwickelt. Hier graben die Sandbienen ihre Löcher für die Eiablage. Ein paar Schritte weiter ist eine ganze Kolonie von Hosenbienen am Buddeln. Ihre Massierung auf der alten Panzerstraße ist im Sommer an manchen Stellen so groß, dass man kaum noch auf dem Weg laufen kann. Ein deutliches Zeichen dafür, dass in unserer Landschaft offene Flächen fehlen, die viele heimische Tiere, nicht nur Insekten, als Lebensraum brauchen. Aber wir wissen schon: Nicht nur die bedrohten Insekten fühlen sich in dieser Landschaft wohl.

Auch andere Wege durchziehen das Land, alte Wege wie der Ochsenweg, der heute noch so heißt, obwohl schon lange keine Ochsen mehr auf ihm von Norden nach Süden getrieben werden, von Dänemark bis nach Husum, von wo aus die Tiere nach England verschifft wurden, oder weiter nach Hamburg. Dieses Land war also schon immer Rinderland. Oft erinnern nur die alten Flur-, Weg- und Straßennamen an die ehemalige Nutzung. Hier ist sie wieder zurückgekehrt, seit die Bundeswehr gegangen ist.

Bei meinem ersten Besuch im Stiftungsland Schäferhaus wusste ich noch nicht, dass diese mehrere hundert Hektar große Landschaft fast ausschließlich von Rindern gestaltet wird. Dass sie es sind, die die kleinen Wäldchen durchforsten, dass sie die Baumgruppen stehen lassen und die Büsche, dass sie die Wiesen pflegen mit den Wildblumen und Kräutern.

Teilweise sieht es aus, als habe hier in früherer Zeit ein Landschaftsgärtner den Auftrag erhalten, einen großen Park anzulegen, einen sehr großen. Und irgendwann sind die Parkwächter dann heimgegangen, der Gärtner kam nicht mehr, und das Ganze ist ein wenig verwildert.

Jetzt fand die Große Wiesenameise den Platz und die Zeit, ihre Staaten aufzubauen und ihre Hügel anzulegen. Noch ein Landschaftselement, das den Eindruck verstärkt, durch eine Savanne zu gehen. Auch wenn die Bauten der Termiten eindrucksvoller sein mögen.

Am Wegrand blüht der Thymian, über der Weide singt die Feldlerche. Gegen Abend hört man die Frösche. Mit etwas Glück sieht man einen Neuntöter oder einen kapitalen Rothirsch, der die Rinder öfter besuchen kommt.

Was man dagegen sehr selten sieht, sind Zäune. Es gibt Tore an den Eingängen zu dem ganzen Gelände und einen Zaun drum herum. Aber drinnen ist wenig ein- oder ausgezäunt. Menschliche Besucher können den tierischen Bewohnern so auch mal unverhofft gegenüberstehen. Wie bei den Schafen auf dem Deich. Nur dass es sich hier eben um Rinder handelt. Um kleine zwar, aber auch Gallowaykühe mögen es nicht, wenn unbekannte Menschen ihren Kälbern nahekommen. Und man will schließlich nicht gerollt werden, bis alles Leben entwichen ist, wie Werner Lampert meint, dass es den Wölfen geschehe, wenn sie den Galloways zu nahe kommen.

Ich habe das schon mehrfach erlebt in solchen Weidelandschaften, dass ich plötzlich und ohne Begleitung durch einen der Herde vertrauten Bauern einer Kuh gegenüberstand, die ein Kalb führte. Sie hatte mich noch nie gesehen, ich sie noch nie. Jähes Erschrecken beiderseits. Oder vielleicht nur bei mir; sie fühlt sich womöglich bloß gestört – Stehen bleiben jedenfalls beiderseits. Ich weiß: In ihren Augen kann ich eine Bedrohung für ihr Kalb sein. Und ich weiß, dass sie stärker ist als ich. Aber ich weiß nicht, ob sie das weiß und ich weiß nicht, wie bedrohlich ich ihr vorkomme. Meistens habe ich das mit ruhigem Weitergehen gelöst, möglichst ohne die Tiere dabei direkt anzuschauen. Auch das könnten sie nämlich als Gefahr interpretieren.

Es hilft, wenn man außerdem weiß, dass Rinder und Pferde Gefahren mit dem linken Auge abschätzen. Das ist mit der rechten Gehirnhälfte verbunden, und die ist für die Gefühle zuständig. Auch wenn das wissenschaftlich noch nicht endgültig geklärt sein mag, scheint es doch so, als sei das linke Auge das Gefahrenauge der Tiere. Der Kuhführerschein für Wanderer müsste deshalb wohl eine ähnliche Anweisung enthalten wie der für Autofahrer, nur seitenverkehrt: Begegnet dir die Kuh von links, also mit dem rechten Auge dir zugewandt, geh nicht weiter, bevor du nicht siehst, dass sie bremst. Gib ihr eine Chance, den Kopf zu drehen und dich mit dem linken Auge zu betrachten. Das hilft ihr hoffentlich, dich als ungefährlich einzustufen. Reiter satteln und besteigen ihr Pferd deshalb von links.

Wirklich gefährlich waren die Begegnungen zwischen Mensch und Rind zumindest im Stiftungsland Schäferhaus bislang noch nicht. Dennoch gilt, wie überall in den Weidelandschaften, die Besuchern offenstehen: Füttern verboten! Allzu forsche Annäherung kann lebensgefährlich werden – steht zumindest auf den Schildern in solchen Beweidungsprojekten und im online abrufbaren Wanderknigge. Da für die meisten Menschen, die dort spazieren gehen oder wandern, Kühe eher selten zu ihren Wegbegleitern gehören, und da der ehemals wenigstens auf dem Land voraussetzbare »Kuhverstand« den meisten von uns heute fehlt, empfiehlt sich Abstand. Das gilt übrigens auch auf den Almen in den Alpen, von wo in letzter Zeit öfter über Unfälle mit Kühen berichtet wurde.

Um noch einmal den Vergleich zu bemühen und bei den Rindern zu bleiben: In der Serengeti würde auch niemand von den Safaritouristen auf die Idee kommen, die Büffel streicheln zu wollen, obwohl die dort zu den eher ungefährlicheren Tieren gehören. Im Stiftungsland Schäferhaus oder in anderen Beweidungsgebieten könnte man schon eher auf die Idee kommen, sehen die »Robustrinder« doch so knubbelig aus, wenigstens dann, wenn sie aus Schottland stammen. Die in Weideprojekten ebenfalls eingesetzten Heckrinder, Abbildzüchtung des Auerochsen,[8] können mit ihren mächtigen Hörnern dagegen eher furchteinflößend sein. Aber Galloways und Highlander möchte man eigentlich gerne ein bisschen streicheln. Bei den schottischen Hochlandrindern stören die ausladenden spitzen Hörner das freundliche Aussehen irgendwie nicht. Das zottelige Fell, die runden Formen, ihre kompakten Körper – etwas von Teddybär und Kuscheldecke haben sie schon. Und alle, die diese Rinder halten, sagen dann auch, dass sie ungeheuer freundliche, gelassene Tiere seien. Jedenfalls für die Menschen, die täglich mit ihnen umgehen.

Landwirtschaft als Naturschutz

Bunde Wischen – das ist Plattdütsch für »Bunte Wiesen«. So heißt der Biolandbetrieb in Schleswig, der im Stiftungsland Schäferhaus und anderen Gebieten im Bundesland Schleswig-Holstein Naturschutz durch Landwirtschaft betreibt. Eine gemeinnützige Agrargenossenschaft mit zwanzig Mitarbeiterinnen und Mitarbeitern. Die bewirtschaften insgesamt 1700 Hektar Weideland mit über tausend Rindern und rund sechzig Koniks. Und sie vermarkten das besondere Rindfleisch, das bei dieser extensiven Weidewirtschaft entsteht, und alles, was man noch so herstellen kann aus dem Rind: Wurst, Schinken, Ragout, Suppe. Die Koniks laufen auf den Weiden mit, weil Pferde andere Pflanzen fressen als Rinder. Sie verbeißen andere Bäume, sie legen sich auch ausgeprägte Wälzplätze an, meist dort, wo sie sandige Böden finden. Damit halten die Pferde an manchen Stellen die Böden dauerhaft offen. Diese Stellen bieten wiederum vielen Insekten neuen Lebensraum und den Rindern im Winter ein trockenes Plätzchen, wo sie sich niederlegen können zum Wiederkäuen.

Angefangen hat Bunde Wischen 1986 mit einer Wiese, auf der Orchideen wuchsen. Gerd Kämmer, heute Vorstand der später daraus entstandenen Genossenschaft, war damals Biologiestudent und hatte gerade erfahren, dass der Landkreis Schleswig-Flensburg eine Wiese in der Nähe seines damaligen Wohnortes kaufen wollte – um sie aufzuforsten. Just auf diesem fünf Hektar großen Flecken in den »Fröruper Bergen«[9] hatte er mit einem Kommilitonen aber Orchideen entdeckt. Es war Knabenkraut, die bekannteste deutsche Orchidee. Auf dieser Wiese aber war es das Gefleckte Knabenkraut, *Dactylorhiza maculata*. Das kann auf Wiesen und in lichten Wäldern leben, aber nicht in dem dichten Wald, der dort aufgeforstet werden sollte. Und diese geschützte Orchidee wollten die angehenden Biologen nun retten. Was übrigens auch deshalb eine gute Idee war, weil das gefleckte Knabenkraut eine wunderhübsche Pflanze ist. Die einzelnen Blütenblätter haben mitnichten Flecken. Es sind eher sehr unterschiedlich gezeichnete mäandernde Linien um einen von wem auch immer gedachten Mittelpunkt. Diese Linien vermitteln den Eindruck des Flecks.

So oder so stand das Gefleckte Knabenkraut schon damals auf der Roten Liste wie heute viele Orchideen in Deutschland. Die beiden Biologiestudenten überredeten also den Eigentümer dieses Stückchens Land im Naturschutzgebiet, es nicht zu verkaufen, sondern an sie zu verpachten. Die einleuchtende Argumentation: Bei Verkauf bringt es einmal Geld, bei Verpachtung zwar weniger, dafür aber dauerhaft.

Das Problem daran war nur, dass die beiden Studenten das Geld für die Pacht gar nicht hatten. Auch die Mittel für die Pflege der Wiese hätten auf Dauer gefehlt, denn die hätte mindestens einmal im Jahr gemäht werden müssen, um den Orchideen ihr Biotop zu erhalten. Wenn der Wald sich durch natürlichen Aufwuchs dort nämlich selbst verbreitet, ist es auch aus mit den Wiesenorchideen wie Knabenkraut und Frauenschuh.

Die Lösung, wenn auch noch einmal mit einer Investition verbunden, waren Wiederkäuer: Die beiden bauten einen Weidezaun um ihr Pachtland und kauften drei Jungrinder. Sie sorgten für ausreichend Wasser und besuchten die Tiere täglich auf der Wiese, die nun eine Weide geworden war. Am Jahresende dann verkauften sie die Rinder. Der Erlös trug die Pacht. Und die Orchideen vermehrten sich sogar, und nicht nur sie. Das erstaunte die angehenden Biologen. Eigentlich hatten sie die Aufforstung verhindern wollen, um etwas zu bewahren. Sehr typisch für die Ziele des Naturschutzes: etwas Bestehendes erhalten. Hier aber war nicht nur erhalten worden, sondern Neues erstanden. Sehr typisch für die Natur: dynamische Entwicklung.

Das war dann auch die Entdeckung der beiden Studenten: Beweidung hilft dem Naturschutz; allerdings nur, wenn man die Weiden nicht zur Wiese macht, also nicht ständig mäht. Durch die Beweidung lassen sich naturnahe Landschaften gestalten, wiederherstellen und erhalten, die zu den artenreichsten unserer Breiten gehören – auch wenn die Tiere Orchideen wegknabbern, die andere Naturschützer gerne einzeln einzäunen würden.

Um das an dieser Stelle schon mal klarzumachen: Naturschutz ist nicht gleich Naturschutz. Es gibt da konträre Ansichten zum Umgang mit staatlich geschützten Gebieten oder solchen, die Naturschutzorganisationen gekauft haben, um darauf nach ihren Vorstellungen zu wirtschaften oder wirtschaften zu lassen.

Die einen Naturschützer zäunen ein und lassen auf Grasland zu sehr genau bestimmten Zeitpunkten mähen, um einzelne Pflanzen zu befördern, sie also quasi vor natürlichen Wuchsfeinden zu schützen. Wenn sie ihre Flächen in Pacht und zur Pflege überlassen haben, hindern sie die Bäuerinnen und Bauern oft daran, vor dem einmal festgelegten und vertraglich fixierten Datum zu mähen oder zu beweiden. Auch wenn früheres Bearbeiten der Flächen oder früheres Auftreiben der Tiere, in so manchem Jahr aufgrund der Witterung durchaus sinnvoll und sogar im Sinne des Naturschutzes wäre. Das sind dann die Situationen, in denen die eine Seite an der Kompetenz der anderen zweifelt. Bäuerinnen und Bauern wissen, dass sich die Natur nicht am Kalender orientiert.

Die anderen Naturschützer mähen nicht und lassen stattdessen Tiere laufen, weil sie ganze Biotoplandschaften erhalten, oder besser: überhaupt erst einmal aufbauen, entstehen lassen, neugestalten wollen. Dieses zweite Konzept klingt entspannter – und das ist es auch. Gleichzeitig aber ist es mit sehr viel mehr Arbeit verbunden, zumal im Kopf. Der europäische Naturschutz muss sich dafür nämlich von seinen alten Konzepten des Konservierens und Bewahrens verabschieden. Diese überkommene Konzeption vertreten aber immer noch die meisten der Naturschützerinnen und Naturschützer und ihre Organisationen.

Auch Gerd Kämmer ist mit seinem Kommilitonen zusammen damals mit einem solchen Konservierungskonzept gestartet. Die beiden waren am Anfang eher erstaunt, dass es die als notwendig erlernten Pflegeeingriffe auf ihrer Orchideenweide gar nicht brauchte. Dabei ist das Mähen von Wiesen gerade für den Erhalt der geschützten Orchideen die noch immer überall propagierte und auch durchgeführte Maßnahme. Der Landkreis Starnberg mäht, der Nabu Unna in Bergkamen mäht, die Hoppe-Stiftung mäht im Naturpark Kyffhäuser, die Arbeitsgemeinschaft Naturschutz mäht im Tecklenburger Land und so weiter und so fort. Die Liste lässt sich beliebig verlängern.

»Das Mähen«, sagt Gerd Kämmer heute, »ist einer der größten Fehler, die der Naturschutz macht. Damit erhalten wir vielleicht die eine Art, vernichten aber gleichzeitig ganze Lebensgemeinschaften, die wir nicht einmal kennen, weil die vorher niemand untersucht und bestimmt hat.« Die beiden Biologiestudenten hatten damals in den 1980er-Jahren in den Fröruper Bergen auch nicht einzelne Orchideen ausgezäunt, sondern nahmen in Kauf, dass sie von ihren Rindern abgefressen werden. So wie das in der Entwicklungsgeschichte der Orchideen Wildrinder und Hirsche schon immer gemacht haben.

Wobei das für die beiden Studenten anfangs eher aus der Not geboren war; sie hatten schlicht nicht die Mittel, die Wiese zu mähen, also machten sie sie zur Weide. Nach über dreißig Jahren Erfahrung mit extensiver Beweidung durch robuste Rinderrassen legt der Bunde-Wischen-Vorstand sich heute fest: »Diese Form der Beweidung ist der Weg zu der artenreichsten Landschaft, die wir in unseren Breiten haben. Sie ist die beste Form von Artenschutz.« Sie ist die Antwort auf die Biodiversitätskrise. Dabei ist sie gleichzeitig Klimaschutz, denn im Boden der Weiden bindet der Humus mehr Kohlenstoff als im Wald und – für die nächsten Trockenperioden wichtig – auch mehr Wasser.[10] Nur das Moor kann das noch besser.

An dieser Stelle muss vielleicht erneut gesagt werden, dass Humusaufbau im Boden nichts Lapidares ist. Bei der Klimakonferenz in Paris 2015 haben die Franzosen die sogenannte »Vier-Promille-Initiative« ins Leben gerufen. Die geht von der Berechnung aus, dass vier Promille mehr Humus, den wir in allen landwirtschaftlich genutzten Böden weltweit jedes Jahr aufbauen, den gesamten zusätzlichen Treibhausgasausstoß im Boden versenken würden, den die Menschheit verursacht. Jahr für Jahr, in jedem Jahr, in dem wir das schaffen würden. Das würde bedeuten, dass die Landwirtschaft Zeit gewinnen kann für den Kampf gegen die Klimakrise. Deutschland hat damals in Paris die Initiative befürwortet und das bundeseigene Thünen-Institut in der Folge errechnet, dass das hierzulande auch viele Jahre funktionieren würde. Bis die Böden mit Humus gesättigt sind, wovon wir aber noch weit entfernt sind.[11] Nur geschehen ist seitdem wenig.

Die Pflege ganzer Landschaften mit Robustrindern schafft viel von diesem Humusaufbau im Boden und ist gleichzeitig die perfekte Versöhnung von Landwirtschaft und Naturschutz: Sie ist Landwirtschaft als Naturschutz. Allerdings entspricht sie nur einer bestimmten Auffassung von Naturschutz, der eine andere entgegensteht. Die Versöhnung von Naturschutz mit Naturschutz, insbesondere Artenschutz, wird hier noch Thema sein müssen.[III] Bleiben wir zunächst bei den Tieren, denn diese Art der Landwirtschaft kann auch noch etwas ganz anderes sein: die Erfüllung aller Forderungen nach mehr Tierwohl.

Schuss auf der Weide

Es ist acht Uhr an einem Sommermorgen. Auf einer der Weiden von Bunde Wischen bei Schleswig steht eine Gruppe von Galloways unter einer Baumhecke. Ihren ersten Gang über die Weide haben die Rinder hinter sich. Jetzt stehen die meisten von ihnen

---

III Zum Beispiel im Abschnitt *Wolfsland* in Kapitel 2.

im Schatten und käuen wieder, was sie zuvor gefressen haben. Einige haben noch nicht genug, sie sind noch beim Grasen.

Diese Weide gehört nicht zu einer der großen, zusammenhängenden Weidelandschaften, sondern hat eine besondere Funktion. Die Galloways sind vor ein paar Tagen oder auch Wochen eigens dafür hierhergebracht worden. Die Weide ist immer noch einige Hektar groß, so dass eine Gruppe von Rindern problemlos satt wird. Aber die Bäume gehören hier nicht zum Weideland, sie begrenzen das abgezäunte Gebiet.

Am Rand der Weide treffen sich an diesem Morgen vier Männer bei einem kleinen Pritschenlaster, einem Pickup mit Anhänger und einem Traktor mit Frontlader und Gabel. Gerd Kämmer holt ein Gewehr aus dem Pickup, packt es aus der Hülle, prüft das Zielfernrohr und lädt das Magazin. Dann legt er die Waffe auf die Pritsche des Lastwagens und klettert hinterher. Der Fahrer steigt in den Wagen – es geht los.

Langsam fährt der kleine Laster über die von Bäumen begrenzte Weide, an dem großen Teich in der Mitte vorbei, der trotz der Trockenheit noch Wasser hat, um die Mulden herum, die die Rinder gegraben haben, um sich in der lockeren Erde wälzen zu können. Er fährt auf die Galloways zu, die jetzt nicht mehr grasen, sondern neugierig dem Fahrzeug entgegenschauen.

Der Wagen hält. Gerd Kämmer steht auf der Ladefläche, hat ein langes Kissen als Stütze auf das Fahrerhaus gelegt und das Gewehr im Anschlag. Die Rinder sind jetzt knapp dreißig Meter entfernt. Alle haben die Köpfe erhoben und schauen herüber. Sie stehen ganz still und schauen.

Dann fällt der Schuss. Ein scharfer, peitschender Knall, ein kurzes Echo, dann Stille. Auch die Rinder stehen ganz still, immer noch. Nur eines von ihnen liegt. Das getötete Tier ist einfach umgefallen. Es gab kein Geräusch von sich. Es ist lautlos zusammengebrochen. Die anderen stehen und schauen. Nein, sie schauen nicht auf das tote Tier. Sie schauen auf die Menschen, die jetzt näher kommen. Erst als die bei ihnen sind, weichen sie ein paar Schritte zurück. Sie schauen aber immer noch nicht auf den toten Artgenossen, sondern jetzt auf den Traktor, der sich langsam nähert.

Ich habe es gar nicht glauben mögen, bis ich es gesehen habe: Es ist ganz offensichtlich so, dass die Tiere nicht verstehen, was gerade passiert ist. Gerd Kämmer, der seinen Jagdschein gemacht hat, um hier schießen zu dürfen, sagt: »Es gab keine Jagd!« Kein Treiben, keine Hatz, keine sich nähernde Gefahr, keine Warnrufe, keine Angstschreie – also auch keine Unruhe. Nur vertraute Menschen und ebenfalls bekannte Fahrzeuge. Und dann einen schnell verhallten Knall.

Manche Tierhalter führen diesen Weideschuss mit einem Schalldämpfer aus. Dann gibt es nicht einmal den lauten Knall. Bei Bunde Wischen setzt der Schütze einfach Kopfhörer auf. »Schalldämpfer schonen eher die Nerven der beteiligten Menschen«, sagt Gerd Kämmer. Außerdem verlangsamen sie das Geschoss und beeinträchtigen die Zielsicherheit. Den Tieren sei der Knall egal. Die verbinden nichts mit dem Geräusch. Das getötete Tier hört nicht einmal den Schuss, weil die Kugel schneller ist als der Schall. Und für seine Artgenossen scheint das kein Sterben zu sein. Es gibt offenbar nichts, woran sie Anteil nehmen könnten. Also auch nicht die in vielen Naturfilmen immer wieder gezeigte Trauer um tote Herdenmitglieder, etwa bei Elefanten. Deren Sterben haben die anderen Tiere dann aber auch aktiv miterlebt. Da ging eine Verletzung durch einen Angriff von tierischen Räubern oder menschlichen voran oder ein anderes Siechtum durch Krankheit. Was hier geschehen ist, war kurz und fand irgendwie außerhalb des Erfahrungs- und Erlebnishorizonts der Tiere statt.

Aber nicht außerhalb des Erlebnishorizonts der Menschen. Über tausend Rinder weiden auf den 1700 Hektar Land, die Bunde Wischen für den Naturschutz bewirtschaftet. Am Ende ihres Lebens werden diese tierischen Naturschützer dann aber Fleisch und Fell, landwirtschaftliche Produkte. Das Töten übernimmt normalerweise nicht der Bauer, hier schon. Warum tut sich Gerd Kämmer das an, die eigenen Tiere zu töten? Mit einem Kollegen zusammen, der ebenfalls auf der Weide schießen darf, immerhin vier Schüsse fast jede Woche, immer zwei an einem Tag, zweihundert Rinder im Jahr. So viele Tiere wachsen nach, so viele Alttiere müssen geschossen werden. Und jeder Schuss ist Konzentration und auch Stress – für den Schützen, nicht für die Tiere. »Du solltest schon eine Zwei-Euro-Münze in dreißig Metern Entfernung sicher treffen können«, sagt der Schütze. Er hat noch nie einen zweiten Schuss gebraucht, nicht in fünfzehn Jahren Praxis des Weideschusses.

»Es war mir einfach zuwider«, sagt er, »die Tiere nach einem nahezu freien Leben einzufangen und in einem engen Hänger zum Schlachthof zu fahren, wo sie dann, ebenfalls eingeengt in einen Gitterverschlag, darauf warten müssen, per Bolzenschuss getötet zu werden.« So viel Freiheit das Leben lang, so viel spürbare und auch empfundene Gewalt am Ende. Das habe mit Tierwohl nichts zu tun. Übrigens auch mit Fleischqualität nicht. Adrenalin ist schlecht fürs Steak, sagen die Köche. Die Fleischqualität nimmt deutlich ab, wenn die Tiere am Ende Stress haben.

Auf der Weide hebt am Ende der Traktor die geschossenen Tiere in einen eigens dafür konstruierten Anhänger. Sie müssen direkt nach dem Schuss ausgeblutet und dann innerhalb von zwei Stunden beim Schlachter sein. Dort werden die Tiere erst einmal grob zerlegt. Dorthin kommt der Tierarzt zur Fleischbeschau. Dort werden die Nummern der Ohrmarken registriert und Schlachtnummern vergeben. Die Dokumentation ist lückenlos, von der Geburt auf der Weide bis ins Kühlhaus und die Lebensmitteltheke.

An diesem Tag steht im Hinterhof der Metzgerei, in den Gerd Kämmer seinen Spezialanhänger rangiert, eine einsame Kuh in einem solchen Eisengitterverschlag, wie er ihn gerade beschrieben hat. Sie weiß vielleicht nicht, was mit ihr geschehen wird, vielleicht ahnt sie es aber auch. Jedenfalls hat sie Angst. Sie ist wahrscheinlich zum ersten Mal in ihrem Leben allein, ohne Artgenossen oder vertraute Menschen um sie herum. Sie kaut an den Eisenstangen, sie entwickelt schon in der kurzen Zeit, in der sie hier ist, Anzeichen von Hospitalismus. Sie hält sich mit den Zähnen am Gitter fest und wiegt ihren Körper hin und her. Ich greife über das Gitter und an ihre Stirn. Sie nimmt die Berührung dankbar an, wird ruhiger, drückt mit dem Kopf gegen meine Hand, atmet lange aus und lässt dabei ein langgezogenes leises Muhen hören.

Ich ahne, was den Tieren erspart bleibt, die auf der Weide geschossen werden. Bei Bunde Wischen wird jedem Kalb bei seiner Geburt ein Versprechen mit auf den Weg gegeben: Du verlässt diesen Betrieb nicht lebend! Und das ist Nutztieren gegenüber keine Drohung, sondern die Versicherung von Aufmerksamkeit und Wertschätzung.

Nose to Tail

Ein paar Kilometer entfernt von der Weide, auf der geschossen wird, liegt Hof Königswill, der Sitz von Bunde Wischen in Schleswig. Hier leitet Katrin Peper den Hofladen und damit auch die gesamte Vermarktung der Fleisch- und Wurstwaren und der eingemachten Spezialitäten. Was woanders verkauft wird, geht ebenfalls durch den Hofladen. Da gibt es neben Fleisch auch Fertig- oder Halbfertigprodukte, darunter neben Klassikern wie Bolognese, Königsberger Klopsen, Rouladen und Sülze sogar so etwas heute eher exotisch Anmutendes wie Zungenragout.

Aber zählt Zunge nicht eigentlich zu den Innereien? Und wenn ja: Wer kauft das überhaupt noch? »Das kriegen wir alles weg«, sagt Katrin Peper. Das Zungenragout vom Gallowayrind, eingekocht im bauchigen Glas, gibt es inzwischen auch in mehreren ganz normalen Supermärkten in der Umgebung der Weideprojekte von Bunde Wischen. Dort können die Menschen das Fleisch oder Fleischprodukte von den Rindern kaufen, die sie bei ihren Spaziergängen draußen sehen. Zungenragout gibt es aber auch in einem Supermarkt in Westerland auf Sylt. Wer hätte gedacht, dass die eher reichen Menschen dort auf der Insel tatsächlich Innereien essen und sich nicht nur auf die Filets konzentrieren?

»From Nose to Tail« heißt das Schlagwort, wenn es darum geht, dass von den geschlachteten Tieren möglichst nichts mehr weggeworfen wird: von der Nase bis zum Schwanz. Der britische Starkoch Fergus Henderson machte das Konzept populär. Oder vielleicht war er damals noch gar kein Starkoch und nicht so berühmt. Das wurde er erst durch seine radikale Kochkunst, die alles verwertet, was irgendwie essbar ist an einem geschlachteten Tier. Schon 1999 erschien sein erstes Kochbuch mit dem Titel *Nose to Tail Eating.*[12] Wenigstens in der Bioszene ist das in den letzten Jahren immer populärer geworden. Katrin Peper merkt das am Einkaufsverhalten und auch im Gespräch mit ihren Kundinnen und Kunden: »Beinscheiben und Querrippen sind für die keine Fremdwörter mehr, und auch Innereien kein Grund mehr, die Nase zu rümpfen.« Es gibt eben auch eine Bewegung neben dem medial breit aufbereiteten Veganismus, die sich beim eigentlich verpönten Fleischessen um Nachhaltigkeit bemüht: weniger, dann aber nur vom besten Fleisch aus der besten Haltungsform, und dann auch das ganze Tier. Das Konzept wird angenommen. Kommt bloß kaum vor in den sogenannten sozialen und den klassischen Medien. Im Hofladen dann aber doch.

Der Biopionier Karl Ludwig Schweisfurth beklagt in seinem programmatischen Buch *Vom Essen und Gegessen werden* noch 2010: »Nur etwa ein Viertel der Innereien wird von Schlachtmeistern als Lebensmittel verkauft, der Rest geht an Hundehalter oder direkt in den Abfall.« Statt Innereien äßen die Menschen zunehmend Exotisches, wie Hai, Känguru und Alligator; oder auch Schuppentiere und Marderhunde, etwa in China, was uns womöglich ja die Corona-Pandemie eingebracht hat. »Bei mir fordert es meinen ganzen Ehrgeiz als Metzgermeister heraus, gerade aus den sogenannten unedleren Teilen etwas Hervorragendes zu machen«,[13] schreibt Karl Ludwig Schweisfurth, der zuerst aus der geerbten Fleischwaren- und Konservenfabrik der Familie das größte fleischverarbeitende Unternehmen Europas machte und die Firma Herta dann verkaufte, um sich der alternativen tiergerechten ökologischen Aufzucht von Schweinen und anderen Tieren zu widmen und mit dem Geld eine Stiftung zu gründen.[14]

Im genannten Buch berichtet er, wie beeindruckt er noch als junger Metzgergeselle bei einer USA-Reise der deutschen Fleischer-Innung von den riesigen Fabriken der Chicagoer Schlachthöfe war, vor denen es ihn im späteren Leben eher grauste. Und »beeindruckt, oder eher verblüfft, hatten mich auch die Fleischverzehr-Gewohnheiten der Familie, bei der ich zu Gast war. Als ich, so wie ich es gewohnt war, den Knochen meines T-Bone-Steaks sauber fieselte, gab es erst ungläubiges Staunen und dann freundliches Gelächter: ›Was macht dieser Kraut da eigentlich? Bei uns in den Staaten muss man nicht wie eine Hyäne die Knochen abnagen‹, sagte mein Gastgeber, und das war durchaus herzlich gemeint. ›This is America, boy!‹ Fleisch hat man hier in Hülle und Fülle.« Karl Ludwig Schweisfurth antwortete mit einem Spruch, den er fortan bei solchen Gelegenheiten immer den Menschen entgegnete, die irritiert von seinem Essverhalten waren: Er habe einen Vertrag mit den Tieren und wenn er schon Fleisch esse, dann alles. »Ich habe es den Tieren versprochen. Daher gestatten Sie, dass ich nicht wortbrüchig werde.«[15]

Am Ende müssen auch die Tiere, die im Naturschutz arbeiten, gegessen werden. Zumindest, solange es sich dabei noch um Landwirtschaft handelt und nicht etwa um *Rewilding*-Projekte[16] des ganz großen Ausmaßes auf vielen hunderten oder tausenden Quadratkilometern Fläche, bei denen Wölfe die herdenpflegende Rolle des Menschen – wieder – übernehmen können.[17] Nur, wo in Europa ginge so etwas überhaupt? Im Nationalpark Białowieża in Polen höchstens, weil zu den etwas mehr als hundert Quadratkilometern Schutzgebiet auf polnischer Seite noch einmal weit über tausend Quadratkilometer hinter der Grenze zu Belarus kommen. In Deutschland ist dafür kein Platz. Hier bleibt nur das landwirtschaftliche Konzept des großflächigeren Naturschutzes. Und dann müssen die Tiere eben auch gegessen werden. Wenn wir uns dabei an Fergus Henderson und Karl Ludwig Schweisfurths Vorbild halten, heißt das Motto: »Alles aufessen!«

Heute kommen sogar in Kochsendungen immerhin schon mal geschmorte Bäckchen, Querrippen oder Beinscheiben vor. Letzteres gerne mit italienischem Anstrich als Ossobuco, was nichts anderes heißt als »Knochen mit Loch«. Und der Küchenberater eines großen Caterers erfindet Rezepte für den Nierenzapfen. Der wird etwas vornehmer auch »Onglet« genannt und ist eigentlich ein Stück Muskelfleisch am Zwerchfell, das aber zu den Innereien zählt und meist im Schlachtabfall landet. Ähnliches gilt für das »Geheime Filet« beim Schwein, ein grobfaseriges Muskelstück zwischen Rücken- und Lendenspeck. Man rufe es bei seinem spanischen Namen »Secreto« und schon ist es etwas für Gourmets.

Die Nose-to-Tail-Strategie in der Großküche, erweitert auf »Root-to-Leaf« beim Gemüse, wo ebenfalls möglichst alles verwertet wird, hilft zum Beispiel dem Care-Caterer Procuratio aus Erkrath, in den von ihm bekochten Krankenhäusern und Heimen immer mehr Biokost zu verwenden. Weniger Abfall in der Küche macht den Einsatz qualitativ hochwertigerer und deshalb auch teurerer Lebensmittel möglich, ohne dass die knausrigen Kassen die knappen Budgets für das Patientenessen anheben müssen. Damit endet wenigstens partiell die Absurdität, dass ausgerechnet den Kranken der ungesündeste Billigfraß serviert wird. Außerdem hilft eine Umstellung der Großküchen langfristig vielleicht, den Anteil weggeworfener Lebensmittel unter die bei uns immer noch üblichen dreißig Prozent zu drücken.

Im Hofladen von Bunde Wischen in Schleswig werden Innereien inzwischen regelrecht nachgefragt. »Hier gibt es halt Dinge, die es beim Discounter nicht gibt«, sagt Katrin Peper. Ein Hofladen müsse sich absetzen, etwas bieten, was die Leute wiederkommen lässt.

Bunde Wischen hat dann auch nicht viel mitbekommen von der Absatzkrise im Naturkosthandel und bei den Bioläden in Folge des Ukrainekrieges und der kurzfristig explodierenden Preise. Der Einbruch, den andere Direktvermarkter deshalb hinnehmen mussten, ist hier ausgeblieben. Am Ende vielleicht, weil das Konzept von Bunde Wischen so einzigartig ist. Die Verbindung von Landwirtschaft und Naturschutz und der finale Schuss auf der Weide – so etwas gibt es in der Größe in Deutschland bislang kein zweites Mal.

Dazu kommt, dass auf dem Land und in den kleineren und mittleren Städten die Menschen ohnehin im Auto oder auf dem E-Bike sitzen, wenn sie einkaufen wollen. Der Trend, den Supermarkt weit draußen auf die Wiese zu stellen, ist ungebrochen. Also können sie auch gleich weiterfahren zum Hofladen, wo die Biomilch in den Hochpreiszeiten unmittelbar nach dem russischen Angriff auf die Ukraine übrigens billiger war als bei Aldi. Hat nur kaum jemand gemerkt, weil die meisten eben doch zum Discounter gefahren sind.

Wo wir nun aber schon mal beim Geld sind, gleich die Frage nach der Rentabilität an Bunde Wischen: 1700 Hektar Land, über tausend Rinder, zwanzig Angestellte. Und demgegenüber vier Schlachtungen pro Woche – ist das ausreichend? Ist Landwirtschaft als Naturschutz ein Geschäftsmodell, das aufgeht? Kann man das weiterempfehlen? Oder haben die Kritiker Recht – meist konventionell wirtschaftende Bauern –, die Bunde Wischen vorwerfen, bei günstigen Pachtverträgen von den Landwirtschaftsprämien der Europäischen Union zu leben?

Bunde Wischen sei eine gemeinnützige Genossenschaft, erklärt der Vorstand. Schon deshalb gehe es nicht darum, Profit zu erwirtschaften. Gewinn durchaus, weil ja neben den laufenden Kosten auch investiert werden müsse. Und ein Teil der Gelder komme natürlich aus der Agrarförderung der EU: »Es ist aber tatsächlich deutlich weniger als die Hälfte. Wir erwirtschaften mit der Vermarktung inzwischen viel mehr, als wir für die Pflegemaßnahmen und die normale Landwirtschaft an Prämien einnehmen.« Gerd Kämmer fasst das so zusammen: »Wir kriegen nichts anderes für das, was wir machen, wie jeder andere Landwirt in ganz Europa auch. Punkt.«

Nur macht Bunde Wischen etwas anderes als die meisten Landwirte in Europa – eben Naturschutz durch Landwirtschaft. Und, um das nochmal zu sagen: Das ist viel mehr als die Produktion des besten Rindfleischs, das man finden kann. Das ist Klimaschutz, denn das Weideland ist der beste Kohlenstoffspeicher. Im humosen Boden von extensiv bewirtschafteten Weiden ist mehr Kohlenstoff gespeichert als unter den Wäldern. Der Boden der Weiden kann mehr Wasser aufnehmen als alle anderen, ausgenommen die Moore. Schließlich leistet das Weideland den effektivsten Artenschutz und trägt damit zur Rettung aus den beiden schlimmsten Krisen bei, die uns derzeit heimsuchen – und die wir uns selbst bereitet haben.

Auch global gesehen sind solche Weideprojekte wegweisend. Weltweit sind zwei Drittel der landwirtschaftlich nutzbaren Fläche Grünland. In Deutschland sind es immerhin noch knapp dreißig Prozent; obwohl in den letzten Jahrzehnten sehr viel Grünland verloren gegangen ist. Es wurde »schwarz gemacht«, also umgebrochen für Äcker, oder es wurde schlicht aufgegeben und verschwand aus der landwirtschaftlichen Nutzung. In den vergangenen gut dreißig Jahren schrumpfte das Dauergrünland in Deutschland um 600 000 Hektar.[18] Ein Trend in ganz Europa, auf den die Europäische Union 2015 reagierte, indem sie sogenannte *Greening*-Auflagen in eine der vielen Agrarreformen schrieb. Dabei fördert die Agrarpolitik der EU den Verlust des Grünlands eigentlich, indem sie die pro Hektar bezahlte Prämie für Ackerflächen höher ansetzt als die für Grünland.

Die deutschen Bundesländer reagierten mit einem Genehmigungsvorbehalt oder einem generellen Umbruchverbot für Grünland, wenn das bereits fünf Jahre oder länger Wiese oder Weide war. Das stoppte den Verlust, nicht aber die Umwandlung von Weideland zur Mähwiese. Dieser Trend hält an: Für den Zeitraum von 2017 bis 2022 weist die Statistik eine Umwandlung von knapp

130 000 Hektar Weide in Mähwiese aus.[19] Dass es noch immer mehr Weideland als Mähwiesen gibt, liegt hauptsächlich daran, dass da auch die Almen eingerechnet sind und dass die Weiden in steileren und schwer zugänglichen Lagen mit großen Maschinen schlicht nicht gemäht werden können. Trotz Umbruchverbots verschwinden also immer noch Kühe in Ställen, geben Landwirte die Weidehaltung auf. Dabei wäre das Gegenteil nötig: Je mehr vom Grünland dauerhaft beweidet und gar nicht oder nur selten gemäht wird, desto besser für das Klima und die Biodiversität.

Nebenbei entstehen beim Weidegang der Wiederkäuer ganz natürlich auch Lebensräume für viele Pflanzen, die es anderswo schwer haben – darunter die Orchideen, die jene beiden Biologiestudenten hatten schützen wollen, die später Bunde Wischen gründeten und damit eines der größten und inzwischen ältesten Weideprojekte Deutschlands auf den Weg brachten.

Das kleine, hier eingebundene Wort »Projekt« markiert übrigens den Unterschied zu der ganz alltäglichen Landwirtschaft, die uns für gewöhnlich umgibt, wenn wir außerhalb der Städte unterwegs sind. Weideprojekte können Naturschutz und Landwirtschaft sein, wie gerade aufgezeigt. Doch was kann ganz normale Landwirtschaft gutmachen für Klima und Biodiversität? Beispielsweise ein Betrieb, der Kühe noch auf der Weide hält, aber keinen Platz für raumgreifende extensive Weideflächen hat, der also relativ intensiv wirtschaften muss. Was ist, wenn es nicht um die Ausnahme geht, sondern um die Regel? Wer legt die Regel überhaupt fest? Und wer bestimmt, was gilt und was geht, wenn sich ein Weidebetrieb am Markt behaupten muss?

Huteland

Am einfachsten haben es vielleicht nicht gerade die Milchviehbetriebe, die ihre Kühe täglich zweimal melken müssen und deren Weiden sich deshalb möglichst in der Nähe des Hofes befinden sollten. Aber selbst das funktioniert, wie wir noch sehen werden. Es gibt auch fahrbare Melkstände, die ein Traktor auf die Weide ziehen kann. Ein solcher Melkstand passt aber eher nicht, wenn große oder gar mehrere Kuhherden gemolken werden müssen.

Erst einmal einfacher organisieren lässt sich das betreute Rinderleben auf der Weide sicher bei der sogenannten Mutterkuhhaltung, bei der es nicht um Milch, sondern um Rindfleisch geht. Wobei der Begriff »Mutterkuhhaltung« einer jener seltsamen Wortschöpfungen ist, die sich die Landwirtschaft ausgedacht hat, nachdem die Milchviehbetriebe damit angefangen hatten, den Kühen ihre Kälber wegzunehmen und diese separat aufzuziehen. Wo das nicht mehr geschieht und die Kälber am Anfang ihres Lebens wieder bei den Müttern ihre Milch selber holen dürfen, heißt das »muttergebundene« oder »kuhgebundene Kälberaufzucht«. Ein semantischer Wirrwarr, der hauptsächlich klarmacht, dass unser Umgang mit den Rindern ihrer Natur nicht entspricht. Natürlich sind alle Milchkühe Mütter, sonst gäbe es schließlich keine Milch, und natürlich sind die Mütter eigentlich dazu da, ihre Kälber aufzuziehen. Dafür bräuchte es also keinen gesonderten Begriff, wenn wir sie das tun ließen. Im Gegensatz zu all diesen sprachlichen Verballhornungen der Unnatur bezeichnet der Begriff »Mutterkuhhaltung« einfach nur eine ganz normale Rinderherde, bestehend aus den Kühen und ihren Kälbern. Im Idealfall läuft auch der Bulle auf der Weide mit.

Bei dieser Art der Weidehaltung muss man die Tiere im Prinzip nur im Frühjahr hinausbringen auf die Flächen und im späten Herbst wieder in den Stall holen. Viel um die Gesundheit etwa der Kälber muss man sich auch nicht kümmern, da die von den Müttern über die Milch ein stabiles Immunsystem mitbekommen. Rinder werden nahezu ohne Immunsystem geboren. Das kommt in den ersten Tagen über die sogenannte Biestmilch von der Mutter. Danach riecht die Kuh beim Säugen ihres Kalbs, ob ihrem Kind etwas mangelt. Entsprechend kann sie ihre Ernährung so einstellen, dass die Milch dem Kalb gibt, was es braucht. Falls die Weide die nötige Medizin aus Kräutern und Blättern bietet. Dazu kommt, dass die Kälber durch die Anwesenheit der älteren Tiere auf der Weide auch einem geringeren Parasitendruck ausgesetzt sind, als das auf einer reinen Kälberweide der Fall wäre. Die ausgewachsenen Rinder mit ihrem ausgereiften Immunsystem fressen die meisten Parasiten einfach weg.[IV]

Natürlich müssen auch diese Tiere auf der Weide täglich besucht werden. Nicht nur, um den Kontakt zu ihnen nicht zu verlieren. Sie brauchen Wasser, und die Weide muss ausreichend Futter bieten; da muss bisweilen umgetrieben werden auf die Nachbarfläche. Die Zäune müssen kontrolliert werden, die Weidezaungeräte, der Gesundheitszustand der Tiere, ihre Vollzähligkeit. Die kann neuerdings auch der Wolf verändern; dazu kommen wir später.[V]

Manchmal sind auch plötzlich mehr Tiere auf der Weide, wenn eine Kuh gekalbt hat. Dann muss das Kälbchen innerhalb der ersten sieben Tage seines Lebens Ohrmarken bekommen und in einer zentralen Datenbank registriert werden. Beim Einsetzen mit der dafür benutzten Ohrstanze wird gleich die vorgeschriebene Gewebeprobe zur Untersuchung auf eine Infektion mit dem Pestvirus BVD[20] entnommen. Nur, wie macht man das auf einer Weide, wenn die Mutterkuh neben dem Kalb steht und sich da ein zweibeiniges Tier nähert, das das Neugeborene zuvor noch nie gesehen hat? Wahrscheinlich wird das Kalb denken, es soll ihm etwas Schlimmes geschehen. Entsprechend kläglich werden seine Hilferufe sein. Und entsprechend heftig kann die Reaktion der Mutter – und anderer Mitglieder der Herde – ausfallen.

»Auch wenn der Piks im Ohr schnell aus dem Kopf ist, wird der als Angriff gewertete Eingriff unter Umständen nie mehr vergessen«, sagt Gerd Kämmer. »Mit dem vorgeschriebenen Markieren

---

IV Siehe dazu den Abschnitt *Weidekrank* am Ende dieses Kapitels.

V Nämlich im Abschnitt *Wolfsland* in Kapitel 2.

der Tiere machen wir sie möglicherweise ihr Leben lang zu unseren Feinden, oder wenigstens misstrauisch.« Vor allem wenn das im Freien stattfinden muss, auf der Weide, wo die Kälber nicht separiert werden können. Deshalb machen sie das bei Bunde Wischen mittlerweile mit dem Blasrohr. Ein kleiner Betäubungspfeil kommt geflogen, und das Kalb legt sich schlafen. Dann nähert sich der Mensch, den die Mutter ohnehin kennt, ihrem Kalb. Da das aber dazu nichts sagt und auch nicht erschreckt hochfährt aus dem Schlaf, scheint alles in Ordnung. Das bedeutet in der Regel: keine Reaktion der Mutter, und schon gar keine der Herde.

Viele Bäuerinnen und Bauern können Geschichten erzählen von Kuhangriffen beim Einsetzen der Ohrmarken. Blaue Flecken sind noch die glimpflichsten Folgen. Bisweilen muss nach einem solchen Angriff auch die Mutterkuh geschlachtet werden, weil sie durch die Attacke gelernt hat, dass sie die Stärkere ist. Und ihre Kinder können sich deshalb ebenfalls als eher schwierig herausstellen. Das Leben auf der Weide ist also nicht immer das Idyll, für das wir es vor unserem kulturgeschichtlichen Hintergrund und aufgrund der gelernten optischen Verklärungen à la Caspar David Friedrich gerne halten. Aber gut, früher mussten die Hirten, die es heute gar nicht mehr gibt, den Rindern auch keine Ohrmarken einsetzen.

Mit Mutterkuhhaltung kennt sich Dieter Euler vom Hofgut Lindenberg aus. Der Hof ist die ehemalige Landwirtschaft des Klosters Schlüchtern im hessischen Hügelland am Flüsschen Kinzig, das die Familie seit Jahrzehnten in Erbpacht bewirtschaftet. 280 Hektar Land gehören inzwischen dazu, von denen sind 110 Hektar Grünland. Von diesen Weiden leben rund 120 Rinder der Rasse Deutsch Angus. Die wurde in den 1950er-Jahren aus der Kreuzung der ursprünglich aus dem Osten Schottlands stammenden Aberdeen Angus mit hiesigen Rassen gezüchtet. Die Tiere sind genetisch hornlos, wie die ebenfalls aus Schottland stammenden Galloways, und gelten außerdem als besonders freundlich und leicht kalbend.

Seine beiden Zuchtbullen lässt Dieter Euler immer so bei den Kühen mitlaufen, dass die dann möglichst im Frühjahr auf der Weide kalben. Da gibt es weniger Keime als im Stall und die Kälber haben bessere Chancen, gesund zu bleiben. Die Ohrmarken müssen dann eben draußen gesetzt werden. Das ist meist unproblematisch, erzählt Dieter Euler, aber auch er wurde schon einmal von einer Kuh angegriffen und hat einige blaue Flecken davongetragen. Er hat der Kuh das aber nicht übelgenommen, schließlich wollte sie nur ihr Kalb verteidigen. »Und die ist dann im Zweifel die erste, die den Wolf angreift«, sagt er. Außerdem hat er auch ganz andere Erfahrungen gemacht. Bei seinem täglichen Kontrollgang über die Weide habe er beispielsweise einmal einem neu geborenen Kalb die Ohrmarken eingesetzt, während es gerade am Euter der Mutter hing. Weder hörte das Neugeborene auf zu nuckeln, noch interessierte sich die Mutter für den Menschen mit der Zange.

Zum gepachteten Land des Hofguts Lindenberg gehören Weiden, die noch mit einzelnen Bäumen bestanden sind, die die Flurbereinigung überlebt haben. Diese Hutebäume,[VI] deren Laubkrone erst in zwei Metern Höhe beginnt, weil die Mäuler der Tiere so hoch hinaufreichen, waren früher charakteristisch für Weiden. Wo die Wiesen mähwerkgerecht ausgeräumt wurden, verschwanden die Weidebäume und damit der Schatten für die Tiere an heißen Tagen.

Zum Grünland des Hofguts Lindenberg gehört auch eine Fläche von etwa fünfzehn Hektar, die man als halboffene Weidelandschaft bezeichnen kann. Sie zieht sich ein Tal entlang, ist unten flacher und wird den Hang hinauf immer steiler. Dort oben stehen dann nicht nur einzelne Hutebäume, da gibt es einen teilweise dichten Baumbestand, während unten im Tal Wiesen liegen, die auch gemäht werden können. Die Pflanzen am Hang zeugen von

VI *Hute* oder *Hude* ist ein altes Wort für »Weide«, vom »Hirten« abgeleitet. »Hut« kann auch die Bezeichnung für das Weiderecht sein.

früherer Nutzung. Da gibt es Obstbäume und Rebstöcke, die einmal zu Gärten gehört haben müssen, aber auch den Rest eines mit Feldsteinen ausgelegten Weges, an dessen Rändern ehemalige Alleebäume Spalier stehen. Seit den 1980er-Jahren ist das alles eine große Weide, die, in vier bis fünf Flächen aufgeteilt, von März bis Oktober von einer Gruppe von meist fünfzehn Rindern bewohnt wird.

Hier dürfen die Tiere auch in den Wald. Kein Förster ist zuständig, kein Forstamt kann sein Veto einlegen. Was hier an Bäumen steht, wird auf der Landkarte gar nicht als Wald geführt, deshalb geht diese Ausnahme auch ohne Sondergenehmigung durch. Eigentlich ist die Waldweide fast überall in Europa ab der Mitte des 19. Jahrhunderts verboten worden. Damit endete eine jahrhundertealte Nutzung der Wälder, die bis dahin eher licht gewesen waren. Die Wälder wuchsen zu, wurden dichter, der Lebensraum all der Tiere, die bis dahin die von den Nutztieren offener gehaltenen Hutewälder besiedelt hatten, ging verloren. Was heute vom Naturschutz durch landwirtschaftliche Nutzung in einzelnen Projekten als »Wilde Weiden« wiederhergestellt wird, um die Biodiversitätskrise zu bekämpfen, hier im Kinzigtal gibt es das noch.

Obwohl es so aussieht, ist das kleine Gebiet kein extra angelegtes Naturschutzprojekt, sondern ganz normale Landwirtschaft. Hier fehlt die übliche, aber unnatürliche scharfe Kante zwischen Wald und Weide. Oben am Hang wachsen erst einzelne Bäume in der Weide, weiter hinauf wird der Baumbestand dann dichter und geht in einen lichten Wald aus großen Bäumen und Gebüsch über. Dieser Teil der Landschaft – die Straße mit den Autos und dem Fahrradweg im Tal mal kurz weggedacht –, könnte aus einem alten Landschaftsgemälde stammen. Titel: Ursprüngliches Kinzigtal.

Das Bild hergestellt haben die Rinder. Die Tiere sorgen dafür, dass die Weidefläche nicht zuwächst, und sie halten auch den Wald weitgehend offen. Nur da, wo sich die Pflanzen mit Dornen gegen den Verbiss wehren, ist das Gestrüpp dichter. Wo sich der

Weißdorn in die Fläche ausbreitet, fährt Dieter Euler ab und an mit dem Häcksler drüber und macht Kleinholz. Das ist aber auch schon die einzige Pflegemaßnahme auf der ganzen Fläche, abgesehen von der Kontrolle und Reparatur der Zäune und höchstens einmal im Jahr ein bisschen Heumachen im Tal. Ab und an wirft ein Sturm mal einen Baum um und es gibt etwas Feuerholz. Den Rest machen die Rinder. Seit der Hof die Fläche vor gut vierzig Jahren übernommen hat, ist dort nur beweidet und kein einziges Mal gedüngt worden.

Es geht also: Eine halboffene Weidelandschaft muss kein Naturschutzprojekt, sondern kann ganz normale Landwirtschaft sein – wobei das so ganz normal auch wieder nicht ist, was Dieter Euler hier macht. Es ist extensive Weidewirtschaft mit wenigen Tieren auf der Fläche. Aber zu einem Demeter-Betrieb wie dem Hofgut Lindenberg passt das. Allerdings so richtig auch erst, seit es kein Milchvieh auf dem Hof mehr gibt und auf die Mutterkuhhaltung umgestellt wurde.

Sonderwirtschaftszone

Das Bundesland mit dem größten Anteil an Agrarfläche ist Schleswig-Holstein. Fast siebzig Prozent der Fläche werden landwirtschaftlich genutzt. Es gibt vergleichsweise wenig Wald und die Städte sind weniger gewuchert als anderswo. Dafür gibt es an der Nordsee hinter den Deichen ausgedehntes Marschland. Aber nicht überall sind die Böden im Norden wirklich fruchtbar. Den Geestrücken zwischen den beiden Meeren bedeckte früher auf weiten Strecken Heide, bevor Bäuerinnen und Bauern nach und nach auch die sandigen Böden dort urbar gemacht haben. Zum Teil wurde dazu die Heide abgeplaggt, das heißt, der Oberboden mitsamt dem Kraut wurde in meterlangen Streifen abgestochen und als Wintereinstreu in die Ställe gefahren. Mit dem Dung und dem Urin der Tiere versehen wurden die Plaggen dann auf die hofnahen Flächen wieder ausgebracht, die dadurch nach und nach fruchtbarer wurden, während die Böden der weiter von den Höfen entfernten Heidelandschaften immer mehr verarmten. Plaggenwirtschaft gab es seit der Eisenzeit, also lange vor Christi Geburt, vor allem entlang der Nordseeküste.

In einer solchen Gegend betreiben Kirsten Wosnitza und Gerd-Matthias Albertsen ihren Hof Sophiental. Der Boden ist hier sandiger Lehm, die Humusschicht auf dem Sand ist nicht besonders dick. An manchen Stellen ist der Boden auch anmoorig. Da waren früher in der Heidelandschaft kleine Niedermoorflächen. Da ist es etwas fruchtbarer; ansonsten liegen die Wertzahlen der Böden von Hof Sophiental bei achtzehn bis 25 Punkten auf der Skala von null bis hundert. Viel ist das nicht. Die beiden sehen das täglich an ihrem Haus, dass hier auch früher nicht viel zu holen war: Sie können überall an die Decke der Kate greifen, ohne sich wirklich strecken zu müssen.

Das Dorf ist ein paar Kilometer entfernt. Der Hof liegt, wie ein paar andere, an einer langgezogenen Straße, die zwar Norderfeld heißt, aber eigentlich hauptsächlich durch Grünland führt. Äcker und Wiesen trennen sogenannte Knicks. Diese oft auf Erdwällen angelegten Baumhecken sind die nordische Antwort auf den Wind, der ohne die Hecken die Bodenkrume davontragen würde, wenigstens da, wo die Böden nicht ständig von Pflanzenwurzeln festgehalten werden. Auch die Wassererosion bei Starkregen wird von den Knicks aufgehalten.

Hof Sophiental liegt hinter einer besonders breiten Baumhecke, fast schon einem Wäldchen, ein Stück weg von der Straße. Direkt neben dem Hof und dahinter beginnen die Weideflächen. Eine gute Voraussetzung dafür, dass die Tiere jeden Tag und jede Nacht rauskönnen; und das mindestens von März bis Oktober, je nach Witterung im Jahresverlauf auch länger. Die Milchkühe, die dort weiden, müssen zwei Mal am Tag wieder Richtung Stall kommen, um gemolken zu werden.

Weil der Hof klein ist und Kirsten Wosnitza und Gerd Albertsen ohne feste Arbeitskräfte auskommen müssen, haben sie sich Hilfe geholt bei drei Working Kelpies. Das sind australische Hunde, denen das Hüten zur Natur geworden ist. Ohne eine Herde, um die sie sich kümmern können, dürften sie schwer zu halten sein. »Mit einem der Hunde kann ich die Kühe auch in der Dämmerung reinholen, wenn ich sie auf der großen Weide gar nicht richtig sehen kann«, sagt Kirsten Wosnitza. »Ich bin dann zwar mit Stirnlampe unterwegs. Die ist aber eher dafür da, dass ich den Weg sehe.« Der Hütehund findet die Tiere auf der Weide selbstständig und bringt sie auch ohne viele Kommandos nach Hause.

Nachdem die beiden den Hof übernommen hatten, ließen sie die Kühe zunächst nur tagsüber auf die Weide. Bald stellte sich aber heraus, dass das die doppelte Arbeit war: Sie mussten im Stall füttern, einstreuen und misten, und sie mussten draußen die Zäune in Ordnung und die Tränken sauber halten und die Tiere umtreiben. »Das hat für uns nicht gepasst, weil wir keine Angestellten haben«, sagt Gerd Albertsen. »Und die Tiere gehen dann morgens teilweise satt raus und fressen erstmal kein Gras. Wir wollen aber, dass sie möglichst viel Gras fressen.«

Die beiden melken 120 Kühe und bewirtschaften neunzig Hektar Land. Zwei Drittel davon sind Dauergrünland, der Rest ist Acker, auch für den Futteranbau. Auf den Dächern der Kuhställe stehen knapp neunzig Kilowatt Solarpaneele, der Betrieb ist beteiligt am Bürgerwindpark und an der Biogasanlage, die einen Teil des Dorfes beheizt. Ohne die zusätzlichen Einnahmequellen wäre ein Milchhof dieser Größe mit »nur« 120 Kühen schwer zu halten. Milchbauern brauchen einen finanziellen Puffer, weil sie sich auf den Preis für ihr eigentliches Produkt schon lange nicht mehr verlassen können.

Fossile Milch

Der Milchpreis ist schon sehr lange eine äußerst volatile Angelegenheit. Warum er sich gerade nach oben oder unten bewegt, ist nicht immer leicht zu durchschauen. Einfach erklärbar waren die Zusammenhänge nach dem Beginn des russischen Angriffskrieges gegen die Ukraine. Die fossile Energie war nicht mehr so billig verfügbar, entsprechend stiegen die Preise. Bei den Lebensmitteln vor allem für die aus der sogenannten konventionellen Landwirtschaft, denn die ist abhängig von synthetischen Pestiziden und Kunstdünger. Beides wird mit sehr viel fossiler Energie hergestellt, der Mineraldünger im nach gleich zwei deutschen Nobelpreisträgern benannten Haber-Bosch-Verfahren[21] hauptsächlich mit Erdgas.

Auch die Milchpreise zogen nach Kriegsbeginn deutlich an – konventionelle Milch war zeitweise teurer als Biomilch. Allerdings sank der Milchpreis auch bald wieder, obwohl das Erdgas weiter teuer auf dem Weltmarkt gekauft werden musste und kein Kunstdünger mehr aus Russland importiert wurde. Das war dann schon wieder nicht so leicht erklärbar, musste aber auch nicht erklärt werden. Von medialem Interesse sind Lebensmittelpreise meist nur, wenn sie steigen; fallen sie dagegen, erschreckt das bloß die Bauern. In den Fachmagazinen konnte man lesen, dass es an China liege, wo sich gerade eine Wirtschaftskrise anbahne und gleichzeitig Milchkühe geklont werden, weshalb dorthin weniger Milch exportiert werden könne. Weltmarkt halt, oder auch Globalisierung genannt, drückt die Preise, selbst dann, wenn ausschließlich für eine begrenzte Region in Deutschland produziert wird.

Wer bei diesem Auf und Ab heute noch Milch erzeugt, muss Kühe mögen; so wie Kirsten Wosnitza und Gerd Albertsen, die dazu noch die für die Menschen anstrengendste Form der Milcherzeugung gewählt haben, die von Weidemilch. Sie machen das, obwohl die Molkerei, mit der sie vertraglich verbunden sind, dafür gar nicht mehr bezahlt.

Es wäre viel einfacher und mit viel weniger Arbeit verbunden, die Kühe im Stall zu lassen und ihnen das draußen geerntete Futter hineinzufahren. Sie könnten sich das Zäunen und Tränken sparen, ebenso wie das ständige Umtreiben auf eine neue Weide, wenn die alte kurzgefressen ist. Das Grünland würde maschinengerecht aufgeteilt, die Gülle ausgebracht und je nach Bodenqualität, Jahr und Witterung viermal im Jahr oder noch öfter gemäht. Außerdem bestünde die Möglichkeit, die Kühe leistungsgerecht »auszufüttern« mit zusätzlichem Kraftfutter, genau so, dass sie möglichst viel Milch geben. Die Tiere würden dann zwar nur noch im sogenannten Laufstall leben, müssten aber nicht mehr laufen und entsprechend auch keine Kraft für die Wege auf und von der Weide vergeuden. Sie könnten sich ganz aufs Fressen und Wiederkäuen konzentrieren und eben auf das Produzieren von Milch.

Nur, wer Kühe wirklich mag, wird sie so nicht halten wollen. »Wenn wir den Tieren keinen Weidegang mehr bieten könnten, würden wir keine Kühe mehr halten«, sagt Kirsten Wosnitza. »Die Tiere gehören nach draußen!« Wer einmal gesehen hat, wie sie sich freuen, wenn sie im Frühjahr nach einem langen Winter wieder rausdürfen, weiß auch, dass sie sich eigentlich nur dort wohlfühlen. Wenn sie beim Frühjahrsaustrieb dermaßen springen und toben, als seien sie wieder zu Kälbern geworden, muss das Leben im Laufstall ziemlich trist für sie sein. Der Anblick mutet allerdings ein wenig seltsam an, weil unsere modernen Milchkühe zumindest für diese Aktivität unförmig erscheinen. Sie wirken eher ruhig und scheinbar träge, so gar nicht gemacht fürs Hüpfen und Springen. Tatsächlich haben sie in Figur und Körperbau nicht mehr sehr viel mit ihren Ahnen gemein. Sie sind nicht mehr die agilen Savannentiere.

Die Hochleistungsmilchkuh an sich, die schwarz-bunte Holstein-Friesian, wurde ursprünglich in Nordamerika von Einwanderern aus Deutschland und den Niederlanden aus ihren mitgebrachten Kühen zusammengekreuzt.[22] Heute ist sie in Deutschland weitergezüchtet und wird deshalb auch Deutsche

Holstein genannt. Manche Züchter bezeichnen sie aber auch despektierlich als »Kleiderständer mit Fell«. Das trifft es ganz gut: Hinten an der Kruppe stehen die Beckenknochen hoch, darunter hängt zwischen den Hinterläufen ein gewaltiges Euter, das an den Flanken mit armdick hervortretenden Adern versorgt wird. Diese Kuh sieht immer ein wenig so aus, als hungere sie. Auf der Weide ist das bisweilen auch so, nämlich dann, wenn das Weidemanagement nicht sehr genau darauf achtet, dass stets rechtzeitig umgetrieben wird auf andere Flächen, wenn der Nachschub an Protein nachlässt. Wir haben also Kühe gezüchtet, die in ihrem angestammten Lebensraum nicht mehr dauerhaft existieren können, weil sie dort nicht mehr satt werden.

Hörner haben sie meist auch keine mehr, die sind weggezüchtet oder weggeätzt. Das alte Bild vom wehrhaften Stier oder von der Kuh, die ihr Kalb mit gesenktem Kopf verteidigt, ist passé. Moderne Rinder senken zwar noch die Köpfe, wenn sie sich verteidigen oder drohen wollen, tragen die Waffen aber nicht mehr, für die sie unsere Vorfahren verehrt haben. Der Rinderkult war eine unserer ersten Religionen und eine äußerst pragmatische dazu: Unsere Ahnen verehrten das Tier, das ihr Überleben sicherte. Auf dem Rücken der Rinder haben sie unsere Kultur aufgebaut.

Unsere heutigen Kühe taugen eher nicht zu Kultobjekten. Sie sind – von der wilden Verwandtschaft aus gesehen – eher wenig respekteinflößend. Sie scheinen eigentlich weit entfernt von ihren Ursprüngen zu sein. Umso erstaunlicher die Ausgelassenheit der zu Milchmaschinen verformten Tiere, wenn sie nach dem Winter zum ersten Mal wieder rausdürfen. Es ist, als würden sie sich an ihre Vorfahren erinnern, an die mächtigen wilden Rinder, die in großen Herden ihr Grasland, ihre Savanne, ihre Steppe beherrschten.

Rinder leben eigentlich in eben diesem offenen Grasland und in lichten Wäldern, in Landschaften, die sie mitgestalten. Sie sind Weidetiere, die sich ihre Weiden selbst schaffen. Über Jahrmillionen haben sie das Grasland in Koevolution mit den Pflanzen und

Gräsern geformt. So kommt es, dass das Gras durch den Verbiss der Weidetiere zum Wachsen angeregt wird.

Die Rinder brauchen da draußen auch niemanden, der sie betreut, sofern sie von Art und Haltung her noch ausreichend robust sind für das Leben dort. Wenn sie nicht gerade Hochleistungsmilchkühe sind und wenn die Weideflächen groß genug sind, können sie sich ernähren von den Pflanzen, die da wachsen. Sie können sich dort auch vermehren, ihre Kälber gebären und aufziehen. Eigentlich war das Leben im Freien lange der Normalfall für die Rinder, die mit uns zusammen und in unserer Obhut lebten.

Es ist eine späte Idee der Menschen gewesen, die Tiere in den Stall zu stellen. Ursprünglich waren auch die domestizierten Rinder hauptsächlich draußen, wo sie ihre Nahrung nicht gebracht bekamen, sondern selbst suchen konnten. Und das seit der Neolithischen Revolution, wie der australisch-britische Archäologe Vere Gordon Childe den Beginn der Agrarkultur in der Geschichte der Menschheit nannte.[23]

Diese Revolution ist in ihren Auswirkungen nicht zu überschätzen. Sie war der Bruch mit unserer bisherigen Evolutionsgeschichte, und damit einerseits der Ursprung aller menschlichen Zwietracht, aller Kriege bis heute, aber auch allen kulturellen und technischen Fortschritts. Sie war der in der Bibel beschriebene Austritt des Menschen aus dem Paradies; pragmatischer gefasst, wie es der Evolutionsbiologe Carel van Schaik und der Historiker Kai Michel in ihrem Buch *Mensch sein* schreiben:

> *»Bringen wir es auf den Punkt: Wir leben in einer Welt, für die wir nicht gemacht sind. Unsere Evolution vollzog sich unter gänzlich anderen Bedingungen als den heutigen. Das erst vor wenigen Jahrtausenden erfolgte Sesshaftwerden des Homo sapiens, das mit der Erfindung der Landwirtschaft einherging, stellt einen noch viel zu wenig verstandenen Gamechanger dar. Es revolutionierte die Spielregeln des menschlichen Zusammenlebens. Die Folge war jener kulturelle Urknall, der zur modernen Welt mit all ihren tech-*

nischen Wunderwerken führte, die aber immer wieder im offenen Widerspruch zu unseren evolutionär erworbenen Intuitionen steht.«[24]

Der die Welt verheerende Teil dieser Revolution, die wie alle Revolutionen ihre Kinder frisst, sind die Konflikte, die schon in den ersten menschlichen Siedlungen begannen und sich zu Kriegen auswuchsen. Der zumindest den menschlichen Teil der Welt befruchtende Part der Neolithischen Revolution ist die Landwirtschaft, ohne die die seitdem gewachsene Menge an Menschen niemals ernährt werden könnte. Damals vor fast zwölftausend Jahren begannen die Menschen sich niederzulassen, feste Ansiedlungen zu gründen und von nomadischen Jägern und Sammlern zu Bauern zu werden. Die Anfänge der Landwirtschaft fanden im Gebiet des sogenannten Fruchtbaren Halbmonds statt, also zwischen dem Unterlauf des Nils, dem Süden Anatoliens und den Flüssen Euphrat und Tigris. Auf der Landkarte sieht die Region tatsächlich wie ein Halbmond oder eine Sichel aus, und damals war diese Region tatsächlich auch noch fruchtbar. Von dort stammen unsere Rinder, dort wurde die nahöstliche Variante des Auerochsen domestiziert, mit den Bauern sind die Rinder dann nach Europa gewandert.[25]

Seit dieser Zeit vor mehr als zehntausend Jahren sind die Rinder mit uns verbunden und seitdem waren sie immer Weidetiere. Dauerhaft im Stall verschwanden sie erst mit der Industrialisierung der Landwirtschaft nach dem Zweiten Weltkrieg. Wobei dieser Prozess noch immer im Gang ist: Noch immer werden neue, immer größere Kuhställe gebaut, noch immer werden Weiden zu Mähwiesen gemacht. Auch weil die Milchviehbetriebe immer größer werden, immer mehr Kühe halten, die kleinen Höfe verschwinden und die großen expandieren. Und bei dreihundert oder fünfhundert Kühen wird täglicher Weidegang zu einer großen logistischen Aufgabe. Viele Milchbauern sagen, bei einer solchen Menge funktioniert Weidegang nicht mehr, einige beweisen, dass es dennoch geht. Besser geht es allerdings mit weniger Vieh. Auch deshalb sind die beiden vom Hof Sophiental in Nordfriesland lieber klein geblieben. Sie haben auch gar nicht das Land um den Hof herum, auf dem sie mehr als ihre 120 Kühe weiden könnten. Denn die sind schließlich nicht allein. Da ist noch die Nachzucht, ohne die es keine Milch gäbe. Das sind wenigstens die Kälber und die Färsen, die jungen Kühe, die noch nicht gekalbt haben, um die sich ein Milchhof kümmern muss, selbst wenn die Bullenkälber zur Mast abgegeben werden.

»Nicht nur einmal haben wir darüber nachgedacht, auf ökologische Wirtschaftsweise umzustellen«, schreiben die beiden vom Hof Sophiental auf ihrer Netzseite. »Aber der Standort und der geringe Anteil an Eigenland machen es schwierig, Reserven anzulegen, um als Biobetrieb schwierige Wetter- oder Marktsituationen überstehen zu können.« Tatsächlich ist das meiste Land gepachtet, nur zehn Hektar eigenes Land gehören zum Hof. Also sind die beiden ein konventionell wirtschaftender Betrieb geblieben. Allerdings haben sie die Ställe seit ihrer Übernahme des Hofs vor zwanzig Jahren neu gebaut und die Kuhherde seitdem nahezu verdoppelt. Auch haben sie den Weidegang ihrer Tiere ausgebaut und sich verstärkt um das Grünland gekümmert. Das soll für eine möglichst vielfältige Pflanzengemeinschaft sorgen und möglichst viel Humus im Boden aufbauen, außerdem soll Raum bleiben auch für die anderen Tiere dieser Landschaft, für die generell gefährdeten Wiesenbrüter wie den Kiebitz zum Beispiel. Die Bezeichnung »Wiesenbrüter« ist übrigens ähnlich irreführend wie der Name der Großen Wiesenameise. Beide leben eher nicht in Wiesen, die von hoch aufwachsenden Gräsern geprägt sind, sondern auf kurz gefressenen Weiden.

»Unser Konzept ist eine Ökologisierung auch der konventionellen Landwirtschaft«, sagt Kirsten Wosnitza. Außerdem sollen die Kühe möglichst viel Milchleistung aus dem Grundfutter ziehen, also aus Gras, Heu, Stroh oder Maissilage, und entsprechend wenig Kraftfutter dazu bekommen. »Uns geht es nicht darum, den letzten Tropfen Milch herauszufüttern«, sagt Gerd Albertsen, »wir wollen gesunde Tiere, die sich wohlfühlen und lange leben.«

In Milchviehbetrieben, die ihre Hochleistungskühe möglichst umfassend ausnutzen, machen die Tiere das nicht lange mit. Sie werden nach wenigen Jahren krank oder schlicht nicht mehr schwanger. Was den Ausfall für die Milchproduktion bedeutet und damit den »Abgang« der Kuh. Kühe, die länger leben, sind aber selbst dann produktiver, wenn sie weniger Milch geben. Das ist nur scheinbar ein Paradoxon. Nur dann, wenn die Landwirte bloß auf die aktuelle Milchleistung schauen, nicht auf die Lebensleistung.

Milchmädchenrechnung

Das Leben einer Milchkuh sieht aus betriebswirtschaftlicher Sicht folgendermaßen aus: Nachdem sie erst einmal fast zwei Jahre lang großgezogen wurde und demnach aus Sicht des Milchbetriebs nur Kosten verursacht hat, gebärt sie ihr erstes Kalb und geht damit in die erste Laktation, die Phase der Milchproduktion. Wenn jetzt versucht wird, möglichst viel aus ihr herauszupressen, sie mit viel Kraftfutter zur Höchstleistung zu bringen, gebärt sie in ihrem dadurch verkürzten Leben vielleicht nur zwei oder drei Kälber. Nach drei Laktationen ist dann jener Abgang angesagt – zum Schlachter. Das Auslutschen der Tiere ist eine betriebswirtschaftliche Milchmädchenrechnung. Wenn selbst die Hochleistungskuh etwas weniger Milch geben darf, wenn sie vielleicht zusätzlich noch ein kuhgemäßeres Leben mit Weidegang hat, dann bleibt sie gesünder, lebt länger und gibt länger Milch. Die anfängliche Investition von fast zwei Jahren Pflege und Futter amortisiert sich.

Auf Hof Sophiental werden die Milchkühe mit acht Jahren im Durchschnitt fast doppelt so alt wie auf den Betrieben, die ihre Tiere nur im Stall halten und immer die höchste Milchleistung herausholen wollen. Das lässt sich ganz gut an der sogenannten

Remontierungsrate ablesen. Das ist die Zahl, die belegt, wie viele Kühe jedes Jahr zum Schlachter gehen und also ersetzt werden müssen durch eigenen Nachwuchs, durch Färsen, die zum ersten Mal kalben. In Sophiental sind das rund zwanzig Prozent, in üblichen konventionell und sogenannten rationell arbeitenden Betrieben gut vierzig Prozent.

Dazu kommt die Sache mit dem Grundfutter. Wie viel Milch, zusätzlich zur Selbsterhaltung des eigenen Körpers, gibt die Kuh mit welcher Menge welchen Futters? Wie beim Weidegang ist die Frage der Ernährung der Tiere nicht nur eine ökonomische, sondern auch eine ökologische – und außerdem eine Frage der Ernährungssicherheit für uns Menschen. Das sogenannte Grundfutter ist das, was die Wiederkäuer eigentlich fressen, hauptsächlich Gras oder trockenes Gras, also Heu. Maissilage kann auch dazugezählt werden, obwohl da schon ein Anteil von Maiskolben drin ist, also Korn. Beim Futtermais ist dieser Anteil aber nicht sehr hoch.

Kraftfutter ist dagegen oft das, was auch Menschen ernähren könnte, Getreide zum Beispiel. Je mehr die Wiederkäuer davon bekommen, desto weniger werden sie ihrer natürlichen Anlage und ihrem Verdauungsapparat gemäß ernährt und desto mehr treten sie in Nahrungskonkurrenz zu uns Menschen. Das ist dann die immer wieder aufpoppende Diskussion um Teller oder Trog. Besonders heftig geführt, als Russland den Krieg in der Ukraine und damit in der Kornkammer Europas angefangen hat. Damals lernten wir, dass sechzig Prozent des Getreides in Deutschland zu Tierfutter werden, und wir hörten fast täglich, dass das ein Problem sei – meist von Politikerinnen und Politikern, die daran längst etwas hätten ändern können, wenn es sie wirklich interessiert hätte. Dazu kommt, dass es so einfach nicht ist. Nicht aus jedem Weizen kann man Brot backen, schon gar nicht in einer Backfabrik.

Dazu kommt auch, dass die Wiederkäuer, die bei den Teller-oder-Trog-Berichten immer gerne im Bild gezeigt werden, eigentlich genau nicht die Futterkonkurrenten zu uns Menschen sind.

Wir können kein Gras verdauen. Rinder mit ihrem komplizierten Mehrkammermagensystem aber schon. Das Wiederkäuen, also das Heraufholen des Gefressenen aus dem Magen und erneute Zerkauen, ist ein deutliches Zeichen dafür, dass Zellstoff und Rohfasern nicht das einfachste Nahrungsmittel sind. Durch die Haltung von Wiederkäuern erschließen wir Menschen uns deshalb Nahrungsressourcen, die wir ohne sie gar nicht hätten. Ich habe es bereits erwähnt: Mehr als zwei Drittel der landwirtschaftlich nutzbaren Fläche der Erde ist Grünland, aus dem auch kein Acker werden kann. Außerdem ist fast neunzig Prozent einer Getreidepflanze für uns nicht verwertbar. Den Halm, die Blätter, die Spelzen, all das können aber die Wiederkäuer verwerten. Und wenn man aus Sonnenblumenkernen Öl gewonnen hat, bleibt der sogenannte Presskuchen zurück – auch der ist nichts für uns, aber perfektes Tierfutter. Die Debatte um Teller oder Trog ist halt nicht so einfach, wie die Dreißig-Sekunden-Statements im Fernsehen glauben machen.

Was aber dennoch zu dieser Diskussion gehört, ist die »Fehlernährung« unserer Milchkühe. So würde das die Deutsche Gesellschaft für Ernährung nennen, wenn es um Menschen ginge, die sich nicht artgerecht ernähren. Artgerecht beim Rind wäre das Rau- oder Grundfutter, wie die Bauern das nennen, also das, was wir Menschen nicht verdauen können. Beim Hof Sophiental holen die Kühe durchschnittlich 5200 Kilogramm Milch pro Jahr aus dem Grundfutter, das ist mehr als die Hälfte und damit sehr viel, verglichen mit einem Betrieb, der voll aufs Kraftfutter setzt.

»Viele Milchkühe werden inzwischen zu siebzig Prozent mit Nahrungsmitteln gefüttert, die auch Menschen ernähren könnten«, sagt Johannes Isselstein von der Universität Göttingen. Irgendwie sind die Kühe in den letzten Jahrzehnten immer mehr wie Schweine gefüttert worden, die ganz generell Nahrungskonkurrenten des Menschen sind, wenn sie nicht gerade mit landwirtschaftlichen Produktionsabfällen ernährt werden. »Die Kuh zum Schwein zu machen, war die eigentliche Sauerei!« So hat das ein anderer Grünlandexperte genannt: Friedhelm Taube, Professor in Kiel und im niederländischen Wageningen.

Genau hier setzt nun Johannes Isselstein an, der Göttinger Professor für Graslandwissenschaft. Die Rinder sollen zurück auf die Weide, weil sie genau dort hingehören und weil sie dort für uns alle Gutes tun können. Sie verbessern die »Ökosystemdienstleistungen des Graslandes«[26], wie das die Wissenschaft nennt. Und das, indem sie schlicht das tun, was sie am besten können: Gras fressen.

Machen wir also einen Ausflug in das Innere der Kuh und schauen auf ihre Verdauung.[27] Vielleicht hilft das ja dabei, ihr Wesen zu verstehen, und auch dabei, ihre maßgebliche Funktion für das Überleben dieser Welt zu ermessen.

»Alle guten Dinge haben etwas Lässiges und liegen wie Kühe auf der Wiese«, hat Friedrich Nietzsche in einem seiner Aphorismen geschrieben, wie am Anfang dieses Kapitels schon zitiert. Lässig auf der Wiese liegen die Kühe aber hauptsächlich, weil sie mit ihrer Verdauung beschäftigt sind. Außerdem ist die Wiese natürlich eine Weide. Das soll keine Kritik am großen Philosophen sein, nur eine Verortung der Kühe.

Sie liegen auf der Weide, gerne in Gruppen zusammen, und kauen das Gras und die Kräuter noch einmal durch, die sie eine Stunde zuvor gefressen haben, tatsächlich aber eben noch nicht ganz. Sie haben das Gras nur abgerupft, kurz gekaut, geschluckt und bis in den ersten Vormagen befördert, den sogenannten Schleudermagen. Von dort geht es in den Pansen. Der ist eigentlich zweiteilig, besteht aus dem Pansen und dem Netzmagen, der sogenannten Haube. Schleudermagen, Haube und Pansen vollführen nun rhythmische Kontraktionen und werfen damit das Futter hin und her. Spätestens eine Stunde nach dem eigentlichen Fressen ist der Futterbrei gut durchgerührt und dabei das Grobe vom Feineren getrennt.

Das nur grob zerkaute Futter wird nun erneut hochgewürgt und ins Maul befördert, um dort noch einmal gründlich durchgekaut und wieder geschluckt zu werden. Vom Pansen geht es weiter in den nächsten Vormagen, den sogenannten Psalter oder Blättermagen, und dann erst in den eigentlichen Labmagen. Ein kompliziertes System, das es den Wiederkäuern erlaubt, Zellulose aufzuspalten und Pflanzen besser zu verdauen, die andere Tiere nicht oder nicht ausreichend ernähren würden. Die Bakterien, die im Pansen leben, bilden dabei Vitamine, die andere Pflanzenfresser mit der Nahrung von außen aufnehmen müssen. Wiederkäuer produzieren sie in ihrem Magensystem selbst oder lassen sie produzieren. Gelangen die Bakterien mit dem Speisebrei in den Labmagen, werden sie verdaut, und das Rind nimmt die Vitamine auf. Unterdessen sind im Pansen längst neue Bakterien nachgewachsen, die wieder neue Vitamine produzieren.[VII]

Eigentlich ein Wunderding, der Magen der Wiederkäuer. Nur war den Menschen dieses Wunderding irgendwann zu langsam. Sie wollten das eine Produkt schneller, das mit dieser Art der Nahrungsaufnahme und Verwertung eben auch produziert wird: die Milch. Und sie wollten mehr davon. Also musste die Kuh nicht nur auf Milch hochgezüchtet werden, sie musste außerdem mehr Nährstoffe, mehr Energie aufnehmen, als sie beim einfachen Grasen aufnehmen konnte. Sie musste dafür zusätzliches, besonders aufbereitetes Futter fressen.

Milch besteht aus Wasser, Proteinen – also Eiweißen –, Milchzucker und Milchfett. Proteinreichere, fettere und zuckerhaltigere Kost müsste den Kühen folglich eine höhere Milchproduktion erlauben. Sojaschrot ist solch ein Zusatzfutter, aber auch Mais, Melasse, also Zuckersirup, Luzerne, Klee. Tatsächlich erhöht solches Zusatzfutter die Milchleistung der Kühe, allerdings nur bis zu einer natürlichen Grenze. Und die liegt da, wo im Pansen der Kuh von den Mikroorganismen mehr Protein in Aminosäuren und Ammoniak umgebaut wird, als am Ende

---

VII Um die Mikroorganismen, die dabei innerhalb der Kuh das Klimagas Methan produzieren, geht es im Abschnitt *Die Kuh-Klima-Lüge* in Kapitel 2.

wieder in bakterielles Protein umgewandelt und dann verdaut werden kann.

Enthält das Futter mehr als fünfzehn Prozent Protein, entsteht im Pansen ein Ammoniaküberschuss, der über die Leber und den Urin ausgeleitet werden muss. Zu viel davon belastet also die Leber der Tiere. Enthält das Futter weniger als etwa dreizehn Prozent Protein, wird Harnstoff zurück in den Pansen geleitet, der die Bakterien mit zusätzlicher Energie versorgt, um die vorhandenen Proteine besser auswerten zu können. Die Kuh holt dann also mehr aus dem Futter heraus. Gleichzeitig macht sie aber oberhalb von etwa fünfzehn Prozent Eiweißgehalt im Futter Schluss mit der Verwertung. Der natürliche Kreislauf der Futterverwertung endet dann bei etwa 25 Liter Milch am Tag, sagt das Lehrbuch *Tierproduktion*.[28]

Es sei denn, die Proteine oder Teile von ihnen würden gar nicht im Pansen abgebaut, sondern unverdaut bis in den Darm gelangen. Dann könnte der Dünndarm das Eiweiß doch noch aufnehmen, und die Milchproduktion würde weiter angekurbelt. Genau das erreichen die Landwirte mit dem sogenannten UDP. Das Kürzel steht für »Undegraded Dietary Protein« und bezeichnet den Anteil der Proteine im Futter, die im Pansen nicht abgebaut werden, auf Deutsch auch pansenbeständiges, pansengängiges oder Durchflussprotein genannt. Durch Milchsäurebakterien vorvergorenes Futter, wie Silage aus Gras oder Mais, enthält einen höheren Anteil solcher pansenbeständiger Proteine: Grassilage um die fünfzehn, Maissilage um die 25 Prozent. Aber auch das ist noch nicht genug, um den Eiweißbedarf heutiger Hochleistungskühe zu decken.

Das Nährstofflexikon auf der Homepage des Futtermittelherstellers Deutsche Tiernahrung Cremer stellt fest, dass »für eine bedarfsdeckende Versorgung der frischlaktierenden Kuh«, also einer Kuh direkt nach der Geburt des Kalbs, wenn die höchste Milchleistung ansteht, das Futter etwa 35 Prozent pansenbeständige Proteine haben muss. Solches Futter kann der Landwirt allein mit seiner Silage aber nicht mehr herstellen. Das muss er zukaufen. Beim Futtermittelhersteller wird das eiweißreiche Futter, etwa Raps- oder Sojaschrot, mit einem patentierten Verfahren behandelt. »Bei diesem physikalischen Behandlungsverfahren werden Proteinkomponenten druckhydrothermisch, also unter dem Einfluss der physikalischen Parameter Druck, Temperatur und Feuchte, behandelt und eine strukturelle Veränderung des Proteins erreicht. Eine solche Veränderung macht das Protein in einer bestimmten Zeiteinheit weniger angreifbar für die Pansenmikroorganismen, ›schützt‹ es also.«[29] Zusätzlich kommen auch chemische Zusätze zum Einsatz, zum Beispiel Formaldehyd oder Ligninsulfonat, ein Abfallprodukt der Zellstoffproduktion.

Spätestens jetzt ist die Ernährung der Kuh zu einer komplizierten Rechenaufgabe geworden. An den entsprechenden Tabellen lässt sich ablesen, wie viel Futter eine Kuh braucht, um sich am Leben zu erhalten, und wie viel zusätzlich für die Milch. Die ersten zehn Liter Milch zusätzlich gibt es für rund zwölf Kilogramm zusätzliches Futter, wobei die Trockenmasse angegeben, der Wassergehalt also herausgerechnet ist. Die nächsten zehn Liter Milch gibt es dann schon für fünf Kilo Futter mehr, die übernächsten zehn Liter Milch bereits für vier Kilo zusätzliches Futter. Solche Tabellen erwecken den Eindruck, als ob es immer günstiger würde, je mehr Milch aus dem Euter gesaugt werden kann. Die doppelte Menge Futter, mit der es zehn Liter Milch gibt, bringt schon 45 Liter pro Kuh in die Melkmaschine. So steht dann auch im Lehrbuch, dass die Hochleistungskuh deutlich weniger Futter für die Erzeugung von einem Liter Milch braucht als eine Kuh mit geringerer Milchleistung. »Betrachtet man die Milchproduktion unter dem Gesichtspunkt der optimalen Energieverwertung, so ist es sinnvoller, eine bestimmte Milchmenge mit Hochleistungskühen als mit mehreren milcharmen Kühen zu erzeugen, immer vorausgesetzt, die Kühe sind gesund.«[30]

Immer vorausgesetzt, sie bleiben dabei gesund, müsste der Satz vielleicht enden. Denn das scheint bei sehr vielen Kühen nicht lange der Fall zu sein. Die Statistik über die kurze Lebensdauer der Hochleistungskühe und die Gründe für ihren »Abgang« zeigt, dass sie das Produktionssystem, in das sie gesteckt werden, eben nicht lange aushalten.

Auch die Tabelle, die zeigt, dass mehr Futterkilo und mehr Energiegehalt des Futters mehr Milch bedeuten, ist endlich. Sie wird begrenzt durch den Faktor Zeit. Eine Kuh kann nicht immer mehr fressen, um aus immer mehr Futter immer mehr Milch zu machen. Wiederkäuer sind gemächliche Wesen, die Zeit brauchen, um ihre Verdauung in Gang zu halten, Zeit fürs Wiederkäuen nämlich.

»Um höhere Milchleistungen zu erfüttern, muss die Grobfutterration durch Zugabe von Kraftfutter, das rohfaserarm und deshalb leicht verdaulich und energiereich ist, ergänzt werden«, sagt das Lehrbuch und warnt dann: »Für die Höhe der Kraftfutterzulage gilt es allerdings Grenzen einzuhalten, denn auch eine Hochleistungskuh bleibt ein Wiederkäuer und muss entsprechend ernährt werden.«[31]

Die Frage ist nur, ab wann die Kuh eben nicht mehr wie ein Wiederkäuer ernährt wird, und ob dieser Zeitpunkt nicht längst überschritten ist, wenn mit aufbereitetem Futter ihr Verdauungssystem überlistet wird. Oder andersherum gefragt: Was passiert eigentlich, wenn der Kraftfuttereinsatz versuchsweise wieder zurückgefahren wird? Die Antwort auf diese Frage ist verblüffend. Eine Studie über den verringerten Gebrauch von Kraftfutter stellte 2016 fest: »Milchkühe reagieren auf eine reduzierte Verfütterung von Kraftfutter nicht mit einem proportionalen Abfall der Milchleistung. Selbst bei einer Hochleistungsrasse wie den Deutschen Holsteins sank die Milchleistung bei einer um 40 Prozent reduzierten Kraftfuttergabe nur um 23 Prozent.«[32]

Das kann sich am Ende rechnen – um mal einen ganz und gar deutschen Spruch zu benutzen, der davon ausgeht, dass sich etwas quasi von selber rechnet. Hier scheint es aber zu stimmen, vielleicht weil die Rechnung mit einer Variablen vorgenommen wird, die lebendig ist. Immer mehr Kraftfutter bedeutet nämlich auch immer weniger des rinderspezifischen Raufutters. Und das Tier ist eben doch keine Maschine, trotz aller Zuchterfolge in diese Richtung. Es reagiert am Ende wie ein Organismus und nicht wie ein Roboter. Was heißt, dass es krank wird, wenn seine Grundbedürfnisse nicht erfüllt werden. Zu denen gehören aber Raufutter und Draußenleben, also Weidegang.

Graswissen

Vier Jahre nach der ersten Studie zur Wirtschaftlichkeit der Fütterung von Milchkühen haben die Autorinnen und Autoren vom Kasseler Institut für ländliche Entwicklung nachgeliefert und in Zusammenarbeit mit der Göttinger Universität ihren Fokus auf das Grünland gelegt. Als zwischenzeitliches Arbeitsergebnis einer noch laufenden Studie haben sie ein Strategiepapier vorgelegt, mit dem sie die »kraftfutterreduzierte Milchviehhaltung« als System vorschlagen.

Die Ausgangslage ist ernüchternd: »Dauergrünland ist in seiner Bedeutung für den Erhalt der Biodiversität stark bedroht. Der starke Rückgang des Dauergrünlandes und der Beweidung sowie die Zunahme von Düngeintensität und Schnitthäufigkeit sind die wichtigsten Ursachen dafür.« Das ist auch die Beobachtung von Kirsten Wosnitza und Gerd Albertsen. In den letzten zehn Jahren hat sich die Zahl der Rinder auf den Weiden um ihr Land herum beständig verringert. Erst verschwanden die Kühe in den Ställen. Die Kälber und die Färsen waren zunächst noch draußen und die Trockensteherinnen, also die Kühe, die nach der Laktation nicht mehr gemolken werden und auf ihr nächstes Kalb warten. Dann verschwanden auch die im Stall und am Ende auch die Kälber. Bei den meisten Milchbauern in der Region sind jetzt nur noch die Jungrinder auf der Weide. »Die belegten Färsen«, schränkt Kirsten Wosnitza noch weiter ein, also nur die jungen Kühe, die gerade ihr erstes Kalb austragen.

»Für Milcherzeuger als Hauptnutzer von Dauergrünland ist ein ständiger wirtschaftlicher Druck bittere Realität«, stellen die Wissenschaftlerinnen und Wissenschaftler vom Kasseler Institut und der Göttinger Universität fest. »Allerdings haben alle Bemühungen der vergangenen Jahrzehnte, die Wirtschaftlichkeit der Milchviehhaltung über Intensivierungsmaßnahmen und steigenden Kraftfuttereinsatz zu verbessern, an dieser Situation nichts geändert.«[33] Will sagen, der Weg in die Ställe und zu mehr Kraftfuttereinsatz war ein Irrweg, und das nicht nur aus ökologischer Sicht, sondern auch aus ökonomischer. Die Studie, deren erster Teil 2023 abgeschlossen wurde, zeigt an 150 kraftfutterreduziert arbeitenden Milchviehbetrieben in den typischen Grünlandregionen Süd- und Norddeutschlands, dass jeweils deutlich mehr Gewinn bei der Milch und den aufgezogenen Rindern eingefahren werden konnte als bei den Vergleichsbetrieben, die unter den gleichen Bedingungen mit hohem Kraftfuttereinsatz arbeiteten.

Außerdem haben die Graslandwissenschaftler aus Göttingen bei knapp sechzig Betrieben die Pflanzenvielfalt im Grünland untersucht und eine deutlich höhere Biodiversität festgestellt, wenn die Kühe weiden dürfen. Die Agrarsoziologin Karin Jürgens, die das Projekt zur Milchviehfütterung leitet, führt das auf den zusätzlichen Dünger zurück, den sich die intensiv zufütternden Betriebe mit dem Kraftfutter einkaufen. »Da kommen viel zusätzlicher Stickstoff und zusätzlicher Phosphor auf den Betrieb und über die Ausscheidungen der Tiere dann auf die Flächen.« Der Zusatzdünger fördert nur einige wenige Pflanzen im Wachstum, die dann die anderen verdrängen. Stark gedüngte Wiesen oder auch Weiden sind artenarm. »Außerdem sind die Betriebe, die kraftfutterreduziert arbeiten, viel abhängiger vom Gras. Sie müssen sich viel differenzierter um ihr Grünland kümmern«, sagt Karin Jürgens. Kälber brauchen anderes Futter als Färsen, Trockensteherinnen anderes als Kühe, die gemolken werden. Entsprechend würden die Weiden und auch die Mähwiesen unterschiedlich bewirtschaftet. Weil die untersuchten Betriebe nicht so sehr auf

Kraftfutter setzen, haben sie alle auch noch Heu gemacht für den Winter und nicht nur Grassilage. Schließlich würde bei dieser Art der Bewirtschaftung viel seltener gemäht. Fürs Heu darf das Gras länger wachsen. »Dann haben auch die Kräuter eine Chance, zur Blüte zu kommen und Samen zu bilden.«

Auf Hof Sophiental differenziert sich die Pflanzengemeinschaft der Weiden je nach deren Nutzung. Im Sommer stehen die Ställe leer, alle Tiere sind draußen. Aber die Weiden für die Kälber und die Färsen sind voneinander getrennt und weiter vom Hof entfernt. Direkt um den Hof herum weiden die Kühe, die gemolken werden. »Das ist intensive Weidewirtschaft, was wir da betreiben«, sagt Kirsten Wosnitza. Den Kühen stehen jeweils einzeln eingezäunte Weideflächen unterschiedlicher Größe zur Verfügung, von sechs und neun bis über zehn Hektar. Für eventuelle Pflegeeinsätze gäbe es dann noch dreißig Schafe, die eine Weide auch mal ganz kurz herunterfressen können. »Kühe fressen das Gras gar nicht so tief ab« sagt Gerd Albertsen, »etwa auf drei Zentimeter. Schafe gehen runter bis auf einen Zentimeter.«

Dennoch sollen hier die Kühe die Weideflächen kurzhalten und sie dadurch zu sogenannten Kurzrasenweiden machen. Die Idee dabei ist, das Gras immer am Wachsen zu halten und immer frisch nachtreiben zu lassen. Ein Grashalm hat drei Blätter. Wenn er oben das vierte Blatt austreibt, stirbt danach das unterste ab. Bei der Kurzrasenweide sollen die Kühe nun stets so viel abfressen, dass nichts abstirbt, weil das dritte Blatt immer schon weg ist, bevor das vierte kommt. »Das gewährleistet eine gleichbleibende Futterqualität bei minimalen Futterverlusten«, schreibt die Bayerische Landesanstalt für Landwirtschaft in einer Broschüre zu dieser Form der Weidehaltung: »Die Kurzrasenweide steht für ein spezielles Weidemanagement, bei dem die Weidegröße so bemessen wird, dass der Grasaufwuchs mit dem Futterverzehr der Tiere übereinstimmt. Die Zielsetzung ist eine deutliche Kosten- und Arbeitseinsparung bei gleichmäßig hoher Futterqualität.«[34] Außerdem ist die Grasnarbe idealerweise immer dicht, der Boden stark durchwurzelt. Er kann dann auch einen Starkregen aufnehmen. Und bei Trockenheit sollte das Gras noch so hoch sein, dass der morgendliche Tau ausreicht, um den Boden zu befeuchten.

Zudem sind Kurzrasenweiden üblicherweise sogenannte Standweiden. Das heißt, die Tiere bleiben auf einer Weidefläche und werden nicht jeden Tag umgetrieben, wie das bei anderen Weidehaltungsformen der Fall ist. Das bedeutet Ruhe in der Herde. Bei den Milchkühen natürlich nicht ganz, weil die zweimal täglich zum Melkstand müssen. Dann aber geht es wieder zurück auf dieselbe Weide, bis das Gras dort flächendeckend kurz und die Nachbarkoppel dran ist.

Wer Kurzrasen als Weidesystem empfiehlt, wird auch zur sogenannten Blockabkalbung oder Saisonabkalbung im Winter raten. So machen das Kirsten Wosnitza und Gerd Albertsen. Sie achten darauf, dass möglichst alle neuen Kälber im Winter geboren werden. Die Tragzeit von Kühen ist mit durchschnittlich 280 Tagen knapp zwei Wochen länger als die Schwangerschaft bei uns Menschen. Wer also eine Blockabkalbung seiner Kuhherde erreichen möchte, muss schauen, wann er den Bullen zur Herde lässt oder, bei künstlicher Besamung wie auf Hof Sophiental, wann der Tierarzt zu einer brünstigen Kuh kommen soll.

»Eine erfolgreiche Weidewirtschaft macht man nur, wenn man sich dem Wachstumszyklus des Grases und den Bedürfnissen der Kuh anpasst«, sagt Kirsten Wosnitza. Und weil ihre Kühe noch Holstein-Friesian sind, lassen sie sie im Winter kalben, damit sie im Stall mit ausreichend Futter versorgt werden können für die erste Zeit nach der Geburt. Wenn diese Zeit mit der höchsten Milchleistung bei den Holstein-Friesian in den Sommer fallen würde, müssten sie zusätzlich zum Gras noch Kraftfutter bekommen, sodass sie satt werden. »Späte Winterkälber sind kein Problem, denn im Frühjahr hat das Gras Kraftfutterqualität.«

Das Problem mit der Hochleistungskuh aber bleibt. »Eine Holstein-Friesian gibt immer Milch«, sagt Kirsten Wosnitza, »auch wenn sie dafür eigentlich zu wenig Futter hat. Dann geht sie an die eigenen Reserven, und das bedeutet, sie wird irgendwann krank.« Anscheinend haben wir zumindest diesen Hochleistungskühen den Selbsterhaltungstrieb weggezüchtet. Andere Kühe würden auf weniger Futter mit weniger Milchleistung reagieren und damit besser in die Kosten-Nutzen-Rechnung der kraftfutterreduzierten Weidehaltung passen. »Deshalb wollen wir auch andere Tiere haben«, sagt Gerd Albertsen. Sie denken über den Aufbau einer neuen Herde durch systematische Kreuzung dreier Rinderrassen nach. Am Ende sollen Kühe auf dem Hof leben, die weniger Kraftfutter benötigen, für die Weidehaltung besser geeignet sind und die auch ein bisschen Fleisch ansetzen, so dass die Bullenkälber noch etwas wert sind und nicht wie die Bruderhähne der Legehennenlinien zu »Wegwerftieren« werden, zu Opfern der einseitigen Zucht auf weibliche Merkmale.[35]

Der männliche Nachwuchs der Holstein-Friesian ist schon heute ähnlich gefährdet wie die Bruderhähne, die eigentlich niemand haben will. Bei uns ist das Töten neugeborener Kälber verboten, in anderen Weltgegenden ist das nicht so. Anfang 2023 untersagte eine der größten Molkereien der Welt, die neuseeländische Fonterra, ihren Milchlieferanten, die neugeborenen männlichen Kälber zu töten. Was eine späte Reaktion auf die wachsende Kritik von Tierschutz- und Verbraucherorganisationen am Kälbertöten war, verkaufte der Konzern in einer PR-Aktion als selbstlosen Schritt zu mehr Tierschutz.

Das Bundesinformationszentrum Landwirtschaft, eine Behörde, die zum deutschen Landwirtschaftsministerium gehört, schreibt dazu auf der Netzseite sowohl sachlich als auch emotionslos: »Bei etwa vier Millionen Milchkühen fallen pro Jahr etwa zwei Millionen Bullenkälber an. In der Milchviehhaltung ist die Nutzung der männlichen Nachkommen eine Herausforderung. Sie können nicht zur Remontierung der Herde genutzt werden und auch für die Mast sind sie nur bedingt geeignet, vor allem wenn sie einer auf Milchleistung gezüchteten Rasse angehören.« Nach Aufzählung verschiedener Aus- und Umwege, wie gesextem Sperma, das nur noch weibliche Kälber zeugen würde, dem frühen Verkauf von Bullenkälbern, Aufzuchtversuchen auf der Weide bei Ökobetrieben und Zusatzcents für Bruderkälber, kommt die Behörde zu dem Schluss: »Für die sinnvolle und tiergerechte Verwertung von Bullenkälbern aus der Milchviehhaltung gibt es nach wie vor keine übergreifende Lösung.«[36]

In Deutschland liegt die von den Milchviehbetrieben gemeldete Rate der Totgeburten bei den Bullenkälbern indes doppelt so hoch wie bei den weiblichen Tieren. Das nährt immer wieder Spekulationen, dass die Bullenkälber auf manchen Betrieben einfach schlechter oder gar nicht versorgt werden. Gestützt werden solche Vermutungen von Untersuchungen wie der des Veterinäramtes im nordrhein-westfälischen Landkreis Soest, vorgestellt 2020 vom Branchendienst *top agrar*. Das Amt hatte festgestellt, dass von 150 nach der Geburt gestorbenen Kälbern 24 Prozent keine Biestmilch bekommen hatten.[37] Diese erste Muttermilch ist es aber, die das Immunsystem der Kälber hochfährt und sie überhaupt überlebensfähig macht. Allerdings stand nicht dabei, wie viele männliche und wie viele weibliche Kälber Opfer der Vernachlässigung geworden waren.

Was wir bräuchten, wäre also Milchvieh, das genügsamer ist und mit dem Gras auf der Weide auskommt, dann aber auch entsprechend weniger Milch gibt. Was eine bessere Vergütung für die Bäuerinnen und Bauern nötig machen würde, die sich um dieses Milchvieh kümmern. Trotz der vielversprechenden Untersuchungen zur Kraftfutterreduktion: Allein damit ist der größere Aufwand durch den regelmäßigen Weidegang nicht aufzufangen. Für die Milch und ihre Folgeprodukte wie Joghurt, Sahne, Butter, Käse oder auch Schokolade, Eis und Kuchen müsste es mehr Geld geben, und auch für die sogenannten Ökosystemdienstleistungen selbst, die zusätzliche Biodiversität und den Humusaufbau. Nicht nur weil das für uns Nahrung bedeutet aus natürlichen Ressourcen, die wir ohne Rinder oder andere Wiederkäuer nicht nutzen könnten, sondern eben auch, weil damit Biodiversität wiederhergestellt und Klima geschützt wird.

Mühweide

»Eine Kuh macht Muh, viele Kühe machen Mühe.« Der Spruch ist bekannt, ubiquitär und übrigens auch korrekt. Etwa so lautet dann aber auch die übliche Begründung dafür, dass ab einer bestimmten Herdengröße die Tiere im Stall bleiben. Man könne bei zweihundert, dreihundert, vierhundert Kühen den täglichen Weidegang gar nicht mehr organisieren. Die Zahl der Tiere ist frei wählbar, alles, was bei oder über zweihundert liegt, klingt glaubwürdig. Da muss aus der ehemaligen Weide einfach eine Mähwiese werden, heißt es.

Das Ding ist einfach zu groß geworden. Industrialisierung macht aus Handwerk eben Industrie, und das bedeutet nicht nur, dass es größer wird. Es ändert sich dadurch auch strukturell und systematisch. Alles muss neu organisiert werden, oder sagen wir: sich der Organisation unterordnen. Und diejenigen, die ehemals den Rhythmus vorgegeben haben, müssen sich jetzt an den Rhythmus der Produktion anpassen. Das Produkt bestimmt, nicht die eigentlichen Produzenten oder Produzentinnen.

Am Ende bedeutete das in der Geschichte der Industrialisierung fast jedes Mal, dass wir uns erst einmal eine Organisationsstruktur ausgedacht haben, die im Ergebnis jenseits der Bedürfnisse der Betroffenen lag. Beim Kuhstall sind das die Kühe, im Bergwerk die Bergleute, beim Autohersteller die Bandarbeiter. Die letzten beiden Beispiele haben gezeigt, dass zwar von den Besitzern der Fabriken anfangs gleichartig argumentiert wurde wie heute in der Industrielandwirtschaft bei den Kühen, es aber im Nachhinein doch gelungen ist, durch solidarische Aktion der davon Betroffenen und dadurch Geknechteten die Situation zu ändern. Nur, wer ficht nun den Tarifvertrag und den Arbeitsschutz für Kühe durch? Nicht mal in der *Farm der Tiere*[VIII] gibt es eine Kuhgewerkschaft.

Man könnte jetzt, wie viele Tierrechtler das postulieren, den Tieren einen Rechtsstatus einräumen, der es menschlichen Anwälten möglich macht, für sie einzutreten. Es ist vielleicht aber gar nicht nötig, den Aufstand der Kälber gegen ihre Schlächter auszurufen, es geht auch mit einem einfachen Innehalten. Muss es wirklich so sein, dass ab einer bestimmten Menge Kuh kein Weidegang mehr möglich ist? Oder ist dieser angebliche Produktionszwang eigentlich auch nur eine Erzählung, die eine Rationalisierung zur Norm erklären soll, die den Tieren schadet? Und den Menschen, die mit den Tieren in solchen Systemen umgehen müssen, übrigens auch.

Jedenfalls geht Weidegang selbst mit fünfhundert Kühen. Das beweist zum Beispiel der Backensholzer Hof. Wer im Norden der Republik Biokäse kaufen will oder auch im Feinkost- oder Naturkostladen ganz woanders, hat gute Chancen, auf den Rohmilchkäse der Backensholzer zu treffen. Die Familie betreibt zwei Hofstellen östlich von Husum. Der Mittelpunkt des Ursprungshofs ist ein stattliches Wohnhaus, das davon zeugt, dass die Bauern hier in früheren Zeiten durchaus nicht alle arm waren.

Weit außerhalb von jedem Dorf zweigt ein asphaltierter Weg von einem Seitensträßchen ab. Von dort führt eine kilometerlange Allee auf das Haus zu. Die wird am Ende breiter und weitet sich zu einem kleinen Platz vor dem Herrenhaus. Zwei hohe Stockwerke mit dem für die Region typischen Giebeltreppenhaus an der langen Seite. Bis unter das Dach bewachsen mit einer dichten dunkelgrünen Schicht Efeu. Anmutung wie ein barocker Landsitz. Es hat sich schon gelohnt, Ochsen nach England zu exportieren. Manche der alten Bauernhäuser in der Region sind bis heute mit englischem Schiefer gedeckt und mit antiken

---

VIII George Orwells *Animal Farm* ist eigentlich eine Allegorie auf die Entwicklung der Sowjetunion zur Diktatur.

Möbeln von der Insel ausgestattet. Denn die Handelsschiffe, die die Ochsen von Husum aus auf den alten Hansewegen über den Ärmelkanal fuhren, mussten ja auf dem Rückweg mit irgendetwas gefüllt werden.

In Backensholz ist das alte Wohnhaus längst umgeben von neuen Bauten: Biogasanlage, Stallungen, Käserei und Hofladen. Der Backensholzer Hof ist ein Milchviehbetrieb mit fünfhundert Kühen, der keine Milch verkauft, nur Käse. Die Kühe sind der Nukleus des Betriebs, ihr Wohlergehen der Fokus. Deshalb werden in Backensholz die Vorgaben des Anbauverbandes Bioland zum Weidegang auch weit übererfüllt. Die Tiere sind die ganze wärmere Saison tagsüber draußen, möglichst ab Anfang März und mindestens bis Ende Oktober.

Das gesamte Land in Laufweite des Hofes wurde dafür in Weiden aufgeteilt und mit Laufwegen erschlossen. Früher hätte man sie »Triebwege« genannt, aber jetzt werden die Tiere eigentlich nicht mehr getrieben. Sie laufen in ihrer Kuhgeschwindigkeit hinaus und kehren auch in ihrer höchst eigenen Geschwindigkeit zum Melken zurück. Sie gehen langsam, ihre schweren Euter schwingen unter ihnen hin und her. Sie sehen niemals so aus, als könnten sie auch nur einen Schritt schneller gehen, obwohl sie dazu durchaus in der Lage wären. Dazu sollen sie möglichst nicht gebracht werden. Gleichzeitig sollen sie aber auch nicht stehen bleiben und noch ausgiebig vom Wegesrand knabbern.

Das zu begleiten, ist keine Arbeit für ungeduldige Menschen. Wer da zu viel Druck an den Hinterbeinen der letzten Kühe aufbaut, treibt die ganze Herde nicht schneller, sondern bringt nur die Ordnung durcheinander; was die Sache letztendlich verlangsamen kann. Wie der Druck von hinten aufgebaut wird, ist letztlich egal. Bei Kirsten Wosnitza sind es Hunde, beim Backensholzer Hof Mitarbeiterinnen mit dem vierrädrigen Motorrad, dem Quad. Ob Hund oder Quad, beide müssen hinten jedenfalls langsam machen, damit es vorne passt. Das liegt auch an der Rangordnung der Rinder in der Herde. Eine ranghöhere Kuh wird sich nicht von einer rangniedrigeren überlaufen lassen. Diese Kuh hat gefälligst hinter ihr zu gehen. Also gibt es vorne und zwischendrin Gerangel, wenn es hinten jemand eilig hat.

Das heißt schlicht: Das Ganze dauert. Und es bindet Arbeitskraft. Dennoch funktioniert es, wenn man bereit ist, die Zeit und die Arbeitskraft zu investieren. Apropos Investieren, sagt Ernst Metzger-Petersen, der den Hof mit seiner Frau Martina aufgebaut und 1989 auf Bio umgestellt hat: »Investiere dein Geld nie in Landwirtschaft, schon gar nicht in Rindvieh. Das kannst du nur machen, wenn du das wirklich willst, wenn du Kühe liebst« zumal, wenn du bei fünfhundert Kühen Weidegang ermöglichen willst, könnte man hinzufügen. Aber genau das wollen die Backensholzer. Und sie machen es auch.

Heute sind die Betriebsleiter die Söhne Jasper und Thilo, die genau genommen jeweils ihren eigenen Betrieb leiten: Jasper die Landwirtschaft, Thilo die Käserei. Der eine sorgt für den anderen. Jasper hat seit inzwischen zwanzig Jahren eine wachsende Kuhherde aufgebaut, bis die Zahl der geplanten fünfhundert Milchkühe erreicht war. Bei der Auswahl der Kühe gibt es keine Rassevorgaben. Es geht nicht um eine homogene, auch optisch gleich erscheinende Herde, sondern allein um die Qualität der Milch, um deren Fett- und Proteingehalt. Deshalb sind die Kuhherden in Backensholz ziemlich bunt. Da gibt es Schwarzbunte, Rotbunte, die rotbraunen Angler, auch das Braunvieh, das man eher in den Alpen erwartet, und Kreuzungen aus all diesen Rassen. Das Ziel sind Tiere, die gut zu Fuß sind für den täglichen Weidegang, die robust sind, damit sie draußen gut zurechtkommen. Es geht nicht darum, den letzten Tropfen Milch aus ihnen herauszufüttern, eher geht es um ein gesundes langes Leben mit vielen Kälbern. Und die Hauptsache ist, dass es Kühe sind, die dem Bruder Thilo Milch von höchster Qualität liefern, die man gut zu Käse verarbeiten kann. Der Käse ist die Haupteinnahmequelle des Hofes. Entsprechend wichtig sind die Kühe, um die sich alles dreht.

In der wärmeren Jahreszeit muss sich da ziemlich viel drehen, denn die Kühe sind ja täglich draußen – alle fünfhundert. Sie gehen morgens nach dem Melken hinaus und kommen abends zum Melken wieder herein. Damit das möglich ist, wurde zuletzt 2018 ein neuer Stall gebaut und die dann fünfhundert Kühe in drei Herden aufgeteilt. Jede dieser Herden hat ihren eigenen Stallplatz, ihren eigenen Ausgang und auch ihren eigenen Weg auf die Weiden. Die Kuhweiden liegen alle um den Hof herum und sind auf gezäunten Wegen erreichbar. Die Kühe müssen also nicht über irgendeine Straße oder auch nur einen öffentlichen Weg. Um dieses System aufbauen zu können, mussten einige Flächen um den Backensholzer Hof herum von Acker zu Grünland werden. Ganz anders also, als die fast überall in der Landwirtschaft in den letzten Jahrzehnten zu beobachtende Tendenz, Wiesen und Weiden »schwarz zu machen«. Für die Backensholzer aber die einfachste Möglichkeit, tatsächlich auch fünfhundert Kühen täglichen Weidegang bieten zu können.

Die Herden sind nach Laktationsphasen sortiert. Eine Gruppe ist in der Hochlaktationsphase, gibt also die meiste Milch nach der Geburt eines Kalbs, eine andere ist in der Phase, in der die Milchleistung nachlässt. Die Färsen, die auf ihr erstes Kalb warten, leben in einer eigenen Herde. »Sonst kommen die nicht zum Fressen«, sagt Ernst Metzger-Petersen, »die Boss-Kühe lassen die nicht in Ruhe.« Also gehen die Herden auch draußen auf getrennten Wegen in unterschiedliche Weidesysteme.

Gut 75 Hektar Weiden liegen um den Hof herum und stehen allein für die Kühe zur Verfügung. Die Nachzucht, Kälber und Jungrinder ist ausgesiedelt zu einer zweiten Hofstelle im Nachbardorf. Die großen Kuhweiden sind außerdem immer aufgeteilt in Parzellen von drei-, manchmal auch vier Hektar Größe. Auf diesen Flächen stehen die Tiere nur kurze Zeit, einen oder zwei Tage. Dann ist abgegrast und es geht zur nächsten Koppel.

Wobei, so ganz klappt das mit dem Abgrasen nicht in jedem Fall. Altbauer Ernst Metzger-Petersen sagt, er träume eigentlich immer noch von Kurzrasenweide. Also weg mit dem Gras in die Pansen, wenn das dritte Blatt aufgegangen ist. »Aber das Management von Kurzrasenweiden muss in einer Hand liegen, und wer das macht, muss praktisch verheiratet sein mit diesem Weidesystem.« Das sei ungeheuer wetterabhängig und müsse ständig kontrolliert werden, damit einerseits die Kühe immer satt werden und andererseits das Gras nicht doch mal zu lang werde. Das sei mit wechselnden Arbeitskräften, die nicht am Hof wohnen, kaum zu bewerkstelligen. »Wenn es immer regelmäßig regnet, dann geht das alles. Aber diese Zeiten sind vorbei. Das haben wir ja alle gemerkt.« Außerdem wären beim Backensholzer Hof Kurzrasenweiden nicht für eine Kuhherde zu managen, sondern für drei.

»Ganz generell gilt, dass es betriebswirtschaftlich günstiger ist, die Tiere im Stall zu halten«, sagt Ernst Metzger-Petersen. Dort könne man viel besser planen und kontrollieren, wie viel Futter sie aufnehmen. Dazu komme die Veränderung der Witterung durch die Klimakrise. Kühe fühlen sich nicht wohl bei Hitze. Deshalb haben die Backensholzer in den heißen und trockenen Phasen der vergangenen Sommer die Zeiten des Weidegangs gedreht. Da sind die Kühe nachts draußen gewesen. »Und das ging sehr gut. Da konnten wir sehen, dass sie nachts besser gefressen haben als tagsüber.« Weidemanagement sei eben eine ständige Anpassung, Stallhalter müssten sich darüber keine Sorgen machen.

Als am besten zu managen hat sich für die Backensholzer ein Kurzumtriebssystem herausgestellt. Weil das Gras nicht überall gleich kurz ist, wenn die Kühe eine Koppel verlassen, wird das längere danach nochmal abgeschlegelt. Dann wächst auch da junges Gras nach, wo die Kühe geschlampt haben, auf dass sie wieder proteinreiches Futter vorfinden, wenn sie das nächste Mal auf die Fläche kommen.

Umtriebe

Es gibt Systeme des Weidemanagements, die weitaus aufwendiger sind als das der Kurzrasenweide. Die womöglich aber viel mehr Boden gutmachen können in Sachen Biodiversität und Humusaufbau, und damit auch Klimaschutz.

Zu diesen Systemen gehört etwas, das die US-Amerikaner *Mob Grazing* nennen. Das ist das, was zum Beispiel eine noch verbliebene, weil geschützte kleine Bisonherde in den Schutzgebieten der nordamerikanischen Steppe macht oder eine Herde von Gnus auf dem Weg von der Masai Mara in die Serengeti in Ostafrika. Die Tiere gehen langsam, aber stetig voran und grasen ab, was vor ihren Hufen liegt. Sie bilden zwar eine breite Front, verteilen sich aber nicht auf einer großen Weidefläche, die sie bewohnen. Sie sind nicht sesshaft, sie bleiben nicht, sie sind auf Wanderung, in Bewegung. Dadurch fressen sie Gräser und Kräuter sehr rasch kurz, trampeln die Samen der Pflanzen in den Boden und düngen das Ganze gleichzeitig. Wenn der Mob an Weidetieren durch ist, sieht der Boden verwüstet aus, die Grasnarbe zerstört – und kurze Zeit später wächst die Weide umso prächtiger wieder auf. Der Effekt ist bemerkenswert und vor allem sehr schnell sichtbar: Die Vielfalt an Pflanzen nimmt zu, und mit ihr die an Insekten und der Tiere, die ihnen folgen: mehr Vögel, mehr Kleinsäuger und dann natürlich auch mehr Prädatoren, mehr Räuber aller Größen.

Diesen Effekt macht sich das sogenannte holistische Weidemanagement[IX] zunutze; und das nicht mit Büffeln oder Gnus, sondern mit Nutztieren. Weil man die schlecht dazu bringen kann, eine offene Weidefläche als Herde zu durchwandern und wegzufressen, muss man das anders organisieren. Rinder können und sollen bei uns nicht wandern, sie sind keine Büffel, aber sie können fast wie diese eingesetzt werden.

IX Holismus ist die Ganzheitslehre, die davon ausgeht, dass man Systeme besser begreift, wenn man sie als Ganzes betrachtet, statt nur ihre Teile zu untersuchen.

Beim holistischen Weidemanagement bekommen die Tiere täglich, oder auch halbtäglich, nur eine kleine Portionsweide. Die sollen sie dann herunterfressen, bevor sie umgetrieben oder weitergeschickt werden. Mindestens täglich gibt es jedenfalls eine neue Weidefläche. Die soll immer so groß sein, dass sie innerhalb eines einzigen Tages heruntergefressen ist, oder innerhalb der wenigen Stunden, die dafür vorgesehen sind. Immer ein Stück weiter sollen sie grasen und damit am Ende große Flächen in jener zerstörerisch aussehenden und doch Fruchtbarkeit säenden Weise verarbeiten und bearbeiten.

»Das ist die effektivste Art, eine artenarme Fläche in kurzer Zeit zu bereichern: Kleegrasmischung einsäen und dann holistisch beweiden«, sagt Frank Vohwinkel. Er ist gelernter Landwirt, verdient sein Geld aber als Baumsachverständiger in Parks, an Straßen und auf Betriebsgeländen in der Region Köln. 2009 hat er sich dann einen Traum erfüllt und am Flüsschen Erft in der Nähe von Neuss auf zunächst siebzehn Hektar Fläche seine eigene »Wilde Rinder Weide« begründet.

Die Fläche gehört der Stiftung Insel Hombroich, deren Museumslandschaft am gegenüberliegenden Ufer der Erft liegt und eigentlich keine Insel mehr ist, weil die Altarme der Erft abgetrennt sind. Die Stiftung suchte jemanden, der das Land am anderen Ufer bewirtschaftet, damit es nicht gänzlich zuwächst, sondern mit der parkähnlichen Gestaltung des Museumsbereiches korrespondiert. Also hat Frank Vohwinkel das Gelände gepachtet und sich ein paar Heckrinder angeschafft. Seitdem ist er im Nebenerwerb wieder Landwirt und verkauft mit dem Fleisch der Tiere auch wieder ein landwirtschaftliches Produkt. Die Heckrinder werden im Weideland geboren und frühestens im Alter von drei Jahren auf der Weide getötet. Frank Vohwinkel macht das im Fangstand mit dem Bolzenschussgerät.

Die Hauptaufgabe der Rinder ist aber die Landschaftspflege. Und die meistern sie mit gutem Erfolg. Aus einem wild zugewucherten Ufergebiet ist binnen fünfzehn Jahren eine jener halboffenen Weidelandschaften geworden, die für viele Menschen schlicht schön sind. Selbst die Brombeeren und den stacheligen Weißdorn halten die Rinder kurz.

Inzwischen hat der für die Erft zuständige Wasserwirtschaftsverband einen an das Weidegebiet angrenzenden Acker gekauft und an Frank Vohwinkel verpachtet. Der Erftverband will sich entlang des Flusses und der Bäche, die zu dessen Einzugsgebiet gehören, Flächen sichern, um Platz zu schaffen, damit die Erft aus ihrem künstlichen Flussbett wieder befreit werden kann. Durch die Vorarbeiten zu diesem Renaturierungsprojekt wächst Frank Vohwinkels Weidegebiet. Aber ein ehemals intensiv bewirtschafteter Acker ist nach der Einsaat mit Klee und Gras noch lange keine vollwertige Weide, die nicht nur ein paar Tiere satt macht, sondern auch für mehr regionale Biodiversität sorgt. Zumal hier nicht der neue Pächter den Acker zur Wiese gemacht hat. Darum hatte der Erftverband noch den Vorbesitzer gebeten, weshalb Frank Vohwinkel nicht bestimmen konnte, welche Mischung aus Gräsern, Klee und Kräutern da ausgesät wurde. Außerdem wachsen auf den tendenziell überdüngten ehemaligen Ackerflächen dann erstmal auch Ampfer und Disteln.

»Das macht nichts«, sagt Frank Vohwinkel. Das kennt er schon von anderen Flächen. Das sind die Pflanzen, die den überschüssigen Stickstoff aus den Böden abbauen. »Und danach werden die dann wieder weniger.« Damit aus dem ehemaligen Acker schneller eine vollwertige Weide wird, hat er sich für das holistische Weidesystem entschieden und die ganze Fläche eingezäunt. Jetzt trennt Frank Vohwinkel mit einem zusätzlichen Elektrozaun jeden Tag ein neues Stück ab, das seine Kühe abgrasen sollen. Dafür hat er sich extra eine neue Rinderrasse angeschafft: Aubrac aus dem gleichnamigen Gebiet im Südwesten des französischen Zentralmassivs. Anders als die bisweilen ein wenig störrischen, den Auerochsen nachgezüchteten Heckrinder sind diese eher gemütlich, außerdem etwas kleiner und sie setzen dafür mehr Fleisch an. Frank Vohwinkel will herausfinden, was geschieht, wenn er seine Aubrac-Kühe mit einem Heckrindbullen kreuzt.

Jetzt aber sollen die Aubracs erst einmal eine vielfältige und fruchtbare Weide aus der vom Vorbesitzer hinterlassenen Wiese machen. Das holistische Weidemanagement, das er dabei einsetzt, ist eigentlich mehr als nur ein Beweidungssystem. Es beginnt mit einer Planung mit Zielführung und Wirtschaftlichkeitsberechnung: Was soll entstehen, in welcher Zeit, mit welchem Einsatz von Tier und Mensch?

Jeden Tag einen neuen Abschnitt der Weide abtrennen und die Rinder umtreiben, das ist schon mal ein hoher Arbeitseinsatz. Man könnte den noch steigern, indem die Weideportionen kleiner gemacht werden und nur jeweils halbtags beweidet wird. Dazu fehlt Frank Vohwinkel die Zeit. Er muss – zusätzlich zu seiner Arbeit als Baumexperte – schließlich jeden Tag auch nach den Heckrindern schauen. Und er möchte auf der neuen Weidefläche auch keine festen Zäune zur Teilung in kleinere Koppeln bauen, weil unter den Zäunen die Weide nicht so wird wie da, wo die Rinder nicht nur grasen, sondern auch laufen. Sie sollen ja die Grasnarbe belaufen und die Samen der Pflanzen in den Boden treten. Also bleibt nur der äußere Zaun dauerhaft stehen, während innen jeden Tag die Pfähle umgesteckt werden.

Die Planung ist so, dass die Rinder frühestens nach dreißig, besser erst nach 45 Tagen wieder an den alten Fressplatz zurückkehren. Dann ist wieder so viel Gras nachgewachsen, dass sie für einen Tag und eine Nacht satt werden. Schon nach dem ersten Jahr wird sichtbar, wie sich die eingesäte Wiese aus wenigen Pflanzenarten verändert und der Aufwuchs des stickstoffzehrenden Ampfers und der Disteln zurückgeht. Außerdem hat sich Frank Vohwinkel Heu von einer artenreichen Naturschutzwiese in der Nähe besorgt. Dort musste ohnehin gemäht werden und im Heu stecken dann entsprechend viele Samen. Das Heu hat er verteilt und damit auch gefüttert. So sind seine Rinder zu vierbeinigen Sämaschinen geworden.

Hilfe bei der Arbeit mit den Weidetieren hat Frank Vohwinkel inzwischen auch gefunden: bei einem Verein von Rinderhirten. Das sind Reiterinnen und Reiter, die sich der Arbeit mit Vieh gewidmet haben. Wobei sie nicht wie die Filmcowboys im Galopp und mit Rufen und Pfiffen arbeiten, schon gar nicht mit dem Lasso. Sie nutzen die Körper ihrer Pferde, um die Rinder ganz langsam und in deren Geschwindigkeit in die gewünschte Richtung zu bringen. Zwei der modernen Pferdehirten weiden jetzt ihre Pferde bei den Heckrindern. Auch das ist Entlastung für den Nebenerwerbsbauern bei seinem Herzensprojekt der Ganzjahresweide.

Außerdem hat er von den Rinderhirten gelernt, wie das funktioniert, was die US-Amerikaner *Low Stress Stockmanship* nennen. Das ist eine Methode, die der Rinderhalter Bud Williams entwickelt hat. Mit ihr lassen sich ganze Herden mit wenigen Menschen oder auch im Alleingang langsam in die gewünschte Richtung bewegen. Bud Williams hätte wohl gesagt, er bitte mit seiner Körpersprache und seinen Bewegungen die Tiere, das Gewünschte zu tun. Stockmanship hat also nichts mit Stöcken zu tun, sondern stammt vom englischen Wort *Livestock* für den Tierbestand und von *Friendship*, der Freundschaft mit dem *Man*, dem Menschen. Und Frank Vohwinkel erzählt nicht ohne Stolz, dass er seine ganze kleine Herde von Heckrindern mit Hilfe zweier seiner Kinder in den Fangkorral gebracht hat, wo der Tierarzt dann die vorgeschriebene jährliche Blutabnahme durchführen konnte. »Es geht dabei um Ruhe und Übersicht«, sagt er: »Die Tiere merken das sofort, wenn du selbst Stress im Bauch hast. Du musst gelassen sein und die Gelassenheit auch vermitteln.«

Holistisches Weidemanagement und *Low Stress Stockmanship* sind Methoden, die nicht nur für Ganzjahresweideprojekte mit Robustrindern wie an der Erft taugen. Sie können ebenfalls in ganz normalen Betrieben mit Viehhaltung eingesetzt werden, und das geschieht auch bereits. Es sind Systeme für mehr Biodiversität in der Region, mehr Humus im Boden und mehr Tierwohl auf der Weide; Systeme, die ihre heilsame Wirkung aber nur entwickeln können, wenn es die Weidehaltung überhaupt noch gibt, und diese Bewirtschaftungsform des Grünlands nicht schrumpft, sondern wächst.

Weidegeld

Eine der Grundfragen für die Bekämpfung von Biodiversitäts- und Klimakrise lautet: Wie behalten wir die Tiere draußen, die dort noch hindürfen, und wie bekommen wir die anderen wieder aus den Ställen heraus? Was bräuchten wir, um ganz normale, sogenannte konventionell wirtschaftende Betriebe dazu zu bringen, ihren Rindern den Weidegang zu ermöglichen? Und wie bekommen wir zusätzlich die Ökobetriebe dazu, es noch ausgiebiger zu tun, als das ohnehin von den Bioverbänden vorgeschrieben wird?

Am einfachsten wären eine Weideprämie und zusätzliche Vergütungen für Ökoregelungen im Bereich Grünland. So das Fazit und der konkrete Vorschlag des ersten Teils der Studie zur kraftstoffreduzierten Milchviehhaltung, die 2023 vom Bundesamt für Naturschutz veröffentlicht wurde.[38] Die daran beteiligten Kasseler und Göttinger Forscherinnen und Forscher machen es sehr konkret. Sie haben ausgearbeitet, wie der Übergang zu der von ihnen vorgeschlagenen kraftfutterreduzierten Milchviehhaltung gefördert und gestaltet werden kann. Einer der Kernpunkte ist dabei eine »Zusatzverpflichtung Weidehaltung«. Die würde greifen, nachdem die Grundanforderungen erfüllt sind: achtzig Prozent Futtertrockenmasse aus Grundfutter, davon fünfzig Prozent Futterfläche aus Dauergrünland. Zurück zum Raufutter hieße das und zurück zum eigenen Grasland. Und dann auch wieder raus auf das eigene Grasland.

Im Rahmen der jüngsten Agrarreformen zur GAP, der Gemeinsamen Agrarpolitik der Europäischen Union, ist aber ganz im Gegenteil die Prämie für das sogenannte *Greening* gestrichen worden. Weidebetriebe wurden generell schlechter gestellt, weil gleichzeitig auch die Flächenzuschüsse fürs Grünland halbiert und die Standard-Anforderungen erhöht wurden. Ackerland wird mit der Subventionsgießkanne weiterhin besser subventioniert als das Grünland und die Weide.

Der Bundesverband Deutscher Milchviehalter, die Bauernvereinigung Milch Board und der Arbeitskreis bäuerliche Landwirtschaft fordern schon lange eine zusätzliche Ökoregelung zu Grünlandnutzung und Weidehaltung. Angeschlossen haben sich dieser Forderung auch Umweltverbände wie Nabu und BUND und Tierschutzverbände. Bei der Übergabe der Forderung an die Agrarministerkonferenz im Frühjahr 2023 in Kiel hatte Kirsten Wosnitza für den Arbeitskreis bäuerliche Landwirtschaft gesagt: »Der hohe ökologische und gesellschaftliche Wert von Grünland und Weidehaltung ist vollkommen unstrittig. Die Benachteiligung von Grünlandbetrieben in der neuen GAP ebenfalls. Worauf warten die Ministerinnen und Minister der Länder und des Bundes eigentlich?« Im Frühjahr 2023 war der Milchpreis für die Betriebe schon wieder an der Kostendeckungsgrenze; und das nur ein halbes Jahr nach dem vom Beginn des Ukrainekriegs verursachten Allzeithoch. Noch ein halbes Jahr später war der Milchpreis wieder unter der Kostendeckungsgrenze.

Im Herbst wurde dann eine zusätzliche Ökoregelung für Grünland diskutiert, aber selbst die würde die Prämien nur denen für Ackerland annähern und stellt noch keine Vergütung für den zusätzlichen Aufwand durch den Weidegang der Tiere dar. Es existieren zwar Weideprämien in den Bundesländern, aber die sind mit verschiedenen Auflagen und ellenlangen Anträgen verbunden. Nichts daran ist einheitlich und natürlich gibt es die Prämien auch nicht überall. Verlassen kann man sich auch nicht darauf: Ein Regierungswechsel reicht und schon kann die eben noch angekündigte Förderung wieder weg sein. So war das in Niedersachsen, wo es erst eine angekündigte, dann keine mehr und dann doch wieder eine Weideprämie gab.

Das Bundesinformationszentrum Landwirtschaft, das uns ja schon ob seiner klaren Sprache bekannt wurde, bietet unter dem Stichwort »Milchvieh« eine Übersicht über die öffentlichen Fördermaßnahmen zum Tierwohl »zur zielgerichteten Recherche«. Unter die Förderung des Tierwohls fällt auch die des Weidegangs, für den die Bundesländer zuständig sind. Leider, muss man wohl sagen, denn die Übersicht des Bundesamtes zeigt lediglich, dass nichts übersichtlich ist. Und »ein Anspruch auf Vollständigkeit besteht nicht«. Wie auch, wenn sich die Behörden oder, um das mal persönlicher zu machen, die Bürokraten in den Ländern ständig neue Details ausdenken, die es zu beachten gilt.

»Mit der Sommerweideprämie soll Milchkühen und/oder weiblichen Rindern von Milchviehbetrieben von Juni bis September Zugang zu einer Weide ermöglicht werden«, heißt es in Baden-Württemberg bei FAKT, dem Förderprogramm für Agrar- Umwelt und Klimaschutz. Beim Ausdenken von Akronymen und anderen kryptischen Abkürzungen sind die Behörden wirklich gut. Nur um welchen Fakt könnte es hier gehen? Wieso sollen die Kühe in Baden-Württemberg nur von Juni bis September auf die Weide? Ist es dort vorher zu nass, später zu kalt? Und was ist mit den männlichen Tieren und den Kälbern?

In Bayern reichen statt drei auch zwei Monate Weidegang, dafür sollen aber alle Tiere raus: »Zum Erhalt der Prämie muss sowohl Milchvieh, Kälbern als auch Aufzucht- und Mastrindern eine mindestens zweimonatige Weidezeit gewährleistet werden.«

In Mecklenburg-Vorpommern soll mit dem Förderprogramm Milchkühen, Jungvieh und Mastrindern »für eine fünfmonatige Sommerzeit täglich Zugang zu einer Weide ermöglicht werden«. Die Kälber müssen aber offenbar im Stall bleiben.

In Nordrhein-Westfalen geht es wieder nur um weibliche Tiere und dann auch nur um ganz bestimmte. Mit dem Förderprogramm »soll Milchkühen, Milchvieh-Färsen sowie Fleischrind-Färsen von Mai bis Oktober täglich Zugang zu einer Weide ermöglicht werden«. Erwachsene Mutterkühe, die nicht gemolken werden, Mastrinder, Bullen und Kälber können sonst wo bleiben.

In Rheinland-Pfalz geht es um vier Monate Weidegang zwischen Mai und Oktober und zur Abwechslung auch mal um »die umweltschonende Grünlandbewirtschaftung«.[39]

Wer heute Bäuerin oder Bauer werden oder es bleiben will, sollte tunlichst ein Zusatzstudium an einer Hochschule für Verwaltungswissenschaften ablegen. Für die Orientierung hilfreich wäre auch ein Kurs in investigativer Recherche, vielleicht mit einem Enigma-Zusatzmodul für das Knacken kryptischer Sprachverkürzungen. Ach ja, und günstig wären außerdem noch ein paar Grundkenntnisse in Programmiersprachen und Webentwicklung, damit man versteht, was die Programmierer vielleicht übersehen oder falsch gemacht haben könnten, wenn im Wirrwarr der Module und Listen etwas nicht funktioniert oder sich schlicht widerspricht.

Schon klar, dass die Europäische Union, dass die Bundesrepublik Deutschland, dass die Bundesländer kontrollieren müssen, wohin unser Steuergeld ausgeschüttet und wie die Landwirtschaft in die Lage versetzt wird, uns weiter zu ernähren. Was die Bäuerinnen und Bauern aber vielleicht sogar besser könnten, wenn man sie einfach machen ließe, ohne mit Subventionen alles zu verzerren. Wir, die Gesellschaft, wir könnten ja sagen, wie wir es gerne hätten, und für die Mehrarbeit dann zahlen. Statt mit der Gießkanne alle zu bedienen, die landwirtschaftliche Fläche besitzen: vom Großmüller und ehemaligen Ministerpräsidenten Babiš in Tschechien über die Großgrundbesitzer Aldi bis zum Hamburger Reeder, der sich halt mal eine ehemalige LPG gekauft hat. Ob nun gerade dafür ein Kontrollwahn Raum greifen muss, der nicht nur jede Reform übersteht, sondern mit ihr auch noch anwächst und der am Ende die Großen gar nicht oder kaum kontrolliert, dafür aber die Kleineren triezt?

Da das sogenannte Bruttonationaleinkommen, ehemals bekannt als Bruttosozialprodukt, theoretisch wächst, wenn ich mein

Auto an der nächsten Kreuzung verschrotte – denn dann muss ja ein neues her, das kurbelt die Konjunktur an –, müsste die überbordende Kontrolle der Gemeinsamen Agrarpolitik der Europäischen Union eigentlich ein Konjunkturmotor sondergleichen sein. Der Kontrollwahn vernichtet nämlich ungeheuer viel Arbeits- und Lebenszeit, macht Mensch und Vieh krank und ist per se ein gewaltiger Reparaturbetrieb. Daran sind natürlich auch die Politikerinnen und Politiker schuld, die die gesetzlichen Grundlagen des ganzen Durcheinanders beschließen und dann nicht mehr bemerken, was sie damit angerichtet haben. Was nur konsequent ist, denn die Konsequenzen ihrer vergangenen Beschlüsse haben sie ja auch nicht im Blick.

Wir könnten jetzt mit Mais und Biogasanlagen weitermachen, mit Mastplätzen und Antibiotika, mit Hybridpflanzen und Hybridtieren, mit Düngeverordnungen und Pestiziden. Wir können aber auch einfach bei der Weide bleiben. Es gibt kaum einen anderen Bereich, bei dem so evident ist, was getan werden müsste, was hätte getan werden können und was nicht getan wurde und nicht ausreichend getan wird. Es ist, oder besser es wäre, so einfach, die Weide zu fördern, um die Kuh vom angeblichen Umweltproblem zur Lösung von Problemen werden zu lassen. Und ganz nebenbei auch, um unsere Kulturlandschaften zu retten.

Doch wechseln wir einmal die Perspektive: Welche Industrie braucht schon einen Weidebetrieb? Auf dem Hof Sophiental zum Beispiel ist der Maschinenpark sehr übersichtlich: ein mittelgroßer Traktor, ein paar Mähgeräte, ein bisschen Walze, ein paar Bodenbearbeitungsgeräte, ein paar Erntewagen – das wars. Wenn im Ackerbau mehr gebraucht wird, kommt ein Lohnunternehmer mit den größeren Maschinen. Die müssen aber nicht auf dem Hof herumstehen, weil sie eben nur selten gebraucht werden. Wer also verkauft einem Weidebetrieb was? Ja gut, da werden Zäune gebraucht und Weidezaungeräte mit Solarmodulen. Futter für die Hütehunde brauchen sie und vielleicht dann auch für die Wolfsschutzhunde. Davon lebt aber keine Agrarindustrie.

Die Weidekühe haben keine Lobby. Das dürfte das Hauptproblem dieser umweltfreundlichen und klimaschützenden Art der Lebensmittelproduktion und der Landschaftspflege sein. Und auch das Hauptproblem der Kuh, die im Zuge der Klimadiskussion geradezu zur Umweltsünderin stilisiert wird. Was stoßen Mähdrescher, Zuckerrübenvollernter und die gewaltigen Flotten von Traktoren an Klimagasen aus? Wie viel Methan entsteht bei der Produktion von Reis? Alles kein Problem, kein medial adressiertes jedenfalls.[X] Das schwächste Glied der Produktionskette war offenbar die Kuh, und zwar diejenige, die da draußen auf der Weide herumstand und einfach fast gar nichts brauchte zum Leben, zum Landschaftspflegen, zum Produzieren von Biodiversität und für die Milch, nichts jedenfalls, was die Industrie hätte anbieten können.

Wenn diese Kuh im Stall verschwindet, ist für die Agrarindustrie schon viel gewonnen. Dann muss das Futter draußen abgeholt werden. Maschinen rattern über die Wiesen, die gedüngt und gemäht werden müssen, das Kraftfutter muss produziert und rangeholt werden oder in Futterwerken aufgearbeitet, gemischt und von dort herangekarrt werden. Für die eigenen Äcker der Betriebe, auf denen Kraftfutter produziert wird, kann man vielleicht noch etwas Pflanzenschutzmittel verkaufen. Die in den Ställen gerne ein wenig oder auch systematisch überforderten Kühe brauchen mehr Medikamente.

Es lohnt sich, die Tiere von den Weiden zu entfernen. Nicht für die Tiere, nicht für die Umwelt, nicht für uns, schon gar nicht für unsere Zukunft oder gar die unserer Kinder; aber für diejenigen, die eben genau für solche Projekte eine tatkräftige Lobby haben, und nicht nur eine.

Um das an dieser Stelle klarzumachen: Ich unterstelle nicht, dass das großflächige Ende der Weidewirtschaft von einzelnen Machern der Agrarindustrie so geplant und durchgesetzt wurde. Vielmehr beschwört der Lauf der industrialisierten Dinge derar-

X Zum Methan siehe *Die Kuh-Klima-Lüge* in Kapitel 2.

tige Verhältnisse ganz ohne minutiöse Planung herauf. Es reicht schon, wenn die Beratungsinstitutionen in der Landwirtschaft von der Agrarindustrie auf Kurs gebracht werden. Wem sonst soll die Industrie ihre Ziele erläutern und ihre neuesten Produkte vorstellen, wenn nicht den Beraterinnen und Beratern? Wer wäre näher an den Landwirten als sie? Natürlich muss man auch die Forschung entsprechend ausrichten, was fast schon ein Selbstläufer ist, denn die hängt weitgehend von sogenannten Drittmitteln ab. Und von der Forschung aus wirkt man ganz automatisch in die Lehre hinein und von dort in die Ausbildung. »An der Hochschule kommt beim Bachelorstudium das Grünland in drei Unterrichtseinheiten im vierten Semester vor«, erzählt Kirsten Wosnitza: »Und da ist nur von Grünland die Rede, da ist noch kein Wort zum Weidegang der Tiere gefallen.« Beratung zum Weidemanagement musste sie sich privat suchen, weit weg vom Hof Sophiental. In Bayern, wo es viele Wiesen gibt, die sich mit Maschinen gar nicht mähen lassen, gibt es dann auch mehr Beratung für Weidetierhalter. Vor Ort im Norden gab es kein Angebot. Darum müsse man sich nicht kümmern, in zehn Jahren gebe es sowieso keine Weidehaltung mehr, sagte man ihr.

Es liegt quasi in der Unnatur der Sache: Wer Produktion immer weiter optimieren will und dabei nicht nach den Ressourcen schaut, weil er für die ja auch nicht verantwortlich zeichnet, der beutet eben aus – Tiere, Menschen, Natur. Zurück bleibt der schon erwähnte Reparaturbetrieb, um den sich dann andere kümmern müssen.

Kargland

Wir waren schon auf einem Milchhof im Norden, dessen Weideland in einer ehemaligen Heidelandschaft liegt. Das kann eigentlich nur überleben, wenn es vor der endgültigen Industrialisierung der Landwirtschaft gerettet wird und eben Weideland bleibt. Jetzt springen wir zu einer Heidelandschaft im Osten, die nur bestehen konnte, weil sie durch Beweidung gerettet wurde. Während in Nordfriesland die Böden an sich zu karg waren, um dem Hof eine gute Zukunft zu geben, sind sie hier noch viel karger. Doch gerade das befördert die Weidewirtschaft. Es geht eben noch eine ganze Stufe karger – und dennoch mit Weidetieren; dann aber nicht mehr als Landwirtschaft, auch nicht als Landwirtschaft und Naturschutz, sondern nur noch als Naturschutz.

Die Reise führt erst einmal nicht durch Weideland. Sie beginnt mit einer Landstraße durch Wald. »Bundesforst«, sagt Stefan Reinhard zur Erläuterung, als er mit dem Allrad-Pickup von der Straße abbiegt, die von Dessau nach Oranienbaum führt. Der Wagen rumpelt über einen Waldweg zur »Naturerbefläche im Biosphärenreservat Mittelelbe«. So nennt das die Eigentümerin, die Deutsche Bundesstiftung Umwelt. Der Bundesforst pflegt hier den Wald und hat in mehrjähriger Arbeit vor allem auch Wald gerodet. »Die älteren Leute aus Oranienbaum erzählen, dass hier früher kein einziger Baum stand. Kilometerweit hätten sie durchschauen können bis zum nächsten Dorf.« Nur durchqueren durften sie das Gelände nicht, denn die Oranienbaumer Heide war militärisches Sperrgebiet, ein Truppenübungsplatz der Roten Armee. Das ist heute anders. Jeder kann in die Oranienbaumer Heide laufen oder mit dem Fahrrad fahren. Mit dem Auto hineinfahren dürfen in das Naturschutzgebiet allerdings nur wenige; Stefan Reinhard zum Beispiel, der Geschäftsführer der Primigenius gGmbH, der mit seinen Mitarbeiterinnen und Mitarbeitern dort täglich seine Tiere aufsuchen muss.

Jetzt sind wir am Ende des kurzen Waldwegs angekommen und der Pickup hält vor dem Tor in einem Weidezaun. Plötzlich kein geschlossener Wald mehr, nur noch kleine Grüppchen von Birken und einzelne Bäume, dazwischen Grünland. Das Blätterdach der Bäume beginnt erst in gut zwei Metern Höhe, deutliches Zeichen dafür, dass hier Tiere weiden, die auch Blätter fressen; so hoch ihre Mäuler halt reichen.

Kaum ist der Pickup durch das Weidetor bugsiert, sind sie auch schon da. Als Gruppe kommen sie angetrabt, neugierig wie Koniks eben sind. In einiger Entfernung bleiben sie stehen und schauen herüber. Wir steigen aus und gehen ein paar Schritte auf sie zu. Dann macht sich Stefan Reinhard etwas kleiner. Er geht in die Hocke. Sobald sein Kopf in Höhe der Pferdeschnauzen ist, kommen sie auf ihn zu. Er ist jetzt von der kleinen Herde umringt. Dabei ist gar nichts zu holen bei ihm. Er hat kein Futter, keine Leckereien. Diese Begrüßung mutet ein wenig wie ein Ritual an, und sie ist auch eines, denn so läuft es immer ab. Die andere Pferdegruppe, die im Beweidungsprojekt Oranienbaumer Heide lebt, die kleine Herde um den zweiten Hengst, macht das genauso; ein paar Kilometer weiter und etwas später. Sogar die Hengste beteiligen sich am Beschnuppern, auch sie suchen durchaus die Berührung, drängeln sich dafür durch die Stuten und knuffen die dabei schon mal zur Seite.

»Es macht Spaß, mit den Koniks zu arbeiten«, sagt Stefan Reinhard. »Sie sind neugierig, vor allem aber sind sie ungeheuer auf den Menschen bezogen«; eben keine Wildpferde. Natürlich können auch sie verwildern, hier aber, wo sie jeden Tag besucht werden, passiert das eher nicht. Was gut ist, denn durch das achthundert Hektar große Weidegebiet ziehen sich ein paar Wanderwege; und auch mit dem Fahrrad durchqueren die Besucher aus dem nahe gelegenen Dessau ihre Heide. An den Wegen entlang sind zwar über weite Strecken Strom führende Weidezäune installiert und Schilder warnen davor, sie zu übertreten oder die Weidetore ins Abseits zu öffnen. Das aber nicht wegen der Tiere, sondern wegen der Munitionsreste, die auf dem ehemaligen Truppenübungsplatz teilweise nur knapp mit Erde bedeckt herumliegen können. An einigen Stellen braucht man den Kampfmittelräumdienst, wenn man einen neuen Zaunpfahl setzen will; aber es gibt auch Stellen mit offenem Zugang für

Menschen und Tiere. Und da wäre es gut, wenn sie sich freundlich begegnen.

Die Rinder in diesem Beweidungsprojekt sind allerdings die mächtigen Heckrinder, jene von den Zoologenbrüdern Heck vor über hundert Jahren begonnene Abbildzüchtung des ausgerotteten Auerochsen. Diese Tiere können im Habitus sehr unterschiedlich sein, aufgrund vielfach unkoordinierter Einkreuzungen verschiedener Rinderrassen bis hin zum Watussi-Rind. Allerdings sind sie immer noch deutlich kleiner, als es der 1627 ausgestorbene Auerochse war.[40] Das macht sie aber nicht harmlos: Heckrinder tragen meist mächtige, nach vorne gebogene Hörner und verhalten sich auch nicht unbedingt menschenfreundlich und verträglich. »Manche haben einen schwierigen Charakter und sind nicht leicht zu handhaben«, sagt Stefan Reinhard. »Aber sie kommen den Besuchern eher nicht zu nahe. Sie weichen aus.« Man kann stundenlang durch die Oranienbaumer Heide laufen, ohne eines der Rinder zu sehen, was auch daran liegt, dass der Tierbesatz hier sehr gering ist.

Als »extensiv« wird Beweidung bezeichnet, wenn bis zu zwei Großvieheinheiten pro Hektar eingesetzt werden, also eine Tonne Tier je Hektar Grünland. Der Praxisleitfaden *Wilde Weiden* für die Ganzjahresbeweidung in Naturschutz und Landschaftsentwicklung[41] rät zu einem deutlich geringeren Besatz von 0,6 Großvieheinheiten. Sehr viel weniger, weil die Tiere auch im Winter draußen sind und selbst dann genug Futter finden müssen. In der Oranienbaumer Heide, wo das Land auf sandigem Boden von Natur aus karg ist, rechnet das Beweidungskonzept mit 0,15 Großvieheinheiten pro Hektar. Das wären zwei Koniks auf zehn Hektar oder drei Heckrinder auf zwanzig Hektar Fläche. So sieht es das Weidemanagement vor, das die Hochschule Anhalt mit der vom Naturschutzbund Nabu gegründeten gemeinnützigen Primigenius GmbH ausgearbeitet hat.

Der Name der Gesellschaft ist Programm, denn Primigenius ist sozusagen der Nachname des Auerochsen *Bos primigenius*. Schon deshalb müssen es wohl Heckrinder sein, die in der Oranienbaumer Heide weiden, auch wenn Geschäftsführer Stefan Reinhard lieber andere Rinder hätte; verträglichere Tiere, weniger scheue und weniger störrische, vielleicht die gutmütigen Hereford. Die Geschichte dieser aus England stammenden Rinderrasse ähnelt der der polnischen Koniks: Herefords waren ursprünglich Arbeitstiere und sollten deshalb besonders menschenfreundlich sein. Erst später wurden sie zu einer inzwischen weltweit verbreiteten Fleischrasse umgezüchtet.

Weide für Heide

Jetzt aber zu dem, was die Weidetiere in der Oranienbaumer Heide machen. Einerseits ist ihre Aufgabe ähnlich wie die der Galloways im ehemaligen Truppenübungsplatz bei Flensburg. Andererseits hatte das Projekt in Sachsen-Anhalt eine viel schwierigere Ausgangslage zu meistern. Während im Norden die Stiftung Naturschutz des Landes Schleswig-Holstein recht nahtlos übernahm, was die Bundeswehr hinterlassen hatte, zog die Rote Armee im Osten 1992 ab, ohne dass geklärt war, was aus den Flächen, die sie frei machte, nun werden sollte. Es dauerte Jahre, bis dafür Konzepte erarbeitet waren, auch weil sich daran viele Behörden beteiligten, die es erst einmal zu koordinieren galt. In der Zwischenzeit wuchs die ehemalige Heide zu. Erst kamen Büsche, dann Bäume, dann waren die halbwüchsig, dann groß.

Als endlich klar wurde, was geschehen sollte, war die Jahrtausendwende längst vorüber. Seit dem Abzug der Roten Armee waren fast zwanzig Jahre vergangen. Seit über zehn Jahren gehörte das Gebiet zum Biosphärenreservat Mittelelbe, erfüllte aber längst nicht mehr die Anforderungen dafür. Zwar waren die verschiedenen Lebensraumtypen wie »Basenreiche Sandrasen« oder »Trockene europäische Heiden« nach der Flora-Fauna-Habitat-Richtlinie der Europäischen Union ordentlich erfasst und gelistet. Aber: »Zu Beginn des Projektes im Jahr 2008 wiesen alle FFH-Lebensraumtypen vorwiegend einen schlechten Erhaltungszustand auf und waren unter anderem durch das Fehlen offener Bodenstellen, eine starke Überalterung des Heidekrautes sowie durch eine zunehmende Verbuschung, Vergrasung und Ruderalisierung gekennzeichnet«, schreibt die Hochschule Anhalt auf ihrer Netzseite zur »Halboffenen Weidelandschaft Oranienbaumer Heide«.[42] Ruderalvegetation ist das, was auf den Schutthalden entsteht, die Menschen hinterlassen und verlassen haben, also eine wissenschaftliche Umschreibung für die mühsame Besiedelung von Schrott und Schutt durch Pionierpflanzen.

Nun sollte das Gebiet beweidet werden, um die zuvor jahrzehntelang von Panzern offengehaltene Landschaft und die auch schon vor der militärischen Nutzung vorhandenen Lebensräume der Heide zu erhalten. Allerdings war die Verbuschung zu weit vorangeschritten, um das Offenhalten allein den Rindern und Pferden zu überlassen. Auch auf die Oranienbaumer Heide rieselt ja der aus den Luftschadstoffen und der Landwirtschaft stammende Stickstoff und düngt die ehemals karge Landschaft. Wenn dann die großen Pflanzenfresser fehlen, wächst Wald auch da, wo Jahrtausende lang, vielleicht Millionen Jahre, keiner stand.

Also kamen zuerst Maschinen zum Einsatz in der Oranienbaumer Heide, die schon länger begonnen hatte, keine Heide mehr zu sein. In verschiedenen Einsatzintervallen, die aus öffentlichem Geld finanziert wurden, räumte der Bundesforst über einige Jahre Gebüsch und Bäume ab. Dann kamen sukzessive Heckrinder und Koniks auf die Flächen. Sie lösten nach und nach auch zwei ganz grundsätzliche Probleme des Gebiets: Sie halten bis heute sehr effektiv die Amerikanische Traubenkirsche kurz und sie verschaffen dem überalterten Heidekraut neuen Schwung durch jugendlichen Neuaufwuchs.

Die Spätblühende Traubenkirsche *Prunus serotina* ist eine ganz alte Sünde der deutschen Forstwirtschaft. Sie wurde schon im 17. Jahrhundert aus Nordamerika nach Europa gebracht, war damals aber zunächst nur Ziergehölz in Parks und Gärten. Weil die Traubenkirsche in Nordamerika als Forstbaum gute Holzerträge bringt, erhoffte man sich hierzulande Ähnliches und pflanzte sie ab 1920 und noch bis in die 1950er-Jahre in die Wälder. Nur, dass diese Art der Traubenkirsche in Europa nicht das tut, was sie in Nordamerika kann. Nichts ist es mit Holzertrag, umso mehr mit Verdrängung einheimischer Flora, Verhinderung des Aufwuchses junger endemischer Bäume im Wald und invasiver Verbuschung des Offenlandes. Vor allem die Rinder schaffen es aber, die Amerikanische Traubenkirsche zurückzudrängen. Sie scheint ihnen zu schmecken. In der Oranienbaumer Heide kommt sie nicht mehr zur Blüte und wenn doch, kann sie keine Samen mehr ausbilden, weil sie zuvor verbissen wird. Nur außerhalb der Weidezäune wuchert sie weiter.

Stolz ist Stefan Reinhard auch auf die Arbeit seiner Rinder beim Heidekraut. Gerne zeigt er die stark überalterten Heidepflanzen in den zur Kontrolle ausgezäunten kleinen Flächen. Da ist nicht mehr viel mit natürlicher Verjüngung. Es mangelt an Nachwuchs, die Heide stirbt langsam vor sich hin. Sie würde verschwinden, wenn der Zaun stehen bliebe; überwuchert vom Land-Reitgras, das niemand mehr abfrisst, weshalb es hoch aufwächst und der Heide das Licht nimmt. Das ist ebenjene Erkenntnis, die im Naturschutz, oder genauer gesagt in den Köpfen mancher auch tonangebender Naturschützerinnen und Naturschützer, offenbar nur langsam Raum greift: Alles einfach wachsen lassen, ist das Gegenteil dessen, was unsere heimische Flora und die aus ihr erwachsende Fauna brauchen. In anderen Weltgegenden, etwa im Regenwald, wäre das sicher eine angemessene Lösung, hier nicht.

Direkt neben dem kleinen ausgezäunten Heideareal, da wo die Rinder weiden können, haben sie die alten Heidestauden nach und nach heruntergefressen. Das passiert vor allem im Winter, wenn kein frisches Gras mehr zur Verfügung steht. Und dort kommt dann im Jahr darauf tatsächlich frisches Heidegrün von unten nach. Zu Beginn musste aber auch bei der Heide stellenweise noch eine Maschine helfen, weil die Fläche für die wenigen Weidetiere zunächst zu groß war: Ein Reetdachdecker hat das hochstehende alte Kraut abgemäht, um daraus den traditionellen Heidefirst zu flechten, der die Dächer der reetgedeckten Häuser abschließt. Das Mähen ist heute nicht mehr nötig. Diese Arbeit übernehmen jetzt die Weidetiere.

Andererseits sollte man vielleicht ein paar Flächen vor den Tieren schützen, damit die Reetdachdecker Nachschub an einheimischem Heidekraut für die Dächer haben. Aber das ist eine Diskussion, die an dieser Stelle nicht geführt wird. Hier sind die Rinder ja im Naturschutz tätig. Da geht es nicht um Nutzung, obwohl am Ende das Fleisch der Tiere doch auch wieder ein landwirtschaftliches Produkt ist; was schon zeigt, dass diese Trennung so einfach nicht funktioniert. Eventuell könnte man also auch in der durch Beweidung erhaltenen Heide über eine partielle kommerzielle Nutzung nachdenken. Aber bis dahin ist es an dieser Stelle und an vielen anderen wohl noch ein langer Weg. Das würde eher funktionieren, wenn einem landwirtschaftlichen Betrieb die Pflege von Naturschutzgebieten überantwortet wird, der von seinen Erträgen auch wirklich leben muss.

Die Genossenschaft Bunde Wischen in Schleswig-Holstein ist längst so weit. Sie ist nicht abhängig von Naturschutzgeldern, sondern funktioniert als landwirtschaftlicher Betrieb. Das Einzige, was bei der extensiven Landwirtschaft zusätzlich hilft, sind die niedrigen Pachtpreise für das Naturschutzland. In der Oranienbaumer Heide ist Primigenius weit davon entfernt, ein normaler landwirtschaftlicher Betrieb zu sein. Das aber auch, weil die Landschaft nur so wenige Tiere ernährt, bei dennoch hoher anfallender Arbeitsleistung für die Fläche. Und ein bisschen vielleicht auch, weil eine beim Fleischzuwachs wenig effiziente Rinderrasse gehalten wird; was nicht nottut, weil die Heckrinder zwar ursprünglich aussehen, es aber eben nicht sind. Hereford oder andere Rassen würden die Arbeit genauso gut erledigen. Ob sie sich allerdings gegen die Wölfe in der Oranienbaumer Heide ähnlich effektiv verteidigen könnten, wäre noch zu prüfen. Zumindest die erwachsenen Koniks und die erwachsenen Heckrinder können es, solange sie gesund und bei Kräften sind. Dennoch sind die Wölfe für die Weidetiere und für die Halter von Weidetieren ein Problem, von dem noch die Rede sein muss.[XI] Damit sind die Wölfe nämlich auch ein Problem für den Klimaschutz, den Artenschutz und letztlich für den Naturschutz, unter dem sie selber stehen.

Auf dem Weg zu einem Gatter, in dem die Weidetiere eingefangen werden können, um ihnen zum Beispiel die für die Seuchenvorsorge jedes Jahr vorgeschriebene Blutprobe zu entnehmen, fliegen vor unseren Füßen Heuschrecken auf. »Oh«, sagt Stefan Reinhard, »da sind jetzt blauflügelige. Wir hatten hier eigentlich immer nur die roten.« Aber handelt es sich um die Blauflügelige Ödlandschrecke *Oedipoda caerulescens* oder die Blauflügelige Sandschrecke *Sphingonotus caerulans*? Oder sind es beide Arten, die da vor unseren Füßen abwechselnd auffliegen? Wir fangen jetzt keines der Insekten ein, schon gar nicht mehrere, um das bestimmen zu lassen. Jedenfalls ist die Spezies neu hier, findet zumindest einer, der täglich durch diese Landschaft läuft. Der Rest ist das Aufgabengebiet der Biologinnen und Biologen, die das Ganze betreuen und wissenschaftlich begleiten. Können sie vielleicht eine weitere Heuschreckenart zu den 39 belegten Arten hinzufügen? Nein, wahrscheinlich nicht. Ein späterer Blick in die Liste der Tierarten, die in der Oranienbaumer Heide bereits gefunden worden sind, offenbart: Es gibt die Blauflügelige Sandschrecke. Die wird es dann wohl gewesen sein.

Die Biologinnen und Biologen von der Hochschule Anhalt, die das Projekt »Halboffene Weidelandschaft Oranienbaumer Heide« betreuen, haben schon achthundert Pflanzenarten kartiert und 73 Arten von Vögeln beobachtet, die hier brüten; 20 von ihnen stehen unter Schutz oder werden auf der Roten Liste geführt. Au-

---

XI Nämlich im Abschnitt *Wolfsland* in Kapitel 2.

ßerdem gibt es um die 600 Arten von Schmetterlingen in dem über zweitausend Hektar großen Schutzgebiet. Auf dem Weg zum Fanggatter für die Rinder und Pferde, denen die Vielfalt hier zu verdanken ist, fliegt ein großer, schwarz-weiß gestreifter Falter an uns vorbei. War das jetzt ein Schwalbenschwanz – oder gar der seltene Segelfalter? Auch der kommt hier vor. *Iphiclides podalirius* wird in der Roten Liste für Deutschland als stark gefährdet geführt. Und weil immer gerne von den Bienen die Rede ist, wenn es um das Insektensterben in Deutschland geht: 105 Wildbienenarten und 118 Wespenarten leben in der Oranienbaumer Heide. Die Renaturierung ist ein voller Erfolg, die alte neue Heide ein Vorzeigeprojekt des Naturschutzes – das im Kern erneut auf Landwirtschaft beruht, wenn auch in ihrer kargsten Form.

Schöne Scheiße

Wodurch entsteht nun diese ganze Vielfalt? Wie heilen die Rinder unsere Umweltsünden? Machen wir es mal an etwas fest, das überhaupt nicht fest ist, aber gut illustriert, wie wir mit Hilfe von Kühen der Biodiversitätskrise ein Ende setzen und die Klimakrise bekämpfen können.

Es kann ein durchaus beruhigender und kontemplativer Moment sein, an einer Weide zu stehen und den Rindern zuzuschauen. Wenn man sich eine Weile dafür gönnt, wird es unweigerlich zu sehen sein: Irgendwann hebt eine Kuh den Schwanz in die Höhe und etwas zur Seite und dann kommt es, das braune Gold der Biodiversität. Eigentlich ist es ein zäher Strahl von Kot aus dem After, unten auf der Erde angekommen aber wird es – flatsch – ein Fladen. An dieser Stelle wird dann demnächst nichts mehr zu grasen sein, auch wenn das Gras dort besonders gut wachsen wird, weil es schließlich soeben gedüngt wurde. Die Rinder werden hier trotzdem so bald nicht mehr zum Rupfen kommen. Wir essen ja auch nicht aus dem Klo.

Anders betrachtet beginnt hier gerade eine Entwicklung: Das Rind hat eine Kinderstube gepflanzt. Für andere Tiere als uns Menschen ist der Kuhfladen nämlich alles andere als Scheiße. Er ist ein Biotop, der Nukleus sehr viel neuen Lebens. Dieses neue Leben wird hier sogleich beginnen. Falls man den Rindern bekannt, oder in Begleitung der Bäuerin oder des Bauern ist, empfiehlt es sich, die Stelle mal zu besuchen, die soeben von der Kuh beschissen wurde. Wenn es warm ist und nicht gerade regnet, bei gutem Wetter für Insekten also, dauert es nicht etwa Stunden, sondern meist nur Minuten, bis die Dungfliegen da sind und etwas später die Dungkäfer. Sie sind in der Nähe, können sehr gut riechen und ebenso gut fliegen. Sie besiedeln den Kuhfladen. Auch Schmetterlinge kommen zu den Hinterlassenschaften der Rinder und saugen daraus ihren ganz besonderen Nektar. Manche Insekten sind auch scharf auf die Salze, die im Fladen enthalten sind.

Am schnellsten sind die Dungfliegen. Wenn das Wetter günstig ist, sind sie die Ersten am Kuhfladen. Sie müssen ihre Eier hinein versenken, bevor Luft und Sonne die Oberfläche antrocknen. Für einige ist der Kuhfladen auch Rendezvous- und Balzplatz; manchmal kann man Fliegen auf dem Fladen beim Kopulieren beobachten.

Dann kommen die Dungkäfer. Einige von ihnen fressen am Kuhfladen, andere legen ihre Eier hinein und wieder andere werden auf dem Dung, den sie gerade fressen wollen, selbst gefressen. Die plötzliche Ansammlung von Insekten auf dem Fladen zieht nämlich auch Räuber an. So jagt dann eine Fliege die Fliegen und ein Käfer die Käfer.

Einige Dungkäfer entfernen eine ganze Menge der von der Kuh verdauten Pflanzenfasern, aus denen der Dung letztlich besteht, und graben sie als Kinderstube ein. Die Skarabäen, die Pillendreher oder Pillenwälzer, die den Ägyptern heilig waren, weshalb bis heute einer von ihnen *Scarabaeus sacer* heißt, Heiliger Pillendreher, formen aus der braunen Masse eine Kugel, die sie wegrollen, rückwärts laufend, bis sie eine geeignete Stelle gefunden haben, um sie zu vergraben. Darin steckt dann ein Ei, aus dem später eine Larve wird, die sich vom Dung ernährt.

Die Kugel der Skarabäen war den alten Ägyptern Sinnbild der Sonne. Der Käfer erschuf sie, ließ sie also erstehen, und er vergrub sie, Symbol ihres Untergangs. Genau genommen sind es mehrere Gattungen von Dungkäfern mit vielen Arten, die den Dung verschiedener Weidetiere zu Kugeln formen und wegrollen.

Andere Mistkäfer[XII] graben metertiefe Röhren unter den Kuhfladen oder Brutröhren neben die Schafsködel oder die Pferdeäpfel und schaffen darin den Dung nach unten. Ähnlich machen es tiefgrabende Regenwürmer, vor allem der Große Tauwurm, *Lumbricus terrestris*. Der Dung wird dort unten bei den Käfern erst Kinderstube und Nahrung für den Nachwuchs, beim Regenwurm gleich Nahrung. Am Ende wandelt ihn die große Gemeinschaft der Bodenorganismen in Humus um. Und Humus ist zum überwiegenden Teil im Boden gebundener Kohlenstoff. Der kommt ursprünglich aus der Luft, wird als Kohlendioxid von den Pflanzen aufgenommen, dann von der Kuh gefressen und verdaut – und ist nun im Boden. Weg ist das CO_2. Die Rinder sorgen dafür, dass es in die Böden unter den Weiden eingelagert wird. [XIII]

Um die Arbeit der Dungkäfer richtig würdigen zu können, machen wir mal einen kurzen Ausflug nach Down Under. In Australien machen Insekten jedem Einheimischen oder Touristen nämlich recht schnell klar, wie segensreich unsere Dungkäfer in Europa und all den anderen Weltregionen sind, die von großen Wiederkäuern geprägt und gestaltet sind. Vor allem in der warmen Jahreszeit werden Menschen und Tiere in Australien regelrecht gequält von Millionen von Fliegen. Die Australische Busch-

---

XII Ich nenne sie mit ihrem populären Sammelnamen »Mistkäfer«, wohl wissend, dass, taxonomisch gesehen, die Mistkäfer eine eigene Familie innerhalb der Überfamilie *Scarabaeoidea* sind.

XIII Um das von den Rindern ausgestoßen Methan, mit dem sie angeblich das Klima schädigen, geht es im Abschnitt *Die Kuh-Klima-Lüge* in Kapitel 2.

fliege *Musca vetustissima* sieht aus wie eine europäische Fliege, ernährt sich aber zum Leidwesen der Menschen und vieler Tiere ganz anders. Die ausgewachsene Fliege nimmt ausschließlich flüssige Nahrung zu sich, am liebsten Tränenflüssigkeit oder Speichel. Entsprechend landet sie in den Augen- und Mundwinkeln. Sie nimmt aber auch Schweiß und Urin und an offenen Wunden auch Blut und Wundsekrete. Ihre Eier legt die Australische Buschfliege wie unsere Dungfliegen in den frischen Kot anderer Tiere. Früher waren das hauptsächlich die harten Ködel der Kängurus. Bis dann 1788 die erste britische Flotte ankam und neben Sträflingen auch Rinder aus Europa mitbrachte.

Im Land der Beuteltiere hatte es bis dahin keine Wiederkäuer gegeben. Die Gras- und Blattfresser waren Kängurus, deren Magensystem mit mehreren Kammern sich ähnlich entwickelt hat wie das der Rinder, Schafe oder Hirsche in anderen Weltgegenden. Entsprechend bildeten deren Hinterlassenschaften die Kinderstuben der Buschfliege. Jetzt flatschte für sie plötzlich ein zähflüssiges Eldorado ins Grasland. Die Kuhfladen waren viel einfacher zu besiedeln als der trockene Kot der Kängurus, und sie waren vor allem in kurzer Zeit sehr viel häufiger, denn die Rinderzucht gedieh prächtig in Down Under. Von der Eiablage bis zur Verpuppung brauchen die Fliegen im feuchtwarmen Nahrungsbrei des Rinderkots nur gerade einmal sechs Tage. Entsprechend vermehrten sie sich explosionsartig; zumal ihnen auch niemand die Nistplätze streitig machte. Die australischen Dungkäfer konnten nämlich mit den Scheißhaufen aus der anderen Welt nichts anfangen.

Aus den anfangs fünf Kühen und zwei Bullen, die von der »First Fleet« der Briten angelandet wurden, sind heute 28 Millionen Rinder geworden. Entsprechend gewachsen ist auch die Plage der Buschfliegen. Die hektische Handbewegung, mit der Einheimische und Touristen versuchen, die Buschfliegen aus ihren Gesichtern zu scheuchen, hat inzwischen einen eigenen Namen: *Aussie Salute* – »Australischer Gruß«.

Erst in den 1960er-Jahren kamen australische Wissenschaftler dann auf die Idee, Dungkäfer aus Europa nachzuholen, die den Buschfliegen die Nahrung streitig machen konnten. Zwischen 1969 und 1987 und in einer zweiten Kampagne noch einmal zwischen 1990 und 1992 wurden 43 Dungkäferarten aus Europa nach Australien geholt und wissenschaftlich begleitet freigesetzt. 23 Arten schafften es, sich an die verdrehten Jahreszeiten und das andere Klima anzupassen, und konnten sich halten. 2014 folgten dann mit dem Blatthornkäfer *Onthophagus vacca* aus Frankreich und 2015 mit *Bubas bubalus* noch ein Dungkäfer, der im Süden Europas heimisch ist. »Zusammen markieren sie den jüngsten Teil eines erfolgreichen wissenschaftlichen Programms und füllen eine wichtige Lücke in der Mistkäferabdeckung in Australien, die nicht nur die Anzahl der Buschfliegen reduzieren, sondern auch dazu beitragen soll, Nährstoffe und Kohlenstoff in unsere Böden zurückzubringen«, schreibt Jane Wright von der australischen Behörde für wissenschaftliche und industrielle Forschung CSIRO auf der Wissenschaftsseite *The Conversation*.[43]

Dungforschung

Die Australier holen sich also Käfer aus Europa, damit die ihre Weiden sauber halten und ihre Böden aufbereiten. Und wir machen unseren Dungkäfern das Leben und vor allem das Überleben schwerer, indem wir immer weniger Tiere auf die Weiden lassen und Kuhfladen durch Gülle ersetzen. Dabei wissen wir es doch besser.

»Die beim Weidegang von Rindern anfallenden Kuhfladen stellen eine essenzielle Ressource für die Insektenfauna im Grünland und Kleegrasanbau dar und nehmen damit eine Schlüsselposition für die biologische Vielfalt nachgeschalteter Nahrungsnetze ein.« So klingt das wissenschaftlich formuliert. Karin Stein-Bachinger vom ZALF, dem Leibniz-Zentrum für Agrarlandschaftsforschung in Müncheberg, hat unter anderem mit ihrem Kollegen Helmut Saucke vom Ökoforschungsstandort Witzenhausen der Universität Kassel eine der wenigen Forschungsarbeiten vorgelegt, die sich mit den Weidetieren als Motor der Biodiversität auseinandersetzen. Die beiden schreiben dann auch gleich in der Einleitung zu einer ersten Übersicht zu ihrer Feldforschung über die Dungkäfergemeinschaft am Kuhfladen: »Diese produktionsintegrierten Kleinstbiotope fehlen dem Nahrungsnetz bei reiner Schnittnutzung und dies wird Anteil am bundesweiten Artenschwund bei Wirbellosen und dem damit verbundenen Rückgang der Feldvogelbestände haben.«

Das ist nicht ohne Grund als Annahme formuliert. Dass eine Mähwiese etwas anderes ist als eine Weide, lässt sich auch für biologische Laien leicht erkennen. Ein paar vergleichende Blicke auf die Pflanzen genügen. Bei den meist mit Gülle gedüngten und dann vier-, fünf- oder sechsmal im Jahr gemähten Wiesen bleiben nach kurzer Zeit nur noch einige wenige Gräser übrig, die das überdauern. Die stehen dann allerdings üppig und eng beieinander. Auf einer Weide, zumal einer eher extensiv als intensiv beweideten, bilden sich Pflanzengemeinschaften aus Gräsern, Klee und Kräutern. Da blüht fast immer irgendwo etwas, obwohl die Tiere ständig fressen. Nur was genau unter welchen Bedingungen? Wie steht es um die Biodiversität, wenn man Mähwiese und Weide vergleicht? Und was ist mit der Beweidung bei Betrieben, die hauptsächlich Ackerbau betreiben, dann aber in ihrer Fruchtfolge zwei Jahre Kleegras auf dem Acker haben? So machen es die meisten Biobetriebe schon lange und dank des Green Deals der Europäischen Union werden das zukünftig auch konventionelle Landwirte so halten. »Welche Effekte die Beweidung von Kleegras als Koppelnutzung auf Insektengemeinschaften hat, ist bisher aber kaum untersucht«,[44] stellen Karin Stein-Bachinger und Helmut Saucke fest.

Es fehlt an Forschung. Im Gespräch sagt Helmut Saucke, dass die lieben Kolleginnen und Kollegen derzeit eher mit Blühstreifen beschäftigt seien. Das sei neu und das sei en vogue. Deshalb gebe es dafür leichter Forschungsgelder, außerdem Mittel aus den Landwirtschaftstöpfen, und das jedes Jahr aufs Neue. Nur halten wir damit das Insektensterben nicht auf, wenn die Insektenvielfalt und die schiere Zahl der flatternden, summenden und brummenden Individuen nicht anderswo eine dauerhafte Bleibe finden. Anderswo wäre auf Weideland.

Eigentlich wissen wir schon sehr lange, wie wichtig die Hinterlassenschaften der Weidetiere für die Vielfalt des Lebens in unseren Breiten sind. Die wenigen Wissenschaftlerinnen und Wissenschaftler, die sich damit ausführlich beschäftigen, zitieren dann auch immer wieder eine Untersuchung des britischen Kollegen B. R. Laurence aus dem Jahr 1954.[45] Seit dieser Veröffentlichung ist klar, dass der Dung jedes einzelnen Weidetiers Insekten hervorbringt, die zusammen etwa ein Fünftel des Gewichts des Dungproduzenten wiegen. »Damit liefert bereits ein sechshundert Kilogramm schweres Rind im Laufe eines Jahres über elf Tonnen Dung auf Weideflächen. Der durch 120 Kilogramm Insektenlarven genutzt wird«,[46] schreibt Jörn Buse, der eigentlich Sachbereichsleiter Wirbellose und Biodiversität beim Nationalpark Schwarzwald ist. Er hat aber, weit entfernt vom Wald, im Naturschutzgebiet Döberitzer Heide bei Berlin Dunghaufen von Koniks untersucht und dabei an einzelnen Haufen von Pferdeäpfeln bis zu zehntausend Dungkäfer vorgefunden. Nun sind die Haufen, die die Pferde produzieren, mitunter viel größer als Kuhfladen, weil Pferde gerne gemeinsam eine Toilette benutzen. Dennoch bleibt die Menge an Insekten enorm, die der Dung produziert. In einem einzelnen Kuhfladen können es auch mal viertausend Insektenindividuen sein und zusammen mit den Tieren aus dem Boden auch mehrere hundert verschiedene Arten. Dabei sind die mitunter Myriaden von Fliegen und Faltern nicht mitgezählt, die einen Kuhfladen nur kurz besuchen.

Günstig für das Überleben der Dungkäfer als wichtige Zersetzer von Kot und als vielfältige Nahrungsgrundlage für andere Tiere dürfte in unseren immer weiter ausgeräumten Landschaften gewesen sein, dass die meisten von ihnen Generalisten sind. Sie haben sich nicht auf die Hinterlassenschaften bestimmter Tierarten spezialisiert, sondern sind in der Lage, den Kot von verschiedenen Huftieren zu nutzen. »Dabei wird der Dung von Schafen und Ziegen von vergleichbar vielen Arten genutzt wie der Dung von Rindern und Pferden, nämlich von jeweils etwa neunzig Prozent der Arten in Mitteleuropa«,[47] sagt Jörn Buse. Was aber machen die Käfer, wenn es immer weniger Weidetiere gibt? Mit der Gülle, die stattdessen aus den Ställen auf die Wiesen kommt, können die Dungtiere nichts anfangen. Das Bodenleben schon ein wenig, die Käfer und Fliegen, die den Dung besiedeln, aber eben nicht.

Die Tiere, die ihre Brut im Dung aufziehen, müssen ausweichen auf den Kot anderer größerer Herbivoren, also Pflanzenfresser wie Rehe oder Hirsche. Aber: »In Mitteleuropa fehlen heute fast überall große wildlebende Huftiere. Unter den verbliebenen Herbivoren kommt dem Rothirsch aufgrund seiner Verbreitung und Größe eine wichtige Rolle zu.« 61 Dungkäferarten wurden an der Losung von Rot- und Damhirschen gefunden. Das allerdings nur, wenn die Hirsche nicht bloß im Wald leben können, sondern auch ins Grünland hinauskommen, was vielerorts aufgrund diverser Störungen für das Wild kaum mehr möglich ist. Wie bei vielen anderen Insekten und überhaupt allen Wildtieren handelt es sich bei den meisten Arten in Mitteleuropa um Bewohner von Offenland, Savannen und Steppen; und wenn sie im Wald leben, dann eher in lichten Wäldern, nicht im dunklen Forst. Warum das so ist und was das für den Artenschutz und den Erhalt der Biodiversität für uns bedeutet, wird später noch ausführlicher Thema sein.[XIV]

Für die Dungkäfer sind die verbliebenen größeren wilden Herbivoren jedenfalls nicht wirklich eine Alternative zu den Weidetieren. Deutlich weniger von ihnen besiedeln selbst die Losung der

---

XIV Nämlich in den Abschnitten *Migranten* und *Natur und Naturschutz* in Kapitel 3.

Hirsche als die 82 der insgesamt hundert bei uns vorkommenden Dungkäferarten, die an Pferdeäpfeln und Kuhfladen leben. Im und am Kot von Rehen sind es dann nur noch 46 Arten, bei Wildschweinen lediglich 33.

Der Rückschluss auf das Insektensterben liegt auf der Hand, ob nun ausreichend erforscht oder nicht: Weniger Nutztiere auf der Weide, oder in manchen Gegenden gar keine mehr, bedeutet zumindest ein lokales Aussterben ganzer Arten und damit auch einen Rückgang der herumfliegenden und krabbelnden Individuen. Jörn Buse kommt dann auch zu dem Schluss: »Domestizierte Weidetiere ersetzen erfolgreich die Funktion von großen wildlebenden Huftierarten wie Rothirsch und Wisent, insbesondere wenn strukturreiche Lebensraumkomplexe wie Waldweiden genutzt werden.«[48] Und die Funktion des ausgestorbenen Auerochsen und der ehemals in die Tausende zählenden Rentierherden in Mitteleuropa ersetzen sie gleich mit. »Der Rückgang der Insektenbiomasse in Kulturlandschaften könnte durch Weideflächen erheblich gemildert werden«, schreibt Jörn Buse. »Darüber hinaus zeigt die Vielzahl der mit dem Dung assoziierten Arten, vor allem der etwa fünfhundert Insektenarten, die generell positive Bedeutung von Weideflächen für den Arten- und Biodiversitätsschutz.«[49]

Eine Untersuchung an Mistkäfergemeinschaften auf Weiden in Tschechien zeigt, wie wichtig es ist, dass die beweideten Flächen nicht zu weit auseinanderliegen, wenn neben der Anzahl der Individuen auch die Vielfalt der Arten im Blick ist. Das Forschungsteam aus tschechischen und deutschen Instituten nutzt eine von dem US-amerikanischen Ökologen Robert H. Whittaker in den 1960er-Jahren eingeführte Systematik der Unterscheidung von Artenvielfalt nach Räumen. Es wird dabei zwischen Alpha-, Beta- und Gamma-Diversität unterschieden. α-Diversität beschreibt die Artenvielfalt in einem begrenzten Lebensraum, einem einzelnen Biotop, β-Diversität den Austausch der Arten über verschiedene Lebensräume hinweg, γ-Diversität wäre dann die Artenvielfalt einer ganzen Landschaft.

»Unsere Ergebnisse zeigen, dass die β-Diversität der Dungkäfergemeinschaften hauptsächlich durch räumliche Distanz bestimmt wird, gefolgt von ähnlich starken Einflüssen der Jahreszeit und der mittleren Temperatur«,[50] so das Forschungsteam. Wird die Distanz zwischen den beweideten Flächen zu groß, sinkt die Zahl der auf ihnen anzutreffenden Arten. Weniger wichtig scheint nach der Untersuchung in Tschechien zu sein, welche Tiere Weidegang haben. Bei den Rindern gab es die höchste Artenvielfalt, die wuchs aber noch einmal, wenn mehrere Nutztierarten gemeinsam Weidegang hatten, also Pferde und Schafe dazukamen. Und sie wuchs noch einmal, wenn nicht nur im Sommer beweidet wurde. Ein letzter begrenzender Faktor für das Wachstum der Biodiversität war außerdem die Behandlung der Tiere mit Medikamenten gegen Parasiten, die »führte zu einer insgesamt geringeren γ-Diversität«, also zu einer geringeren Artenvielfalt in der ganzen Landschaft.

Dass schon eine einzelne neue Weide statt einer Mähwiese hilft, die Biodiversitätskrise zu bekämpfen, zeigen Untersuchungen des Geologen und Biologen Nicolas Schoof. Der Professor für Standorts- und Vegetationskunde an der Uni Freiburg hat schon seine Doktorarbeit über die Bedeutung der Beweidung für die Erhaltung der Biodiversität geschrieben. Er hat sich der Dungkäferpopulation auf Kuhfladen von Weiden angenommen, die weit entfernt von anderen beweideten Flächen liegen. Dabei hat er festgestellt, dass die Dungfliegen eigentlich sofort da sind, wenn irgendwo eine neue Weide aufgemacht wird, und dass die Dungkäfer ebenfalls nicht lange auf sich warten lassen. »Auch die Rote-Liste-Arten fliegen da an«, sagt er, »was einerseits zeigt, dass sie in Nischen vielleicht an Dung von Wildtieren überlebt haben, aber auch, dass wir viel zu wenig Weiden haben. Sonst würden sich nicht so viele Käfer auf den Weg machen, wenn irgendwo ein neuer Kuhfladen liegt.«

Für all die Tiere, die in der Nahrungskette von den Dungkäfern und durch sie leben, kommt es nicht darauf an, ob eine einzelne

Art irgendwo in einer Nische überdauert. Da geht es um die reine Biomasse, um die Menge an Insekten. Für uns Menschen und unsere Zukunft geht es dagegen auch um die Vielfalt der Arten. Wenn am Ende nämlich die Tiefgräber unter den Mistkäfern fehlen sollten, die also neben und unter die Pferdeäpfel oder die Kuhfladen Gänge graben für ihre Brut, dann wird uns bei der absehbaren Wetterentwicklung im Klimawandel etwas Wichtiges fehlen. »Die Tiefgräber können die Infiltrationsrate der Böden bei Starkregenereignissen hochhalten«, sagt Nicolas Schoof. Die Böden können durch ihre Grabungsaktivitäten in kurzer Zeit deutlich mehr Wasser aufnehmen, dadurch auch speichern und in Trockenperioden wieder zur Verfügung stellen. »Wir werden sehr bald merken, wie wichtig beweidete Flächen im Klimawandel sind.«

Um die Nutztiere als Helfer gegen das Insektensterben und den Klimawandel einzusetzen, muss man sie allerdings rauslassen aus den Ställen. Draußen müssen sie ihren Fladen, ihre Ködel, ihre Äpfel fallen lassen, weil sie nur dort ihre heilsame Wirkung entfalten. Diese erstreckt sich auf ganze Ökosysteme, denn nach den Insekten, für die der Dung der Weidetiere Nahrung und Kinderstube ist, geht es weiter. Die in, unter und vom Dung lebenden Insekten sind schließlich ihrerseits auch selbst wieder Nahrungsgrundlage. Zu den Dungfliegen gibt es räuberische Fliegen, zu den Dungkäfern räuberische Käfer – und zu allen zusammen dann noch die größeren Fressfeinde, die Vögel, Frösche, Eidechsen und Fledermäuse. Um anschaulich zu machen, wie viel Leben eine Weidekuh mit ihren Hinterlassenschaften in die Landschaft pflanzt, wird gerne in populärere Tierarten umgerechnet, als es für viele die Fliegen und Käfer sind.

Am Ende sieht die Bilanz dann so aus: Eine einzelne Weidekuh produziert jedes Jahr allein mit ihrem Dung Insekten mit einem Lebendgewicht von jenen schon zitierten 120 Kilogramm. Diese wiederum ernähren Wirbeltiere wie Frosch, Wiesenvogel oder Storch mit einem Lebendgewicht von zwölf Kilo. Das sind dann zum Beispiel 200 Grasfrösche, 25 Stare, Bachstelzen oder

Rotschwänzchen und dreizehn Fischreiher oder Störche. Man kann die Aufzählung bei den Vögeln auch etwas exotischer machen und statt der Allerweltsarten ein paar bedrohte Arten nehmen: nicht Star, Bachstelze und Rotschwanz, sondern Blauracke, Rotkopfwürger und Wiedehopf. Diese Arten sind in extensiv beweideten Gebieten wiedergekommen, nachdem sie bereits viele Jahre verschwunden waren. Auch sie können zu den zwölf Kilo Lebendgewicht an Vögeln gehören, die eine Kuh in die Landschaft kackt. Muss ich jetzt noch erwähnen, dass Vögel besonders leichte Wesen sind, weil sie ja eben fliegen müssen? Hiermit geschehen.

Nicht mitgerechnet ist bei diesem ganzen Abwiegen das Leben im Boden, das als gedacht gewogene Biomasse noch viel mehr auf die virtuelle Waage bringt. Ein Vielfaches! Wenn oben auf einer extensiv genutzten Weide zwei junge Rinder pro Hektar satt werden, dann bringen die etwa eine Tonne auf die Waage. Das wäre das Gewicht, das zwei sogenannten Großvieheinheiten zugerechnet wird.[51] Unter den Hufen der beiden Rinder werkeln dann aber Bodenlebewesen mit einem Lebendgewicht von zehn Tonnen und mehr dafür, dass oben genug wächst, und dass das organische Material, das von oben kommt, als Humus unten eingebaut wird. Eins zu zehn – das ist das gewichtige Verhältnis von oben zu unten, welches man hinzudenken muss, wenn man die Vielfalt auf der Weide betrachtet.

Wer das Bodenleben füttert, erzeugt Leben in einer Fülle, die wir gar nicht wirklich ermessen können. Das auch deshalb, weil wir über die Bodenfauna ähnlich wenig wissen wie über die Vielfalt des Lebens in den Regenwäldern oder der Tiefsee. Einer der Bodenforscher bei Senckenberg in Görlitz, einem der wichtigsten Stützpunkte der Bodenzoologie in Europa, fasst unser Nichtwissen gerne in ein Bild. »Wenn ich morgens über ein paar Feldwege zur Arbeit fahre und dann mein Fahrrad mit ins Labor nehme, den Staub aus dem Reifenprofil klopfe und unters Mikroskop lege, habe ich garantiert mindestens eine neue Art entdeckt.« Er ist aber kein Taxonom und seine Arbeit nicht die Beschreibung neuer Arten, weshalb er das nicht so macht. Doch er weiß, dass wir nicht viel über das Bodenleben wissen. Und die Platonische Weisheit vom Nicht-Wissen ist seit der Antike bekanntermaßen der Weg zur Erkenntnis.

Was wir allerdings wirklich wissen: dass Weideland ein besonderer Hotspot der tierischen Artenvielfalt ist, sowohl auf dem Boden als auch in ihm; und das ganz besonders in Mitteleuropa, weil unsere Ursprungslandschaften wohl offene waren.

Weidekrank

Bleibt noch zu fragen, was das tschechisch-deutsche Forschungsteam meinte, als es davor warnte, die Weidetiere mit Medikamenten gegen Parasiten zu behandeln, weil das zu einer geringeren Artenvielfalt in ganzen Landschaften führe. Es geht dabei um zum Teil prophylaktisch durchgeführte Entwurmungskuren, die die Tiere schützen sollen, auch wenn sie noch gar nicht krank sind. Die meisten dafür eingesetzten Medikamente werden mit dem Kot ausgeschieden und töten dann auch zuverlässig die Insekten, die sich im Dung eigentlich vermehren wollen.

Wenn es auf der Weide feucht ist, schwimmen dort die Larven von Leberegeln im Gras herum, außerdem lauern da vielfältige Wurmkrankheiten. Parasiten, die mit den Weidetieren und der Graslandschaft zusammen entstanden sind und sich zum Teil auf ihre Wirtstiere spezialisiert haben. Was keineswegs heißt, dass ein Tier krank werden muss, wenn ein Krankheitserreger in der Nähe ist. Das wäre nur bei sogenannten obligat pathogenen Keimen der Fall, nicht bei denen, die Krankheiten auslösen können, dies aber nicht notwendigerweise auch tun.

> *»Die fakultativ pathogenen Keime sind häufig in der direkten Umgebung der Tiere vorhanden. Es gibt ein Gleichgewicht zwischen Erreger und Wirt, das erst bei Störung der Abwehrkräfte des*

> *Tieres zugunsten der Erreger verschoben wird und eine Krankheit erzeugt. Häufig sind mehrere Faktoren als Auslöser für eine Erkrankung verantwortlich, dabei können teilweise auch Wechselwirkungen zwischen Viren und Bakterien eine Rolle spielen. (...) Die gegenseitige Anpassung von Erregern und Tieren muss man in Millionen von Jahren betrachten. Das Alter von Salmonellen wird auf circa 120 bis 160 Millionen Jahre geschätzt, in den sich eine Vielzahl von Stämmen mit unterschiedlichen Eigenschaften entwickeln konnte. In diesen Zeiträumen bildeten sich bei den Erregern unterschiedliche Strategien heraus, um die notwendigen Bedingungen für eine Vermehrung und ein Überleben im und am Tier zu erreichen.«*[52]

So steht es im *Leitfaden der Nutztiergesundheit* des ganzheitlich orientierten Tierarztes Andreas Striezel. Weshalb sollten wir dann heute Weidetiere prophylaktisch gegen Parasiten behandeln, mit denen schon deren Urahnen gelebt haben? »Sollten wir eben nicht«, sagt Gerd Kämmer von Bunde Wischen. Manche Bioverbände verbieten das sogar und für die konventionelle Landwirtschaft wird davon auch abgeraten. »Was haben wir davon, wenn die Erreger gegen ein Antibiotikum resistent werden und ein Tier dann tatsächlich krank ist?« Schon jetzt ist es so, dass bei einer Infektion auf einer Stuhlprobe des kranken Tieres erst einmal ein umfangreicher Resistenztest gemacht werden muss, um festzustellen, welches Antibiotikum überhaupt noch hilft. In Amerika und Australien gibt es schon ganze Landstriche voller resistenter Keime.

Bei Bunde Wischen werden die Tiere, die ja das ganze Jahr draußen sind, nicht behandelt. Erst bei Krankheitssymptomen wird ein Tier separiert, auf eine Krankenstation gebracht und dort behandelt. Da bleibt dann auch der mit Medikamenten belastete Kot, der eigentlich Sondermüll ist. Die konventionelle Weidekuhhalterin Kirsten Wosnitza behandelt zwar ebenfalls nur kranke Tiere gezielt, kann sich aber die Aktion des Separierens und gesonderten Entsorgens des belasteten Dungs nicht leisten. Zu viel

Arbeit. Doch wenn tatsächlich nur eine von 120 Kühen behandelt wird, müssen auch nicht viele Dungfliegen und -käfer sterben. Andere Landwirte mit wirklich vielen Rindern behandeln prophylaktisch nur die Kälber. Und das lange bevor die zum ersten Mal auf die Weide dürfen; so lange, bis das Medikament nicht mehr ausgeschieden wird.

Andererseits kann der Parasitendruck steigen, gerade auf einer Standweide, auf der sich die Tiere lange Zeit aufhalten. Es ist ja die Eigenart der Parasiten, sich im Körper ihres Wirts zu vermehren und sich dann im Ei- oder Larvenstadium wieder ausscheiden zu lassen. So kommt der Erreger wieder auf die Weide und kann vom nächsten Tier aufgenommen werden. Das ist der Grund, weshalb manche Tierärztinnen und Tierärzte, auch die vom Veterinäramt, immer noch prophylaktische Behandlung gegen Würmer und Leberegel empfehlen. »Viele Tierärzte haben da ein Wissens- und Bewusstseinsproblem«, sagt Nicolas Schoof, »außerdem verdienen sie ja auch an den Tierarzneimitteln, die sie an die Landwirte verkaufen.«

Bei Nicolas Schoof landet man wieder, wenn man sich für die Wirkung von Parasitenbehandlungen bei Weidetieren interessiert. Zusammen mit Rainer Luick, Professor an der Hochschule Rottenburg, hat er 2019 in einer Arbeit über *Antiparasitika in der Weidetierhaltung* die Frage zur Diskussion gestellt, ob genau die nicht zum Insektensterben beigetragen hat und noch beiträgt:

> *»Der Dung weidender Tiere als Lebensraum kann von Antiparasitika erheblich beeinträchtigt werden. Die biomassereichen Dunginsektenzönosen*[XV] *sind wiederum für zahlreiche Arten eine entscheidende Nahrungsressource, sodass sich Antiparasitika auch auf deren Populationen negativ auswirken. Nicht nur in Deutsch-*

XV Eine Biozönose ist eine Lebensgemeinschaft von Organismen in einem Biotop, also einem begrenzten Lebensraum, in diesem Fall gemeint ist der Dung auf einer Weide oder auch ein einzelner Kuhfladen.

land steigt der Umsatz mit Antiparasitika seit Jahren an. Gleichzeitig bleiben erhebliche Wissenslücken zur tatsächlichen Anwendung in viehhaltenden Betrieben. Der Einfluss von Antiparasitika auf den Insektenbiomasserückgang kann und sollte dennoch auf Basis logischer Schlussfolgerungen stärker in der Diskussion zum ›Insektensterben‹ abgebildet werden, als dies bisher der Fall ist.«[53]

Der Beitrag der beiden Biologen in der Zeitschrift *Naturschutz und Landschaftsplanung* ist einerseits ein Ruf nach mehr Forschung und besserer Datenbasis, andererseits bestehen die erheblichen Wissenslücken auch, weil viele Landwirte nicht sagen, ob und wie sie ihre Weidetiere mit Antiparasitika behandeln. Deshalb ist das auch kein Thema bei einem wirklich großen Forschungsprojekt, den von der Deutschen Forschungsgemeinschaft geförderten »Biodiversitäts-Exploratorien«.[54] Der daran beteiligte Nico Blüthgen, Insektenforscher und Professor für Ökologische Netzwerke an der Technischen Universität Darmstadt, sagt dann auch im Gespräch, dass er und die beteiligten Kolleginnen und Kollegen aus anderen Fachgebieten schlicht nicht wissen, ob die Tiere auf den untersuchten Weiden prophylaktisch wurmbehandelt sind oder nicht.

Was generell fehlt, ist die Erforschung der Auswirkungen zugelassener Medikamente zur Parasitenbehandlung. »Nur für wenige Wirkstoffe der Antiparasitika ist der Wissensstand über die möglichen negativen Wirkungen befriedigend erfasst«, sagen Nicolas Schoof und Rainer Luick. Zu diesen gut erforschten Medikamenten gehört Ivermectin. Für dessen Entwicklung gab es 2015 den Medizinnobelpreis für den Japaner Satoshi Ōmura und den US-Amerikaner William C. Campbell. Da war das Medikament aber bereits gut dreißig Jahre im Einsatz. Einerseits bei Menschen, zum Beispiel gegen die Flussblindheit, eine von Fadenwürmern verursachte Erkrankung in den Tropen, hauptsächlich aber gegen Parasiten in der Tiermedizin.

Was Ivermectin bei den Arten verursacht, die eigentlich nicht das Ziel des Medikamenteneinsatzes, aber über den Kot der Tiere eben doch betroffen sind, das fassen Nicolas Schoof und Rainer Luick so zusammen:

> »*Larven der untersuchten Käfer Onthophagus taurus und Euoniticellus fulvus*[XVI] *waren in Ivermectin-kontaminiertem Schafdung nicht überlebensfähig. Die Sterblichkeit der Larven der zu den Echten Fliegen gehörenden Neomyia cornicina erreichte im Zeitraum von einem bis zu 32 Tagen nach Ivermectin-Anwendung 97 Prozent. Die larvale Entwicklung der Gelben Dungfliege Scathophaga stercoraria ist auf kontaminierten Fäzes bis zu 28 Tage nach der Medikamentengabe signifikant reduziert. Der Dung von behandelten Rindern zeigt für manche Arten einen erhöhten Lockeffekt, was angesichts der festgestellten Toxizität besonders problematisch zu bewerten ist. Schon bei einer relativ geringen Ivermectin-Konzentration konnte ein Rückgang von insgesamt 32 Zweiflügler- und Wespentaxa festgestellt werden. Bei einem Drittel wurde eine signifikant erhöhte Mortalität beobachtet. Besonders bei räuberischen Insekten erhöht sich die Sterblichkeit.*«

Nicht ohne Grund betonen die beiden Forscher das Problem, dass mit Medikamenten verseuchter Dung für manche der Insekten eine besondere Anziehungskraft hat, was an verändertem Geruch liegen mag. Vor allem, wenn die Medikamente nicht mehr nur einmal gegeben werden, sondern über lange Zeit wirksam sind, kann das zu einer tödlichen Falle für die Dungfliegen und Dungkäfer werden und damit den eigentlich positiven Effekt der Weidehaltung für die Biodiversität ins Negative drehen.

Andreas Striezel weist in seinem *Leitfaden der Nutztiergesundheit* darauf hin, dass die Langzeitmedikation bei Jungrindern die Ausbildung der Immunität gegen Parasiten behindert. »In Problemgebieten, in denen diese Programme die sonst übliche Impfung

XVI Die beiden Arten stehen auf der Roten Liste als »stark gefährdet« beziehungsweise »extrem selten«.

gegen Lungenwürmer ersetzt haben, nahm die Erkrankungsrate bei erwachsenen Tieren erheblich zu.«[55] Der Tierarzt empfiehlt statt solch prophylaktischer Langzeitmedikation »weidehygienische Maßnahmen unter Berücksichtigung der Parasitenbiologie«. In Gebieten, in denen zum Beispiel Infektionen mit Lungenwürmern vorgekommen sind, sollten die Kälber rechtzeitig vor dem Austrieb auf die Weide geimpft werden. Dann sollten sie außerdem zunächst auf eine Weide kommen, die als sicher gilt, wo also im Herbst davor nicht auch Rinder standen, sondern stattdessen Heu gemacht wurde.

Die Bioanbauverbände und das Forschungsinstitut für biologischen Landbau FiBL haben ein eigenes Merkblatt für ein Weidemanagement herausgegeben, das Rinderparasiten »nachhaltig regulieren« soll. Wie das Wörtchen »nachhaltig« im Titel schon vermuten lässt, geht es dabei nicht um vorbeugende Medikamentierung, denn:

> *»Der seit fünfzig Jahren praktizierte systematische Einsatz chemisch-synthetischer Wurmmittel (Anthelminthika) hat vor allem bei Magen-Darm-Strongyliden (MDS)*[XVII] *zu Resistenzen gegen die verwendeten Wirkstoffe geführt. Heute widersteht ein Teil der Würmer diesen Mitteln. Die Wirkstoffunempfindlichkeit wird an die nächste Parasitengeneration weitergegeben. Je häufiger Entwurmungsmittel verwendet werden, desto rascher können die Erreger Resistenzen entwickeln. Anthelminthika-Resistenz lässt sich nicht rückgängig machen.«*[56]

Den Autoren des Merkblatts der Bioverbände geht es darum, mit gezieltem Weidemanagement vor allem den jüngeren Tieren beim Aufbau einer eigenen Immunität gegen die Parasiten zu helfen. Dafür müssen sie einerseits mit den kleinen Plagegeistern in Kontakt kommen, andererseits dürfen es nicht zu viele der Wurmlar-

XVII »Strongyliden« ist der Sammelbegriff für verschiedene parasitische Würmer.

ven sein, die sie mit dem Gras aufnehmen. Eine vom Merkblatt empfohlene Möglichkeit des Weidemanagements besteht darin, die Jungrinder zusammen mit den älteren Tieren auf die Weide zu schicken oder sie nach den Alttieren weiden zu lassen. Denn »ältere Rinder verkraften die Aufnahme infektiöser MDS-Larven meist gut. Die Larven können sich in immunisierten Tieren nicht so weit entwickeln, dass Eier auf die Weide gelangen.«[57] Diesen »Staubsaugereffekt« könne man sich zunutze machen. Aber die Jungrinder sollten dann auch mindestens vier bis fünf Monate draußen bleiben, denn so lange brauchen sie, um in ihrem ersten Sommer die Immunität aufzubauen.

In Betrieben mit sogenannter Mutterkuhhaltung, wo es nicht um Milch geht, sondern um Rindfleisch, und wo die Kälber ohnehin mit den Müttern auf der Weide stehen, ist der Staubsaugereffekt von vornherein im System der Weidehaltung integriert. Die Kälber saufen zudem länger bei den Müttern und sind schon deshalb weniger Parasitendruck ausgesetzt.

Sowohl das Merkblatt der Bioverbände als auch der *Leitfaden zur Nutztiergesundheit* empfehlen außerdem eine regelmäßige Weiderotation und das Vermeiden dauerhaft feuchter und lange beschatteter Standorte. Weidemanagement ist also eine Sache, die geplant und überwacht werden muss. Es geht nicht nur darum, dass die Tiere draußen satt werden, zum Tierwohl gehört auch die Gesundheit.

Diesem Thema werden wir wieder begegnen, wenn es um den Wolf geht.[XVIII] Weil zu den Pflichten der Tierhalterinnen und Tierhalter nicht nur gehört, die Tiere in ihrer Obhut ausreichend zu versorgen mit Futter, Wasser und dem für sie geeigneten Gelände oder Raum, in dem sie – möglichst draußen – ihre arteigenen Verhaltensweisen ausleben können. Es gehört auch dazu, sie frei zu halten von unnötigem Stress, von Angst, von Krankheit und Verletzung.

XVIII Nämlich im Abschnitt *Wolfsland* in Kapitel 2.

KAPITEL 2
Klimatische Verschiebung

»Man hat glückliche Zeiten mit seinem Vieh und weniger glückliche, *aber so unselige Zeiten, daß wir mit unserer Kuh in Zwietracht lebten, haben wir jetzt zum erstenmal.*«[1]

Hans Fallada

Sündenrinder

Wir alle kennen den sprichwörtlichen »Sündenbock«, der stellvertretend für jemand anderen »in die Wüste geschickt« wird. Auch das sprichwörtlich und häufig gebraucht. Zurück gehen diese Sprachbilder auf einen tatsächlichen Ritus, der an Jom Kippur, dem jüdischen Versöhnungsfest, in Jerusalem stattfand. Das Fest ist nicht einer Versöhnung mit den Feinden gewidmet, sondern einer mit Gott. Der Hohepriester bestimmte per Los einen von zwei vorher ausgewählten Ziegenböcken zum Sündenbock. Dann bekannte er mit den Händen auf dem Tier öffentlich die Sünden des Volkes, also der jüdischen Gesellschaft, und lud sie dem Ziegenbock symbolisch auf. Auch einzelne Gemeindemitglieder konnten ihre Sünden öffentlich machen und sie damit dem Bock aufladen. Der wurde dann zum Stadttor hinaus in die Wüste getrieben, aus der er nicht mehr zurückkommen durfte. Manchmal wurde er auch von einem Menschen begleitet, der dafür sorgte, dass er nicht zurückkam.

In der Lutherischen Übersetzung der Bibel findet sich die Anweisung zu diesen Ritualen im sechzehnten Kapitel des dritten Buches Mose. Theologisch gesehen war das zunächst ein Trennungsritus und dann ein Übergangsritus. Zuerst wird der Bock durch das Los ausgewählt und dadurch von der Gemeinschaft getrennt, dann mit ihren Sünden beladen und schließlich fortgeschickt. Weg sind mit ihm die Sünden. Das ist sehr praktisch und wurde in Jerusalem so praktiziert, bis die Römer das Gotteshaus auf dem Tempelberg nach ihrer Eroberung der Stadt niederbrannten.

Seit dem Jahr siebzig nach Christus, seit der Zerstörung des Tempels, wird das ursprüngliche Ritual in Jerusalem nicht mehr durchgeführt; bei uns heutzutage aber jederzeit und überall mit allerlei Opfern. Jede und jeder kann zum Sündenbock gemacht und in die Wüste geschickt werden. Und das gilt auch für Tiere, womit wir wieder recht nah an den ursprünglichen Opferriten wären. Denn nach der biblischen Anweisung Gottes an Moses verschonte man den zweiten Ziegenbock, dem das Schicksal der Vertreibung und des stellvertretenden Verdurstens in der Wüste erspart blieb, keineswegs: Er wurde sofort zum Opfertier, dessen Blut den Altar rituell reinigte.

Heute haben wir die Opfertiere ausgetauscht. Nicht mehr Ziegen werden in die Wüste geschickt oder direkt geopfert, sondern Rinder. Die Zeiten sind komplexer geworden, da müssen die Opfer offenbar mit den Problemen wachsen.

Wie schon erwähnt, wurde 2023 der Plan der irischen Regierung öffentlich, wonach in den folgenden drei Jahren jedes Jahr 65 000 Kühe gekeult werden sollen. »Keulen« ist jener Begriff, der eine Tötung ohne Verwertungsinteresse anzeigt. Er klingt so hässlich, wie er ist. Keulungen werden eigentlich nur in katastrophalen Situationen durchgeführt. Üblicherweise ist das der Seuchenfall. Nun ist die Klimakrise sicher auch eine Katastrophe, was sich in immer mehr Weltgegenden immer klarer erkennen lässt. Ob diese Situation aber als Begründung für das sofortige Töten tausender Tiere ausreicht? 195 000 Rinder insgesamt sollen in Irland in den nächsten Jahren weg, damit die Regierung die selbstgesteckten Klimaziele erreichen kann. Nach einem Bericht des *Irish Independent* wird das noch nicht einmal reichen. Danach sollen zehn Prozent des Rinderbestandes in der Republik Irland verschwinden. Das wären dann 740 000 Tiere.

Angestrebt wird eine Senkung der Treibhausgasemissionen der Landwirtschaft um 25 Prozent bis 2030. Das wären insgesamt 5,75 Millionen Tonnen CO_2-Äquivalent. Und weil das Treibhausgas Methan, das im Verdauungsapparat der Wiederkäuer von Mikroorganismen produziert wird, in der Statistik so heftig zu Buche schlägt, da es ein Vielfaches der Klimawirksamkeit von Kohlendioxid hat, lohnt es sich rein rechnerisch, die Kühe umzubringen.

Das Papier, das da im Zuge der verbrieften Informationsfreiheit veröffentlicht worden war, sei aber lediglich Teil eines Beratungsprozesses, sagte das irische Landwirtschaftsministerium dazu. Auf keinen Fall wolle man die Milchviehhaltung in Irland abschaffen. Die sei ein Juwel des gesamten Agrar- und Ernährungssektors. Die irische Butter strahlt ja in deutschen Supermärkten auch entsprechend in goldfarbener Verpackung.

Es gibt noch ein zweites Juwel der irischen Wirtschaft, das mit dem Keulen der Kühe geschädigt werden könnte: den Tourismus. Der weite Blick über die sanft geschwungenen grünen Hügel, die weiten Weideflächen, aufgeteilt durch uralte Trockenmauern aus Feldsteinen, nur ab und an unterbrochen von einzelnen Büschen und Bäumen in den Senken. Das alles ist Weideland, von den Städten bis zu den schroffen Klippen an den Küsten. Rinder und Schafe haben die Insel geprägt. Sie haben das Sehnsuchtsland der Irlandreisenden geschaffen. Diese Landschaftsgestalter jetzt zu dezimieren, ist vielleicht auch deshalb keine gute Idee.

Die Iren sind mit derlei Überlegungen übrigens nicht allein. Auch der französische Rechnungshof hat schon eine Strategie angemahnt, den Viehbestand zu verringern. Er rechnete vor, dass die Rinderhaltung für 11,8 Prozent der französischen Klimagasemissionen zuständig sei, vergleichbar mit den Emissionen aller Wohngebäude.[2]

In Deutschland wäre dieses massenhafte Keulen schon aus Gründen des Tierschutzes nicht möglich. Das zuständige Gesetz verbietet eigentlich das Töten von Tieren ohne triftigen Grund. Sie essen zu wollen, ist ein nach dem Gesetz akzeptierter Grund. Das Gleiche gilt für den Seuchenschutz – in vielen Fällen leider, weil präventiv und der Situation nicht wirklich angemessen getötet wird. Da werden ganze Tierbestände gekeult, weil das Übergreifen einer Krankheit verhindert werden soll, die man in manchen Fällen prinzipiell auch anders bekämpfen könnte. Das ist aber rechtens so. Ob bei uns allerdings der Tierschutz vom Klimaschutz außer Kraft gesetzt werden könnte, das darf man bezweifeln.

Das Wort »Keulen« beschreibt ja schon ziemlich genau und brutal, was dabei geschieht. Und ob das im Namen des Klimaschutzes wirklich geschehen kann, während in vielen anderen Sektoren zu wenig getan wird? Kühe töten, statt den energiefressenden Kunstdünger wegzulassen? Oder, um mal woanders hinzuschauen, statt Autos stillzulegen, Häuser oder Heizungen zu sanieren? Wenn obendrein alles andere als klar ist, ob solch drastische Maßnahmen zur Reduzierung der Zahl der Wiederkäuer überhaupt sinnvoll wären für den Klimaschutz?

Wer nämlich mit falschen Zahlen und Annahmen rechnet, kommt selten zu richtigen Ergebnissen. Und genau das geschieht, wenn es um das seit einigen Jahren allgegenwärtige Narrativ von der Kuh geht, die das Klima kaputtrülpst und kaputtpupst.

Die Kuh-Klima-Lüge

»Ein Narrativ«, sagt Wikipedia, sei »eine sinnstiftende Erzählung, die Einfluss auf die Art hat, wie die Umwelt wahrgenommen wird. Es transportiert Werte und Emotionen, ist in der Regel auf einen Nationalstaat oder ein bestimmtes Kulturareal bezogen und unterliegt dem zeitlichen Wandel. In diesem Sinne sind Narrative keine beliebigen Geschichten, sondern etablierte Erzählungen, die mit einer Legitimität versehen sind.«

Hier geht es um ein solches Narrativ. Allerdings um eines, das eher Unsinn stiftet und eher keine Legitimität besitzt. Ganz so wie das, was der hessische Biobauer Dieter Euler mir einmal gesagt hat und was ich hier noch einmal zitiere: »Neunzig Prozent der sogenannten Narrative über die Landwirtschaft stimmen nicht, oder sie stimmen so nicht. Der Fakt als solcher stimmt, aber die Schlüsse, die daraus gezogen werden, sind falsch oder unsinnig.«

Der Fakt wäre in unserem Fall, dass Wiederkäuer das Treibhausgas Methan ausstoßen. Das produzieren die Mikroorganismen in ihrem Verdauungstrakt, wenn sie dabei helfen, den schwer verdaulichen Zellstoffbrei zu zersetzen. Fakt ist auch, dass Methan um ein Vielfaches klimawirksamer ist als Kohlendioxid. Um wie viel mehr genau, das ist allerdings schon wieder strittig, zumindest gibt es dazu unterschiedliche Angaben. Und was das bedeutet, ist auch nicht ganz klar, denn Methan zerfällt schnell und ist also rasch wieder weg aus der Atmosphäre. Wenn es deshalb nur kurze Zeit klimawirksamer als Kohlendioxid ist, was besagt dann die höhere Klimawirksamkeit überhaupt?

Wegen des Methanausstoßes die Wiederkäuer generell und die Rindviecher insbesondere zu Klimasündern oder gar Klimakillern zu stilisieren, ist jedenfalls einer jener falschen und unsinnigen Schlüsse, die aus den Fakten gezogen werden. Warum das so ist, wird im Folgenden hoffentlich ausreichend erklärt. Wer hier weiterliest, wird womöglich am Ende einer liebgewonnenen Erzählung beraubt sein – was natürlich nicht bedeutet, dass diese aus der Welt geschafft wäre.

Denn das zugehörige Narrativ ist nun einmal in die mediale Welt gesetzt und aus ihr wahrscheinlich auch nie wieder zu entfernen. Selbst wenn es sich bei genauerem Hinschauen wissenschaftlich nicht halten lässt. Dass solche Narrative ein hohes Beharrungsvermögen haben, liegt daran, dass sie plausibel klingen und auch deshalb immer wiederholt werden. Durch hohe Penetranz erlangen sie schließlich den Status des Allgemeinwissens. Und dann werden sie, wie eine Sage in früheren Zeiten, von Mund zu Mund weitergegeben.

Es gibt eine eigene Forschungsrichtung, die sich mit solchen Überlieferungen beschäftigt. Der Volkskundler Rolf Wilhelm Brednich gehört zu den Wissenschaftlern, die den Begriff der »Modernen Sage« eingeführt haben. In den 1990er-Jahren legte er mehrere Sammlungen moderner Mythen vor, die im letzten Jahrzehnt ohne Internet dennoch um die Welt gegangen sind. So die Erzählung von der giftigen »Spinne in der Yuccapalme«, die dann auch Titelgeschichte eines seiner Bücher wurde.[3] Rolf Wilhelm Brednich versuchte bei den modernen Sagen nachzuvollziehen, wie sie jeweils entstanden waren, wo sie zuerst erzählt wurden, welche Funktion sie hatten und wem sie vielleicht nützten.

Cui bono? Das wäre auch die Frage beim Mythos vom Klimakiller Kuh. Die Tierärztin Anita Idel, Lead-Autorin des Weltagrarberichts,[4] hat schon ihre Dissertation zur Rinderhaltung geschrieben und 2010 mit ihrem Buch *Die Kuh ist kein Klima-Killer!* die Weiderinder der fossil betriebenen Agrarindustrie gegenübergestellt. Ähnlich wie der Volkskundler Rolf Wilhelm Brednich suchte auch Anita Idel nach dem Ursprung der modernen Sage, in diesem Fall der von der Klimakillerin Kuh. Fündig wurde sie bei der von der Welternährungsorganisation FAO 2006 veröffentlichten Studie »Livestock's Long Shadow«.[5] Die sei wenigstens dafür verantwortlich, den Mythos beschleunigt um die Welt getragen zu haben. Anita Idels Einordnung:

> *»Zwar war es überfällig, den Finger auf die Wunden zu legen, die der lange Schatten der Tierhaltung mit der Produktion und dem Konsum von Fleisch, Milch und Eiern immer weiter aufreißt. Aber die Autoren hatten ihre Untersuchungen nicht auf unterschiedliche Produktionssysteme und -intensitäten ausgerichtet, obwohl sinnvolle Schlussfolgerungen nur möglich sind, wenn bekannt ist, welcher Aufwand an Ressourcen für welches Ergebnis aufgebracht*

> *werden musste. Um vergleichbare Ergebnisse zu erhalten, hätten die Daten getrennt erhoben werden müssen:*
>
> 1. *für unterschiedliche Produktionsysteme – von nachhaltiger bis zu intensiver Produktion;*
> 2. *für unterschiedliche Produktionsrichtungen: zum Beispiel für die Tierhaltung auf der Weide und im Stall.*
>
> *Die Studie ›Livestocks' Long Shadow‹ provoziert nicht nur hinsichtlich mangelnder Informationen zur Weidehaltung Irritationen. Problematisch ist die Interpretation von Ergebnissen zudem immer dann, wenn sich die Autoren hinsichtlich des Klimawandels auch bei ihren Schlussfolgerungen auf Emissionen beschränken und dadurch die Potenziale nachhaltiger Kreislaufwirtschaft weitgehend ignorieren.«*[6]

Die Geschichte funktioniert also nach dem altbekannten Märchenmuster: »Es war einmal …« Ein Setting wird behauptet, in diesem Fall: Es war einmal eine Studie. Und die Frage »Cui bono« – wem nützt das? Im Gespräch sagt Anita Idel, der Mythos von der klimaschädigenden Kuh sei eine perfekt gezündete Nebelkerze: »Ich halte es für einen der größten Erfolge der Ölkonzerne, erreicht zu haben, dass tatsächlich die meisten Menschen an die Kuh denken, wenn die Rede vom Klima und von Methan ist. Und das auf allen Kontinenten.« Dieser Scheinzusammenhang, dann auch noch von einer Studie der FAO abgesegnet, also von einer Organisation der Vereinten Nationen, lenke wunderbar ab von der Tatsache, dass seit Jahrzehnten der Zuwachs an Methan in der Atmosphäre nachweislich aus fossilen Quellen stammt.

»Klimaexperten gehen davon aus, dass das Fracking die Ursache für die Zunahme des Methans in der Atmosphäre ist«, sagt sie: »In den Köpfen ist aber, dass das Methan etwas mit der Kuh zu tun hat.« Daran, dass das weiter so funktioniert, habe nicht nur die Öl- und Gasindustrie ein Interesse. »Natürlich ist das auch ganz im Sinne derer, die an der Industrialisierung der Landwirtschaft verdienen, denn mit dieser Industrialisierung und Intensivierung ist immer fossile Energie verbunden.«

Hinzu kommt, dass man mit der Begründung der Methan-Reduktion die Kühe von der Weide in den Stall treiben kann, und damit in den Zugriff der Agrarindustrie. Eine Hochleistungskuh, die zwölftausend Kilo Milch im Jahr gibt, muss schon deshalb mit einer großen Menge Kraftfutter versorgt werden. Sie steht im Stall, weil sie auf der Weide gar nicht satt würde. Und weil sie im Stall entsprechend weniger kuhtypisches Raufutter aufschließen muss, produziert sie pro Liter Milch weniger Methan als eine Weidekuh, die weniger Milch gibt, weil sie ja weniger Kraftfutter bekommt. Klingt doch logisch, oder?

Lässt sich auch wunderbar mit Studien nachweisen. Vor allem, wenn man es unterlässt, die Produktionssysteme zu vergleichen und deren unterschiedlichen Einfluss auf Biodiversität und Klima, wie schon von der maßgeblichen FAO-Studie vorgeführt. Wenn es allerdings nicht mehr um die Produktionsoptimierung geht, also um die schiere Menge produzierter Milch, sondern um den Methanausstoß pro Liter Milch, dann sind die Weidekühe sogar besser als die Hochleistungsstallkühe. Auch das ist schon nachgewiesen und wird hier gleich behandelt.

Zuvor aber noch ein anderer Aspekt zum Narrativ von der klimaschädigenden Kuh und dessen Herkunft oder dessen Verstärkung. Dieter Euler vom Demeter-Hofgut Lindenberg im hessischen Kinzigtal macht weder die Agrarindustrie noch die Ölkonzerne dafür verantwortlich, dass der Mythos von der Klimakillerin Kuh gerade bei uns so viel Fahrt aufgenommen hat. Für ihn sind es die Nichtregierungsorganisationen, die das Narrativ dankbar aufgegriffen haben. »Irgendwann haben wir gemerkt, dass die Kuh Methan rülpst«, sagt Dieter Euler. »Das ist aber schon sehr lange her. In der Vorlesung Tierernährung wurde uns Studenten das als Tatsache vorgestellt. Das war in den 1970er-Jahren, und ich erinnere mich noch, dass wir damals staunend erfahren haben, dass man mit dem Methan, was eine Herde von vierzig

Rindern am Tag ausstößt, den ganzen Betrieb heizen könnte. Es weiß nur niemand, wie man das Methan auffangen soll.« Zumindest noch nicht.[7]

So weit, so normal, so bekannt. Dann aber kam die besagte FAO-Studie. »Und dann hat Thilo Bode von Foodwatch erfahren, dass die Kuh Methan rülpst. Für ihn war das etwas Neues und er machte einen Skandal daraus.« Vielleicht hatte sich auch eine andere Umweltorganisation noch früher um die Beförderung des Narrativs durch Skandalisierung bemüht. In Dieter Eulers Erinnerung war es jedenfalls Foodwatch. Was aber bleibt: »Die Menschen, die durch die Skandalisierung aufgerüttelt wurden, kennen die Zusammenhänge gar nicht. Früher hätte ich gesagt: Herr vergib ihnen, denn sie wissen nicht, was sie tun! Heute sage ich: Herr vergib ihnen nicht! Sie sollen sich gefälligst mal schlaumachen.«

Dann machen wir uns mal schlau. Methan ist CH_4, besteht also, wie die Formel beschreibt, aus vier Teilen Wasserstoff und einem Teil Kohlenstoff. Fossiles Methan holen wir aus der Erde, um es zu verbrennen. Dann nennen wir es Erdgas. Wenn uns Wladimir Putin den Gashahn zudreht, nennen wir das Energiekrise, weil wir das Methan teurer anderswo einkaufen müssen. Zum Beispiel da, wo es via Fracking aus dem Boden gelöst wird, wobei erhebliche Methanverluste entstehen. Auch bei der Förderung von Erdöl entweicht fossiles Methan. Die Ölindustrie nennt das *Operational Losses*, ebenso wie bei Öl, das ins Meer oder sonst wohin fließt. Zudem entweicht aus undichten Bohrlöchern und Gasleitungen Methan, zumal, wenn diese gesprengt werden, wie 2022 die Nordstream-Pipelines. Da strömte tagelang Methan aus. So wie auch aus den russischen Förderanlagen, die wegen des Boykotts in Folge des Angriffs auf die Ukraine ihr Erdgas nicht mehr losgeworden sind.

In der Atmosphäre ist Methan laut Umweltbundesamt 25-fach klimawirksamer als Kohlendioxid.[8] Auch 28-fach ist zu lesen, zum Beispiel auf dem Bildungsserver einer Informationsseite für Lehrerinnen und Lehrer.[9] Bei der Max-Planck-Gesellschaft ist Methan dagegen nur 21-mal klimawirksamer als CO_2.[10] Doch egal wievielmal stärker Methan wirkt, jedenfalls bleibt es nicht lange in der Atmosphäre. Während das von uns heute emittierte Kohlendioxid laut Weltklimarat noch mindestens dreißig, teilweise aber über tausend Jahre die Erde aufheizen kann,[11] zerfällt das Methan nach nur relativ kurzen elf oder auch zwölf Jahren. Es kommt allerdings immer neues nach. Was nicht so schlimm wäre, wenn es zum natürlichen Methankreislauf gehören würde. Dann bliebe die Gesamtmenge in der Atmosphäre nämlich konstant. Das ist aber nicht der Fall.

Die US-amerikanischen Earth System Research Laboratories, also die Labore für Erdsystemforschung, messen für die Klimawissenschaft weltweit die Treibhausgase in der Atmosphäre. Die vom ESRL erstellte Statistik für Methan verzeichnet in den letzten Jahrzehnten einen steilen Anstieg: Von rund 1600 Parts per Billion, also Milliardstel Anteilen im Jahr 1985, ging es steil nach oben bis fast 1800 ppb Anfang der 2000er-Jahre. Dann blieb der Anteil des Methans in der Atmosphäre etwa gleich, bis 2006 erneut ein Anstieg um weitere 100 ppb bis heute einsetzte.

Hat das irgendetwas mit der Population der Rinder auf der Erde zu tun? Könnten sie für den Anstieg des Methans in der Atmosphäre verantwortlich sein? Im Gegenteil: Die weltweite Rinder-Statistik zeigt seit 1990 steil nach unten. Bis 2016 nahm der globale Bestand um hundert Millionen Tiere auf dann nur noch 963 Millionen ab. Inzwischen werden wieder etwas über eine Milliarde Rinder auf der Erde gehalten. Klar ist jedenfalls, dass die beiden Statistiken nichts miteinander zu tun haben. Der Zuwachs an Methan muss woanders herkommen.

»Und die eine Milliarde Rinder auf der Erde heizen das Klima auch nicht zusätzlich an, schon gar nicht, wenn der Rinderbestand gleichbleibt oder sogar sinkt«, sagt Wilhelm Windisch, emeritierter Professor für Tierernährung an der Technischen Universität München. Es gibt eben einen natürlichen Methankreislauf, in dem auch die Wiederkäuer leben. Sie schicken weiteres Methan in die Atmosphäre, aber nicht mehr, als dort abgebaut wird. »Wir müssten schon sehr viele Rinder zusätzlich halten, um den natürlichen Methankreislauf zu beeinflussen.« Tun wir aber nicht, weshalb dieses Argument in Sachen klimaschädlicher Kuh schon mal ausfällt. Es gibt auch keinen spontanen, exorbitanten Anstieg an wilden Wiederkäuern, denen man die Klimakrise in die Hufe schieben könnte. Gut, wir haben in Deutschland mehr Wild als je zuvor, was an der Landwirtschaft liegt, die es in ebenfalls nie dagewesener Üppigkeit füttert, mit Raps und Mais zum Beispiel. Und zu diesem Wild gehören auch Wiederkäuer wie Hirsche und Rehe. Aber das ist eine lokale Erscheinung. Weltweit nimmt auch die Zahl der wilden Wiederkäuer eher ab.

Bis hierhin ist schon mal klar: Die Kuh, das Rind, das Vieh ist es nicht, was unser Klima schädigt; nicht via Methan und erst recht nicht, wenn es schlicht naturnah und nachhaltig auf der Weide leben darf. Die Rinder sind Teil des natürlichen Methankreislaufes, so wie das die Millionen wilder Wiederkäuer, die wir dezimiert oder ausgerottet haben, vor unseren Nutztieren auch waren. Das zusätzliche Methan in der Atmosphäre stammt aus fossilen Quellen, die wir Menschen anbohren.

Verdauungsfragen

Wie aber kommt das Methan eigentlich in die Kuh, das Schaf oder die anderen Wiederkäuer? Wieso rülpsen und pupsen sie Methan? Wilhelm Windisch nennt das ihre »evolutionäre Errungenschaft«. Sie haben es geschafft, sich Mikroorganismen »anzuschaffen«, die das Aufschließen von Nahrungsressourcen ermöglichen, die wir Menschen nicht verwerten können.

Es ist eine ganze Kaskade von Mikroorganismen, die im Verdauungssystem der Wiederkäuer das für uns Unverdauliche in Energie umbauen. Am Schluss kommen dabei die Archaeen zum

Zuge, oft auch »Archebakterien« oder »Urbakterien« genannt, obwohl sie biologisch gesehen keine Bakterien sind, sondern eine eigene Domäne. Die Archaeen beuten den letzten Rest an Energie aus, der noch im gefressenen, mehrfach durchgekauten, hin und her geworfenen Gras, Klee und manchmal auch Blattwerk steckt. Und dabei atmen sie einen kleinen Teil des in den von ihnen zersetzten Fasern enthaltenen Kohlenstoffs in Form von Methan wieder aus. Etwa sechs Prozent der verdaulichen Energie aus der Nahrung bleibt am Ende als CH_4 zurück. Das ist nur der letzte Abfallstoff in jener Kaskade der Verdauung. Dazwischen sind schon mehrere, mitunter giftige Metabolite abgebaut worden, also Zwischenprodukte, darunter beispielsweise Alkohol.

Man kann das auch mal anders betrachten, ganz im Sinne des Kampfes gegen die Klimakrise: »Bei der Produktion von Methan ist der Wiederkäuer mindestens zehnmal schneller als die leistungsfähigste Biogasanlage«, sagt Wilhelm Windisch. »Die Leistungsfähigkeit der Wiederkäuer, mit Hilfe der Mikroorganismen für uns nicht essbare Biomasse abzubauen, ist unerreicht. Und das produziert am Ende Methan.« Und zwar biogenes Methan, das wir doch anderswo dringend haben wollen. Wir können bloß nicht auffangen, was die Rinder pupsen und rülpsen. Noch nicht. Es besteht aber vielleicht die Möglichkeit, von ihrem Verdauungssystem zu lernen und unsere Biogasanlagen damit effektiver zu gestalten.

Nicht die Kuh produziert also Methan, sondern die Mikroorganismen tun das, mit denen sich die Rinder im Laufe der Evolution symbiotisch eingelassen haben. Denn nur mit Hilfe dieser kleinsten Lebewesen ist es ihnen gelungen, die Energie der Zellulose für sich nutzbar zu machen. Wir können uns von Gras nicht ernähren. Die Graslandschaften haben wir im Laufe unserer eigenen Evolution zwar genutzt; hergestellt und erhalten haben sie allerdings die Weidetiere.

Methan entsteht übrigens in den Mägen der Wiederkäuer nur, weil es darin anaerob zugeht. Es gibt dort keinen Sauerstoff, also kein O, mit dem der Kohlenstoff C zu schlichtem Kohlendioxid, also direkt zu CO_2, werden könnte. Die Mikroorganismen im Inneren der Wiederkäuer atmen keinen Sauerstoff. Dasselbe gilt übrigens auch in anderen von der Luft getrennten Lebensräumen. In dem von uns künstlich erschaffenen Biotop der Biogasanlage zum Beispiel. Da können wir das Methan auffangen und nutzen. Bei anderen Quellen ist das nicht so. Wenn organisches Material in Sümpfen verrottet, entsteht Methan, Feuchtgebiete sind also natürliche Emittenten. Beim Wiedervernässen von ehemals trockengelegten Mooren entsteht zuerst einmal Methan, bevor das Moor dann wieder wächst und Kohlenstoff aus der Luft einlagert.

Auch in den künstlich vernässten Reisfeldern entsteht Methan. Die asiatischen Bauern, ebenso wie die, die zum Beispiel in der italienischen Po-Ebene im Nassverfahren Reis anbauen, dürften sehr dankbar sein, dass der Reis noch nicht zum globalen Klimakiller erklärt wurde. Obwohl es auf diversen umweltbewegten Netzseiten schon Empfehlungen gibt, doch lieber Reis aus Trockenanbau zu konsumieren. Der ist aber keine wirkliche Alternative, weil die im Nassanbau durch das Wasser ferngehaltenen Schädlinge und Unkräuter zumindest im sogenannten konventionellen Anbau dann durch Pestizide ferngehalten werden. Der Arbeitseinsatz im Trockenanbau ist außerdem deutlich höher und der Ertrag deutlich geringer, sodass sich die weltweit benötigte Menge an Reis damit nicht erreichen ließe. Es ist aber gar nicht nötig, länger darüber nachzudenken: Reisesser gelten eben nicht als Klimaschädiger.

Die Position der Klimakillerin ist eindeutig von der Kuh besetzt. Weshalb die Verzichtsappelle an die Menschen gehen, die Milch und Käse verzehren oder gar Rindfleisch. Abgesehen davon, dass es für viele von uns Bessergestellte dieser Welt sicher besser wäre, weniger Fleisch zu essen, hat der Verzicht wegen des Klimaschutzes eher wenig Sinn. Wirksamer wäre da sicher, beim Einkauf darauf zu achten, dass die Lebensmittel von Weidetieren stammen.

Denn die machen den Unterschied für das Klima, sowohl das lokale Kleinklima als auch das globale.

Das Methan aus dem natürlichen Methankreislauf macht diesen Unterschied nicht. Zumal es auch ganz falsch eingeschätzt wird: »Die Einordnung der Klimawirksamkeit des Methans wird schlicht den physikalischen Gegebenheiten nicht gerecht«, sagt Wilhelm Windisch, der Professor für Tierernährung, der sich auch dem Kampf gegen den Methan-Mythos gewidmet hat. Er verweist auf die gänzlich verschiedenen Eigenschaften von Methan und Kohlendioxid. Gemeint ist der Unterschied zwischen dem sogenannten *Flow*-Gas CH_4 und dem *Stock*-Gas CO_2.

Bei Methan handelt es sich um ein durchströmendes Gas, daher *Flow*, im Gegensatz zu *Stock*, dem Bestand. Es wird in der Atmosphäre via Oxidation abgebaut und zersetzt. Wenn die Emission von Methan auf der Erde gleichbleibt, produziert das Gas keinen zusätzlichen Treibhauseffekt. Da das Methan aus dem Verdauungstrakt der Rinder in den letzten Jahrzehnten eher zurückgegangen ist, wie wir gesehen haben, bedeutet das von dieser Seite eher eine Entlastung als eine Belastung. Weil dagegen die gestiegenen Methanwerte in der Atmosphäre aus der Erdöl- und Gasproduktion stammen, sollte stattdessen dort gehandelt werden. Eine große Quelle für weiteres Methan dürften in Zukunft wohl auch die langsam auftauenden Permafrostböden des Nordens sein. Aus diesen Böden wird nicht nur CO_2 freigesetzt, sondern eben auch Methan.

Das *Stock*-Gas Kohlendioxid zerfällt im Gegensatz zum Methan nicht, ist es doch bereits das Endprodukt der Oxidation von Kohlenstoff. Es kann nur durch sogenannte Kohlenstoffsenken der Atmosphäre wieder entzogen werden. Die Algen im Ozean veratmen zum Beispiel CO_2; sterben sie ab, wird daraus Kalkstein am Meeresboden. Die Pflanzen auf der festen Erdoberfläche veratmen Kohlendioxid und machen daraus Kohlenstoff und Sauerstoff. Was aber nachkommt an CO_2 und mehr ist, als im Kohlenstoffkreislauf von der Erde wieder aufgenommen werden kann, das zerfällt nicht und bleibt als Bestand, als Gaslager in der Atmosphäre bis über tausend Jahre hinaus wirksam.[12]

Was aber wiederum nichts mit Rindern oder anderen Wiederkäuern zu tun hat. Eine Tatsache, die man anscheinend auch immer wieder durchkauen muss, bis dann der Mythos von der Klimakillerin Kuh hoffentlich irgendwann auch oxidiert und in seine Bestandteile zerfallen ist.

Methanmilch

Nirgendwo in Deutschland ist die Landwirtschaft so klimaschädlich wie ganz im Norden, zumindest nach den üblichen Berechnungen. In Schleswig-Holstein stammt fast ein Viertel der Treibhausgase aus der Landwirtschaft. Das nördlichste Bundesland ist sozusagen das Irland Deutschlands. Im Bundesdurchschnitt zeichnet die Landwirtschaft für etwas mehr als acht Prozent der Treibhausgase verantwortlich, in Schleswig-Holstein sind es dagegen 22 Prozent; so jedenfalls die offizielle Datenlage, nachzulesen im »Bericht zur Entwicklung der Treibhausgasemissionen der Landwirtschaft in Schleswig-Holstein«.[13]

Das hört sich alles gar schrecklich an, es sei denn, man ordnet die Daten ein wenig ein. Dass die Landwirtschaft zwischen Ost- und Nordsee prozentual vergleichsweise viel Treibhausgas emittiert, liegt nämlich daran, dass im hohen Norden wenig Industrie das Klima anheizt; auch weil die dortige Industrie eher umweltfreundlich unterwegs ist. Im Verhältnis zur Fläche und zur Bevölkerungsdichte gibt es nirgendwo in Deutschland so viele Windräder und Solaranlagen, nirgendwo so viele Elektroautos. Der hohe Anteil der Landwirtschaft am berechneten Treibhausgasausstoß ist folglich nur ein relativer. Dazu kommt, dass die ihr zugerechneten Emissionen in dem vom Bericht erfassten Zeitraum von 1990 bis 2019, also in den vergangenen drei Jahrzehnten, um 16,8 Prozent gesunken sind; ein ordentlicher Rückgang, allerdings weniger als der Bundesdurchschnitt von minus 23,3 Prozent.

Landwirtschafts- und Umweltminister in Schleswig-Holstein, in politischen Farben gesehen schwarz und grün wie die Landesregierung, haben dann auch die Verantwortlichen für diese scheinbar schlechte Bilanz sogleich festgemacht: Die Rinderdichte im Land liegt mit 1,07 Tieren pro Hektar landwirtschaftlich genutzter Fläche deutlich über dem Bundesdurchschnitt. Und dies, obwohl im nördlichsten Bundesland der Bestand an Rindviechern von 2016 bis 2019 um acht Prozent abgenommen hat, und im gesamten betrachteten Zeitraum seit 1990 sogar um zwanzig Prozent.

Bioanbauverbände wie Demeter empfehlen ihren Mitgliedsbetrieben anderthalb Großvieheinheiten pro Hektar, also fast ein halbes Rind mehr als in Schleswig-Holstein, damit die Kreislaufwirtschaft funktioniert, mit eigenem Futter und vor allem eigenem Dünger, produziert von den eigenen Tieren. Nicht abbauen, sondern aufbauen müssten wir den Rinderbestand also eigentlich. Na gut, es gibt noch Schweine und Hühner und im Norden auch viele Schafe. Das sind ja ebenfalls Dungproduzenten.

Anderswo aber müssten eigentlich mehr Tiere in die Landwirtschaft. Zumindest da, wo hauptsächlich konventioneller Ackerbau betrieben wird, und vor allem dann, wenn wir vielleicht doch mal weniger des mit Erdgas produzierten Kunstdüngers einsetzen wollen. Zumal der Stickstoffdünger auf den Äckern auch chemisch zersetzt und dabei Distickstoffmonoxid emittiert wird, vielleicht besser bekannt als Lachgas. Dieses N_2O gilt als dreihundert Mal klimawirksamer als Kohlendioxid und seine Verweilzeit in der Atmosphäre soll 109 Jahre betragen. Da ist also nichts mit schnellem Abbau.

Wäre dann nicht eigentlich das Lachgas aus dem Kunstdünger der Übeltäter in Sachen Klima? Sollten wir das Haber-Bosch-Verfahren statt des Rinderbestands reduzieren? Aber nein, das wäre ja ein Angriff auf die Agrarindustrie. Bevor so etwas geschieht, konzentrieren sich die Minister lieber auf die Rinder – und die Agrarindustrie auch, zum Beispiel, indem sie die Weidehaltung von Kühen schlechtrechnet.

Die Weidehaltung sei ja gar nicht so gesund für die Tiere, haben wir doch gelernt, dass es da Parasiten gibt. Außerdem mögen die Rinder keine Hitze, sie leiden unter starker Sonneneinstrahlung. Immerhin gibt es Studien, die zeigen, dass sie in heißen Sommern eher nachts den Stall verlassen und nach draußen gehen. Weil es halt auf vielen Weiden keinen Schatten mehr gibt, was an ausgeräumten Landschaften liegt. Um festzustellen, dass die Tiere die Sonne an heißen Tagen meiden, braucht es eigentlich keine Studien. Das kann jeder Tierhalter beobachten, vorausgesetzt, die Rinder haben freien Zugang zu den Weiden.

Aber das ist nicht der Fokus der Diskussion. Das Tierwohl stellt nur ein Hilfsargument dar, das sich schnell entkräften lässt, indem die Tiere selbst entscheiden können, wann sie rauswollen, und indem auf der Weide für Schatten gesorgt wird. In der Hauptsache geht es aber mal wieder um die Optimierung der Produktion, diesmal gerechtfertigt durch Klimaschutz. Der zugehörigen Erzählung zufolge emittieren Hochleistungskühe, die im Stall mit hohem Kraftfutteranteil gefüttert werden, pro Liter Milch weniger Methan. Die Holstein-Friesian im Stall ist also besser fürs Klima als die Kuh mit geringerer Milchleistung auf der Weide – so die Argumentation der Produktionsoptimierer. Dabei handelt es sich aber um eine Annahme, oder sagen wir eine Berechnungsgrundlage. Wenn man es sich nämlich einfach machen will, dann vergleicht man Stallkuh mit Stallkuh und kümmert sich lieber nicht um die Weide. Im Stall lässt sich erstens das Methan leichter messen, weil man die Tiere in Boxen mit Auffangvorrichtung stecken kann, und zweitens hat man dort den direkten Vergleich zwischen den Kühen, die weniger, und denen, die mehr Milch geben – nur nicht den zwischen Weidegang und Stallhaltung. Man lässt den Systemvergleich also einfach weg, nach dem bereits bekannten Muster der FAO-Studie.

In einer Berechnung, die Wilfried Brade, Professor an der Tierärztlichen Hochschule Hannover, schon 2014 veröffentlicht hat, werden Kühe mit geringer Milchleistung mit Hochleistungskühen verglichen. Gemäß Studiendesign sind die Kühe alle gleich schwer und haben keinen Weidegang. Ergebnis: Die Kuh mit einer Jahresleistung von viertausend Kilogramm Milch und zehn Prozent Kraftfutterzusatz emittiert 69 Gramm Methan pro Kilogramm Milchprotein, bei der Kuh mit achttausend Kilo Jahresleistung und dreißig Prozent Kraftfutteraufnahme sind es nur noch 45 Gramm Methan, und die Kuh mit einer Jahresmilchleistung von zwölftausend Litern und fünfzig Prozent Kraftfutter stößt nur 36 Gramm Methan pro Kilo Milchprotein aus. Der Kommentar dazu:

> *»Die CH_4-Reduktion je Kuh und Jahr steigt mit zunehmender Leistungshöhe oder Futteraufnahme an. Demgegenüber ist eine gleichzeitige CH_4-Reduktion je Produkteinheit zu erkennen. Dieser ›Verdünnungs-Effekt‹ ist jedoch oberhalb von zwölftausend Kilogramm Milch pro Kuh und Jahr nahezu zu vernachlässigen.«*[14]

Mehr Kraftfutter hilft also nach diesen Berechnungen, Methan einzusparen. Was das mit dem sogenannten CO_2-Fußabdruck der Rinderhaltung aber insgesamt macht, wenn das Kraftfutter womöglich aus Übersee kommt, wo für Soja der Regenwald niedergebrannt wurde? Was diese Ernährung mit der Gesundheit der Milchkühe macht und am Ende mit den Böden, auf denen der lokale Überschuss an Phosphor und Stickstoff entsorgt wird? Davon war schon die Rede.[I]

Auch ganz andere Vorschläge sind in den letzten Jahren entwickelt worden, um den Kühen das Emittieren von Methan abzugewöhnen, darunter Futterzusatzstoffe wie Algen, die den Methanausstoß um über achtzig Prozent reduzieren sollen.

I Im Abschnitt *Milchmädchenrechnung* in Kapitel 1.

Ein australisches Forscherteam fand heraus, dass die Rotalge *Asparagopsis taxiformis* als Futterzusatz die Methanbildung im Laborversuch unterdrücken konnte. In den USA wurden Rotalgen dann in der Fütterung von Mastbullen getestet und deren Methanausstoß sank dabei um über achtzig Prozent.[15] Der Test mit Mastbullen wohl deshalb, weil die Algen alles andere als Kraftfutter sind. Als Zusatzfutter würden sie bei Milchkühen deren Leistung entsprechend einschränken. Ließen wir dennoch die Kühe zu Seekühen werden, hätten wir das Problem gelöst, lautete aber die Botschaft aus Kalifornien. Oder sagen wir vielleicht besser: Wir hätten es verlagert. Denn wie schon *Spektrum der Wissenschaft* zur Veröffentlichung der ersten Forschungsergebnisse bemerkte, »müssten die Rotalgen in sehr großen Mengen geerntet und zu den Rindern gebracht werden, um in der weltweiten Massentierhaltung wahrnehmbare Effekte zu bewirken«.[16] Wie erntet man Rotalgen? Wohl mit Grundschleppnetzen. Deren Einsatz ist gerade in der Fischerei heftig in Verruf geraten, weil sie den Meeresboden aufreißen und auf Dauer zerstören können.

Weniger Bedenken haben auf den ersten Blick ebenfalls seriös erscheinende Online-Magazine wie *Forschung und Wissen*.[17] Schon der zweite Satz im Artikel zum Zusatzfutter Rotalge ist eine komplette Fehlinformation: Demnach sei Methan innerhalb von zwanzig Jahren in der Atmosphäre 86-mal wirksamer als Kohlendioxid. Wir wissen inzwischen, dass Methan nach spätestens zwölf Jahren zerfallen ist und seine Klimawirksamkeit maximal das 28-Fache beträgt. Passend zur Desinformation zeigt das Magazin dann auch noch ein Rind auf einer Alm hoch in den Bergen, also auf einer maximal weit von Rotalgen entfernten Weide, auf der ohnehin nicht zugefüttert wird.

Wer immer Forschungsarbeiten wie die mit den Rotalgen bezahlt und wie immer Forschende darauf kommen, Kühe wie Seekühe zu ernähren, sie lenken jedenfalls davon ab, dass die problematischen Methanquellen nicht im Verdauungssystem der Wiederkäuer liegen, weshalb wir am natürlichen Methankreislauf auch gar nicht herumfummeln müssen. Und die Versuche mit dem Kraftfutter haben noch eine ganz andere Wirkung: Sie lassen die Weidetiere schlecht aussehen, weil die ja angeblich mehr Methan pro Liter Milch ausstoßen. Dabei ist das mit Untersuchungen wie der zitierten von Wilfried Brade überhaupt nicht geklärt, weil da ausdrücklich Stallkühe mit Stallkühen verglichen wurden.

Was aber ist nun mit den Kühen auf der Weide und dem Methan? Diesem Thema hat sich in den vergangenen Jahren die Universität Kiel mit ihrem Versuchsgut Lindhof beim Ostseedorf Lindhöft gewidmet. Der dafür verantwortliche Professor ist der inzwischen emeritierte Friedhelm Taube. Ihm und seinen Mitarbeiterinnen und Mitarbeitern ist zu verdanken, dass wir inzwischen wissen, oder wenigstens wissen können, dass Weidekühe die auch treibhausgastechnisch besseren Tiere sind.

Die These, dass die Methanemission pro Liter Milch nur mit der Zufütterung von möglichst viel Kraftfutter heruntergebracht werden kann, hat das Team auf dem Lindhof widerlegt. Mit einer aufwendigen Methode ist die Abluft der Kühe auf der Weide abgesaugt worden. Sie bekamen einen Bauchgurt mit Messgerät umgeschnallt und Absaugschläuche mit Sensoren an die Nüstern, das Maul und den After geführt. Mit diesem Verfahren, das auch zum Suchen von Leckagen an Industriegeräten oder Atemschutzmasken verwendet wird, konnte dann das ausgestoßene Methan pro Kuh genau der von ihr gegebenen Milchmenge zugerechnet werden.

Das Ergebnis habe ihn überrascht, weil er es so deutlich nicht erwartet hätte, und auch erfreut, weil es ein weiteres Plädoyer für Weidehaltung ist, sagt Friedhelm Taube: »Pro Kilogramm Milch haben wir mit acht bis neun Gramm Methan Emissionen, die die niedrigsten sind, die man überhaupt in der internationalen Literatur findet.« Die besten von Wilfried Brade vorgestellten Stallkühe lagen bei 36 Gramm Methan pro Kilogramm Milch, also bei der vierfachen Menge. »Das heißt«, sagt Friedhelm Taube,

»auch in diesem Bereich muss man nicht auf Konzentratfutter und Stallhaltung setzen. Die Weidehaltung ist besser, wenn sie richtig gemacht wird – und sie liefert gleichzeitig noch umfängliche Ökosystemdienstleistungen in Sachen Biodiversität und Klimaschutz.«[18]

Der dritte Weg

Der Weg zum Lindhof führt an der Eckernförder Bucht entlang, auf der Bäderstraße durch die Felder und durch die kleinen Ostseebäder, deren Wege zum Meer allesamt bei Campingplätzen und Strandkörben enden. Hinter dem Dörfchen Lindhöft dann plötzlich nicht mehr Felder, sondern mit Knicks umsäumte Weiden. Und dann ein Stichweg in Richtung Ostsee, der zu keinem Strand führt, sondern am Lindhof endet. Als ich dieses Sträßchen zum ersten Mal entlangfuhr, war Mitte November schon durch. Und ich habe spontan angehalten und bin ausgestiegen, um mir das genauer anzusehen: Kühe. Da grasten tatsächlich Kühe auf der Weide, an einem nasskalten Novembertag um die Mittagszeit. Auf der gesamten Fahrt übers Land zur Ostküste Schleswig-Holsteins hatte ich kein einziges Weidetier draußen gesehen, hier gleich eine ganze Herde. Milchkühe, erkennbar an dem Halsband, das neben einer Nummer auch den Responder trägt, der mit der Melkmaschine kommuniziert und aufzeichnet, wie viel Milch fließt.

Weidegang im November bei eher feuchter Witterung; und die Weide dennoch in sattem Grün, nur am Eingang hinter dem Weidetor ein paar matschig getretene Stellen offenen Bodens. Aber deshalb war ich ja hierhergekommen. Ich wollte mir das besondere Weidemanagement des Lindhofs erklären lassen. Die erste Besonderheit hatte ich jetzt schon gesehen. Später, als es bereits dämmerte, kamen die Kühe in einer langen Schlange zum Stall gelaufen, dann allerdings über wirklich matschige Wege an den Weidekoppeln entlang. Vom Stall aus wurden sie mit lautem Muhen begrüßt, denn nicht alle von ihnen waren an diesem Tag auf die Weide gegangen. »In der dunkleren Jahreszeit lassen wir sie das selbst entscheiden, ob sie auf die Weide wollen oder im Stall bleiben«, sagte der Herdenmanager vom Lindhof.

Ursprünglich ging es Friedhelm Taube gar nicht so sehr darum, festzustellen, wie viel Methan pro Liter Milch bei konsequenter Weidehaltung entsteht. Er wollte nicht das Narrativ von der klimaschädlichen Kuh angehen, sondern eine ganz andere und noch viel generellere Erzählung: die nämlich, dass die Ökolandwirtschaft wenig Umweltschutz mit sehr viel Ertragsverlust erkaufe. Deshalb brauche der Biolandbau auch viel mehr Fläche, wenn er die gleiche Menge Lebensmittel erzeugen soll wie die konventionelle Landwirtschaft. Diese Geschichte hat sich jeder Biobauer und jede Biobäuerin schon vielfach anhören müssen. Das sei »das klassische Narrativ des agrarindustriellen Komplexes«, sagt Friedhelm Taube, das er mit seinem Projekt »Ökoeffiziente Weidemilcherzeugung Lindhof«[19] widerlegen wollte.

Als er sich vor über zehn Jahren mit seinen Kolleginnen und Kollegen von der Universität Kiel dazu aufmachte, ging es ihnen darum, den »dritten Weg« zu finden neben der immer weiter getriebenen Produktionsoptimierung der sogenannten konventionellen Landwirtschaft und einem als Alternative dazu empfundenen Öko-Idyll, das für den Umwelt- und den Tierschutz auch größere Produktionseinbußen hinnimmt. Der dritte Weg wäre dann der zu einer effizienten Ökolandwirtschaft, die bei hoher Lebensmittelproduktion gleichzeitig hohe Ökosystemdienstleistungen liefert, also auch Klima- und Naturschutz ist. »Für uns ist es der absolut falsche Weg, dass man im konventionellen Bereich die Kühe zunehmend behandelt wie die Schweine«, sagt Friedhelm Taube: »Deshalb wollten wir zeigen, was gutes Weidemanagement leisten kann.«

Der erste Schritt dazu war die Auswahl der passenden Kühe. Hochleistungskühe der großen und schweren Deutschen Holstein kamen nicht in Frage, weil die direkt nach der Geburt ihres Kalbes auf einer Weide ja nicht satt werden – auch im Stall übrigens nicht wirklich. Die Hochleistungskuh könne die fünfzig bis sechzig Liter Milch, die sie in der Spitze der Laktation gibt, nicht mehr aus dem Futter gewinnen. »Das ist eine gigantische Leistung, die immer dazu führt, dass die Tiere bis zur achten oder zehnten Woche nach der Kalbung in einem extremen Energiedefizit sind. Das heißt, sie müssen Körperreserven aktivieren, weil ansonsten diese genetisch fixierte Leistung gar nicht erbracht werden kann.« Wir haben die Kühe also so sehr auf Leistung gezüchtet, dass sie hungern, wenn sie am meisten Milch geben. »Das bedeutet einen erheblichen metabolischen Stress«, sagt Friedhelm Taube. Die Tiere müssen dann ihre Reserven abbauen, sie verstoffwechseln sich quasi selbst, und das macht sie krank.

Das führt auch dazu, dass ihr Körper lange braucht, um sich von Geburt und nachgeburtlichem Hungerstress zu erholen. Und das hat wiederum zur Folge, dass es um die fünfzig Tage länger als bei anderen Kühen dauert, bis eine solche Hochleistungskuh wieder schwanger werden kann. Und das führt außerdem dazu, dass sie wesentlich kürzer lebt. Die Beschreibung ist eigentlich die einer Form von Qualzucht. Friedhelm Taube vergleicht die Lebensdauer der Deutschen Holstein in den hiesigen Ställen mit der von Milchkühen in den klassischen Weideländern wie Irland oder Neuseeland. Dort bekommen die Milchkühe in der Regel vier bis fünf Kälber, werden also sechs bis sieben Jahre alt. Was nicht viel ist, gemessen an extensiveren Haltungen, in denen Milchkühe auch weit über zehn Jahre produktiv sein können. »In den klassischen Intensivsystemen liegen wir bei 2,8 Laktationen. Die Tiere sind also nicht einmal drei Jahre in Milch und vorher wurden zwei Jahre in die Aufzucht investiert.« Solche Kühe kamen für das Forschungsprojekt nicht in Frage, weil sie per se nicht ökoeffizient sind, weder ökologisch noch ökonomisch.

Die Wahl fiel auf die eher kleinen Jersey-Kühe, benannt nach der größten der britischen Kanalinseln und dort über Jahrhunderte ohne Einflüsse anderer Rassen gezüchtet. Eigentlich sind auch sie auf Leistung gezüchtete Kühe; sie geben, gemessen an ihrer Körpergröße und ihrem Gewicht, viel Milch, die obendrein einen sehr hohen Fett- und Proteingehalt aufweist. Jerseys bringen bis zu vierhundert Kilogramm auf die Waage und geben mit rund fünf- bis sechstausend Litern nur die Hälfte der Milchmenge einer großen Holstein-Friesian, die aber mit bis zu siebenhundert Kilo auch fast doppelt so schwer ist. Die leichten Jersey-Kühe kann der Lindhof selbst bei Regenwetter und stundenweise sogar im Winter auf die Weide lassen, wo sie kaum Trittschäden verursachen. Auch ein paar ebenfalls leichte Angler-Kühe laufen in der rund achtzigköpfigen Herde mit, eine heimische Rasse von der Halbinsel Angeln an der Ostsee.

Die regelrechte Weidesaison beginnt auf dem Lindhof bereits Mitte Februar, also mindestens einen Monat früher als anderswo. Dann gehen die Kühe schon halbtags hinaus. »Jeder Tag auf der Weide spart zwei Euro pro Kuh an Futterkosten. Und die Weide gibt den Tieren Protein und Energie. Das, was die intensiv wirtschaftenden Betriebe importieren müssen, liefern hier der Klee und Hochzuckergräser wie das Deutsche Weidelgras.«

Auch der Lindhof setzt auf die Blockabkalbung im Spätwinter, denn wenn die Tiere dann auf die Weide gehen, bekommen sie in den ersten hundert Tagen mit der höchsten Milchleistung auch das beste Gras. Die Frühjahrsweiden sind Flächen, die im Herbst nicht mehr beweidet wurden. Die Kleegraskräutermischung dort hat dann immer noch einen Energiewert, der etwa dem von Maissilage entspricht. Ganz ohne ernten, häckseln und lagern. »Also extrem kostengünstig«, sagt Friedhelm Taube. Bis April wird die Zeit auf der Weide und der Anteil des Weidefutters der Kühe dann immer weiter gesteigert, bis auf neunzig Prozent und darüber. »Wir füttern nur fünf bis zehn Prozent an hofeigenem Futter zu.« Mit stundenweisem Weidegang auch im Winter, halbtags in den saisonalen Randzeiten und einer möglichst langen Saison, in der die Tiere tagsüber und nachts draußen sind, kommen auf dem Lindhof rund zweihundert Tage Weidegang im Jahr zusammen. Das ist das Doppelte oder fast das Doppelte dessen, was die verschiedenen Bioanbauverbände von ihren Mitgliedsbetrieben verlangen.

In einer der vielen wissenschaftlichen Arbeiten, die das Forschungsprojekt am Lindhof gezeitigt hat, zieht Ralf Loges, Koordinator der Feldversuche, mit seinen Kolleginnen und Kollegen Bilanz und zeigt die ökonomischen Unterschiede der verschiedenen Systeme der Milchviehhaltung auf. Ihre Studie vergleicht die Durchschnittswerte der »Rinderspezialberatungsbetriebe« der Landwirtschaftskammer Schleswig-Holstein, also der Leistungsoptimierer mit der Absicht, den höchstmöglichen Gewinn zu erzielen mit dem Lindhof. Das Ergebnis: Der Lindhof ist in allen Punkten besser als die Betriebe, die sich die nach Meinung der Landwirtschaftskammer bestmögliche Beratung antun, sowohl was die Ökologie als auch was die Ökonomie angeht. Die Jersey-Kühe geben, gemessen an ihrem Gewicht, dreizehn Prozent mehr Milch als die Hochleistungskühe im Stall, die Futterkosten des Lindhofs liegen ein Drittel niedriger als die der Vergleichsbetriebe und die Nitratbelastung der Böden sinkt auf die Hälfte. Fairerweise muss dazu gesagt werden, dass die Nitratbelastung auch bei den Vergleichsbetrieben schon deutlich unter den EU-Grenzwerten liegt.[20]

Damit die Lindhof-Kühe draußen wirklich satt werden und ihren Bedarf an Proteinen und Energie decken können, haben die Grünland- und Futterbauexperten der Universität Kiel mit Pflanzengemeinschaften aus Klee, Gräsern und Kräutern experimentiert und am Ende die für ihren Standort und ihre Tiere passende Komposition gefunden: zwei Kleearten, mehrere Grasarten und verschiedene Kräuter; in der Grundmischung sind es acht verschiedene Pflanzenarten. Die Weideflächen werden in große Parzellen aufgeteilt und in jeder Koppel das Wachstum der Kleegrasmischung überwacht. Hat die Weide das optimale Wachstumsstadium erreicht, dürfen die Kühe zum Ernten kommen, und zum Düngen. Nach relativ kurzem Aufenthalt werden die Tiere zur nächsten Koppel geleitet, die sich dann ihrerseits im optimalen Wuchsstadium befindet. Gewünscht ist das Drei-Blatt-Stadium bei den Gräsern. Für die Überwachung hat die Uni Kiel eine passende App entwickelt.

Zu der Mischung aus Gräsern, Klee und Kräutern gehören das schon erwähnte Deutsche Weidelgras, dann Weißklee, Rotklee und Hornklee, dann Kümmel, Spitzwegerich, die blau blühende Wegwarte und der Kleine Wiesenknopf, auch »Pimpinelle« genannt. Bei der Zusammensetzung wurde darauf geachtet, dass tiefer wurzelnde Arten dabei sind, damit der Boden locker bleibt und das Bodenleben versorgt ist. Unter einem Quadratmeter Weidefläche ranken bei einem solch ausgeklügelten System von Nutzung und Ruhezeiten rund hundert Kilometer Wurzeln. Die sorgen dafür, dass die Nährstoffe, die aus dem Rinderdung von oben kommen, im Oberboden gehalten werden und für die Pflanzen verfügbar sind. Außerdem halten die Wurzeln das Wasser für trockene Zeiten und der Klee holt den Stickstoff aus der Luft und macht ihn im Boden verfügbar. Es braucht keinen zusätzlichen Dünger. Und die Kräuter in der Mischung schaffen blühende Wiesen, trotz des intensiven Weidegangs der Kühe.

Der Lindhof ist eine Insekten- und Vogelinsel geworden in der ansonsten intensiv bewirtschafteten Ackerlandwirtschaft an der Ostsee bei Eckernförde. Das rechnet Friedhelm Taube den verschiedenen Kleearten und den Kräutern zu, die der Lindhof in seine Kleegrasmischung integriert hat und die sich über die Jahre fleißig vermehrt haben. Diese Mischung hat sich als Magnet für Hummeln und solitär lebende Wildbienen erwiesen, wobei die Generalisten unter den Hummeln den Weißklee besuchen und die selteneren Arten mehr vom Rotklee angelockt werden.[21]

Nachdem die Kühe immer wieder auf die Flächen gekommen sind, haben sich Klee und Kräuter darauf eingestellt und blühen jetzt schon in einer Wuchshöhe von wenigen Zentimetern. Trotz des wiederkehrenden Weidegangs blüht es in der wärmeren Jahreszeit immer irgendwo auf den Koppeln des Lindhofs.

Entsprechend ist die Menge an Blütenbesuchern und Bestäubern gewachsen, zusätzlich zu den Insekten, die den Dung der Tiere aufsuchen. Und unter den Zäunen entwickeln sich auch Streifen mit länger aufwachsenden Gräsern und Kräutern, die vielen Heuschrecken als Rückzugsort dienen. Sichtbar angestiegen ist dann auch die Schar der Vögel, die diese krabbelnde, hüpfende und fliegende Ressource nutzen, inklusive der schwindenden und an vielen Stellen schon verschwundenen Wiesenbrüter, die ja eigentlich Weidebrüter sind.

Die Fleisch-Wasser-Lüge

Es lohnt sich also, mit kleineren Kühen, die weniger Milch geben und am Ende auch weniger Fleisch liefern, einen Hof zu betreiben. Weil am Ende mehr dabei herauskommt für Ökologie und Ökonomie. Weniger ist mehr! Wer hatte dieses Paradoxon noch in die Welt gesetzt? Die einen sagen Christoph Martin Wieland, die anderen Ludwig Mies van der Rohe. Egal ob Schriftsteller oder Architekt, ob 18. oder 20. Jahrhundert – es passt jedenfalls zur Tierhaltung in unserer derzeit vorherrschenden, modern genannten Landwirtschaft.

Der Selbstversorgungsgrad Deutschlands mit Fleisch lag 2022 bei über 120 Prozent und auch bei Milchprodukten mit 112 Prozent weit über dem Eigenbedarf. Wir produzieren mehr tierische Lebensmittel, als wir brauchen, oder wenigstens, als wir selbst verbrauchen. Zwar sinkt der Konsum bei Lebensmitteln tierischen Ursprungs, vor allem bei Fleisch, seit Jahren, und auch die Produktion sinkt. Geblieben sind aber die Überversorgung, das Zuviel an Produktion, und damit der Import von Futtermitteln mit all seinen negativen Folgen für die Welt und die Umwelt bei uns. Es gibt also viele Gründe, den Menschen in Deutschland zu sagen, sie mögen doch lieber weniger Fleisch essen. Aber muss man sie deshalb anlügen? Muss man ihnen Märchen erzählen über die Produktion von Fleisch? Muss man neue Mythen erfinden, um ihr Konsumverhalten über ein schlechtes Umweltgewissen zu lenken?

Es würde doch wohl reichen, Klarheit über die Produktion tierischer Lebensmittel zu schaffen, das Leid der Tiere in der industrialisierten Intensivhaltung zu zeigen, Fehlleistungen der Züchtung zu adressieren, die zu Wegwerfküken und Wegwerfkälbern führen, oder zu Puten, die wegen des Gewichts ihres Brustfleischs nicht mehr stehen, zu Hähnchen, die ohne Antibiotika nicht mehr groß werden können. Die Verbraucherinnen und Verbraucher, die über solche Erklärungen und die zugehörigen Appelle erreichbar sind, müssten sich damit doch auch erreichen lassen. Die anderen sind gegen Einrede sowieso immun. Was und wem nutzt es dann also, unsinnige Narrative über die Fleischproduktion in die Welt zu setzen, Märchen zu erfinden? Cui bono?

Einer dieser neuen Mythen ist, neben der Methan-Geschichte, die Erzählung vom gewaltigen Wasserverbrauch des Rindfleischs. Sie dürfte jedem schon einmal begegnet sein in den letzten Monaten und inzwischen Jahren. Es steht in der Zeitung, wird in Talkshows als Fakt hingestellt, als Allgemeinwissen vorausgesetzt: Die Produktion eines einzigen Kilos Rindfleisch verbraucht 15 000 Liter Wasser. Natürlich nicht das Fleisch selbst, sondern das Rind, von dem es stammt. Fleisch besteht zu einem Gutteil aus Wasser, ja, das ist bekannt. Das ist auch bei unserem eigenen Körper so. Aber wie kann ein Kilogramm Fleisch 15 000 Liter, also fünfzehn Tonnen, Wasser verbrauchen? Verbrauchen hieße: Wenn das Kilo Rindfleisch da ist, ist das Wasser weg.

Fleischesser sind ja für viele Menschen inzwischen ähnliche Outcasts wie Raucher. Wer Fleisch isst, schädigt das Klima. Weil die Tiere Treibhausgas produzieren, wie hier gerade behandelt, weil auf den Äckern statt Futter auch Lebensmittel angebaut werden könnten, die die Menschen direkt ernähren; was nicht für das Grünland gilt, wie bereits dargelegt. Und jetzt kommt die neue Erzählung: weil für die Produktion von Fleisch ebenjene gewaltigen

Mengen Wasser verbraucht werden. So stand es in nahezu jeder Zeitung schon mehrfach, so war es im Fernsehen zu sehen, im Radio zu hören, das sagen Naturschutzverbände und Brot für die Welt, und das lässt sich im sogenannten *Fleischatlas* nachlesen.[22] Und es hat doch mit der Realität nichts zu tun. Eine Behauptung, auch wenn sie mit wissenschaftlichem Anstrich daherkommt, wird nicht wahrer, weil viele sie wiederholen.

Wiederkäuen macht Rinder satt, taugt dagegen nicht als geistige Nahrung; kann dennoch Generationen von Menschen in die Irre führen. Ein berühmtes Beispiel aus der Ernährungswissenschaft hat sogar eine weltberühmte Comicfigur zur Folge gehabt: Popeye. Der Leichtmatrose, der sich von Spinatkonserven ernährt und dank des hohen Eisengehalts eisenharte Muskeln und Fäuste bekommt, mit denen er schwergewichtige Probleme löst. Und das seit 1929. Längst hat die Comicfigur ihren Schöpfer Elzie Crisler Segar überlebt. Popeye funktioniert bis heute, die Trickfilme mit ihm werden immer noch ständig wiederholt und im Netz millionenfach abgerufen. Und das, obwohl wir mittlerweile alle wissen, oder wissen können, dass der Spinat nicht mehr Eisen enthält als anderes Gemüse und dieses Eisen uns auch gar nichts helfen würde, selbst wenn er mehr davon enthielte.

Der Ursprung der Legende ist schnell erklärt: Der Physiologe Gustav von Bunge hatte 1890 den Eisengehalt von hundert Gramm Spinat mit 35 Milligramm beziffert – in der Trockenmasse. Und dieser hohe Wert wurde dann später dem frischen Gemüse angedichtet. So entstand die jahrzehntelang wirkende Legende vom besonders eisenhaltigen Spinat. Wobei das Eisen im Spinat für uns Menschen gar nicht wirklich verwertbar ist, wohl sind das aber die Vitamine, Mineralien und Spurenstoffe.

Nun also eine neue Legende, ein neuer moderner Mythos: der sagenhafte Wasserverbrauch der Rindfleischproduktion. Wie beim Mythos von der Klimakillerin Kuh muss zuerst einmal geklärt werden, wo die monströse Zahl überhaupt herkommt, die so viel Wirrnis in die Fleischdiskussion bringt. Wer genau sagt eigentlich, dass ein Kilo Rindfleisch, um mal wissenschaftlich exakt zu zitieren, 15 415 Liter Wasser braucht?

Wieder landen wir beim Märchenmuster: Es war einmal ... eine Studie. Die Ursache des angeblich so immensen Wasserverbrauchs bei der Fleischproduktion ist eine Untersuchung Mesfin Mergia Mekonnens von der Universität von Nebraska und Arjen Hoekstras von der Universität Twente in den Niederlanden aus dem Jahr 2010. Seit fast fünfzehn Jahren geistert also diese Zahl schon durch die Medien. Ausreichend Zeit, um vielfach zitiert zu werden und sich zu verbreiten. Die Studie heißt im Original »The green, blue and grey water footprint of farm animals and animal products«.[23] Es geht hier also um grünes, blaues und graues Wasser. Nun ist Wasser farblos, selbst das Wasser, das Nutztiere trinken. Die Wissenschaft kann es dennoch einfärben. Es handelt sich nämlich um »virtuelles Wasser«, das benutzt wird, um den Wasser-Fußabdruck zu berechnen, also alles Wasser, das benötigt wird, um ein Nutztier aufzuziehen. Das heißt aber mitnichten, dass dieses Wasser nachher fort ist. Statt verbraucht wurde es vielleicht nur gebraucht, unter anderem, um die Wiese wachsen zu lassen, auf der die Rinder weiden – oder nicht mal das. Womöglich ist das Wasser einfach nur neben den Tieren weggelaufen oder versickert.

Niemand würde dem Gras, dem Klee und den Kräutern auf der Weide vorwerfen, sie hätten Wasser »verbraucht«. Den Rindern aber offenbar schon. Dabei haben die Pflanzen das Wasser genauso wieder abgegeben wie das Tier. Ob verdunstet oder ausgeatmet, rausgeschwitzt, weggepisst – wo ist der Unterschied? Am Ende ist das Wasser wieder im Kreislauf der Natur. Das Kilo Fleisch enthält bei erwachsenen Menschen um die sechzig Prozent Wasser, das Blut mitgerechnet, also sechshundert Gramm – das gilt ebenso für Rinder.

Durchschnittlich 15 415 Liter Wasser pro Kilo Rindfleisch werden verbraucht oder gebraucht, sagt die Studie. Wie hat das Rind zu Lebzeiten dann die restlichen 15 414,4 Liter Wasser pro Kilo

Fleisch »verbraucht«, oder auch nur gebraucht? Rechnen wir kurz nach: Ein Mastbulle bringt ein Schlachtgewicht von vierhundert Kilo auf die Waage. Folglich stecken rund sechs Millionen Liter Wasser im Tier. Selbst wenn man das Gewicht der Knochen mal außen vor lässt, müsste der Bulle bei einer Mastdauer von achtzehn Monaten jeden Tag über elftausend Liter Wasser trinken, damit die Rechnung aufgeht. Jeder Milchviehhalter weiß, dass eine Kuh, die, sagen wir, dreißig Liter Milch am Tag gibt, dafür rund hundert Liter Wasser braucht; wenn es warm ist, etwas mehr, wenn es kühl ist, etwas weniger. Knapp dreißig Liter davon gibt sie sofort wieder ab, die stecken in der Milch. Ein Mastbulle von fünfhundert Kilo Lebendgewicht säuft weniger als die Hälfte.

Wir können das Verhältnis von Flüssigkeitsaufnahme und Selbsterhaltung anhand eigener Erfahrung ganz gut ermessen. Den Älteren unter uns wird ja ständig von Ärzten und Angehörigen erzählt, sie sollten unbedingt genügend trinken. Zwei Liter am Tag seien das Minimum. Den Jüngeren muss man das nicht sagen, die scheinen ohnehin mehrheitlich der Meinung zu sein, dass ein Mensch ohne Trinkflasche eine U-Bahn-Fahrt nicht überlebt. Was bleibt, ist der Richtwert von zwei Litern Wasser am Tag, dazu etwas mehr oder weniger Kaffee, ein Teller Suppe, ein Joghurt und was wir sonst noch an Flüssigkeit über die Nahrung aufnehmen, zum Beispiel auch, wenn wir Rindfleisch essen. Bei einem Lebendgewicht von siebzig Kilo sind wir dann beim Wasserverbrauch ganz in der Nähe des Bullen von fünfhundert Kilo Lebendgewicht. Der braucht vielleicht etwas mehr, weil seine Nahrung deutlich weniger Wasser enthält, schon gar, wenn sie aus getrocknetem Gras besteht. Weder der Bulle behält das ganze Wasser aber bei sich, noch tun wir Menschen das. Wir lassen das meiste davon auf der Toilette wieder ablaufen, das Rind im Stall oder auf der Weide. Damit ist es, hoffentlich durch Kläranlagen oder durch die Böden gereinigt, zurück im Wasserkreislauf der Erde.

So weit, so klar. Wie aber kommt man nun angesichts so leicht verständlicher Zusammenhänge zu der Behauptung, ein Kilo Rindfleisch »verbrauche« 15 415 Liter Wasser? Durchschnittlich versteht sich, weltweit, aber genau berechnet, auf den Liter. Des Rätsels Lösung liegt in dem Farbenspiel des virtuellen Studienwassers. Die Farben markieren nämlich verschiedene Arten von Wasser: grau, blau und grün. Das graue Wasser steht für Verschmutzung. Das wäre das, was im Stall oder beim Metzger gebraucht wird, um die Geräte und Räume zu waschen. Das wären dann pro Kilo Rindfleisch angenommene 450 Liter, wobei auch dieses Wasser nachher ja nicht fort ist. Es muss vielleicht nur einmal durch die Kläranlage oder durch den Boden laufen.

Das blaue Studienwasser ist dagegen das, was aus Gewässern oder Grundwasser entnommen wird, bei unserem Kilo Rindfleisch rund 550 Liter. Aber auch das steckt nicht dauerhaft im Rind und ist nachher noch immer im Wasserkreislauf vorhanden. Wobei die 550 Liter Wasser aus der Studie in riesigen Tieren wie etwa der Fleischrasse Charolais zwischengespeichert sein müssten, denn nur die bringen so viel Gewicht auf die Waage, dass ihre Körper so viel Flüssigkeit enthalten könnten. Und nicht alles davon saufen sie im Stall aus der Tränke. Wenn es sich um Weidetiere handelt, dann nehmen sie das meiste wohl mit dem Kleegras auf, dem wir ja nicht vorwerfen, dass es Wasser »verbraucht«.

Also betrachten wir mal den größten Charolais-Bullen, dem ich bisher gegenübergestanden bin: Er soll knapp 1200 Kilo gewogen haben und war so mächtig, dass ich ihn ungern zur Waage geführt hätte, trotz Nasenring. Aber auch dieser riesige Rinderkörper enthielt dann nur rund achthundert Liter Wasser – so viel wie zwölf bis fünfzehn Menschen, je nach Gewicht. Und wenn er geschlachtet wird, ist das meiste Wasser auch wieder fort aus seinem Körper.

Aber wo steckt nun der ganze Rest der unsäglichen 15 415 Liter Wasser, die das Kilo Rindfleisch verschlungen haben soll? Das ist schlicht natürlich vorkommendes Regen- und Boden-, auf dem Studienpapier grünes Wasser. Dieses fließt durch die Äcker und Weiden oder regnet auf sie hernieder. Das allerdings auch, wenn auf den Flächen kein Viehfutter wächst und keine Rinder weiden. Stellen wir uns nur mal vor, was ein Feldhase an Wasser »verbraucht«, würden wir ihm die Weide allein überlassen, statt darauf Rinder grasen zu lassen. Wie wäre es dann um den Wasserfußabdruck eines Kilos Hasenfleisch bestellt? Übrigens »verbraucht« auch der Wald, wenn er dort stünde, wo jetzt Weide ist oder Viehfutter wächst, dieses Wasser, so es denn herniederregnet.

Das also ist, um es mit Goethe zu sagen, des Pudels Kern: Dem Rind wird alles Wasser zugerechnet, das auf seine Weidefläche fällt oder auf die Fläche, auf der das Futter wächst, das man ihm in den Stall fährt. Und dieses Narrativ geistert nun durch die Welt und wird sie so schnell nicht wieder verlassen, selbst wenn wir noch so oft erklären, wie es entstanden und wie falsch die Wasserrechnung ist. Die Geschichte wird übrigens auch dadurch nicht richtiger, dass sie der BUND und die grüne Heinrich-Böll-Stiftung mit dem *Fleischatlas* immer wieder erneut in die Medien blasen.[24]

Natürlich können wir Menschen mit Rinderzucht am falschen Ort lokale Wüsten entstehen lassen. Das geht aber auch durch die Bewässerung von Pflanzen in eher ariden, also trockenen Gebieten. Das haben wir schon durch die Umleitung und Übernutzung von Bächen und Flüssen geschafft; außerdem durch rücksichtlosen Ackerbau, der in ausgeräumten Agrarsteppen die Erosion fördert. Dafür gibt es weltweit zahlreiche Beispiele.

Weil wir nun schon in die Welt schauen, zu guter Letzt noch ein Detail aus der Studie, die uns die Mär vom Wasser zehrenden Rindfleisch verschafft hat; ein Detail, das gänzlich unterschlagen wird, wenn man nur mit dem Durchschnitt des virtuellen weltweiten Wassergebrauchs hantiert.

Die Idee der Arbeit von Mesfin Mekonnen und Arjen Hoekstra war eigentlich, den Wasserbedarf eines Produkts weltweit vergleichbar zu machen – und dabei nach Regionen und Klimaten zu differenzieren. Schon deshalb sagt ein globaler Durchschnittswert wie die zitierten 15 415 Liter Wasser nahezu nichts aus und läuft sogar dem Sinn der Untersuchung zuwider, falls eine Studie über einen weltweiten Wassergebrauchsvergleich von Rindfleisch einen solchen überhaupt hat. Hätten die beiden Wissenschaftler sich Gemüse oder Früchte vorgenommen, könnte so eine Analyse schon sinnvoll sein. Wenn zum Beispiel am spanischen Nationalpark Coto de Doñana Erdbeeren gezogen werden und dem Schutzgebiet dadurch Wasser entzogen wird, dann ist beim Export beispielsweise nach Deutschland ein Teil des Wassers tatsächlich weg. Die Früchte bestehen nämlich zu neunzig Prozent aus Wasser. Aber eine Gemüse- oder Fruchtstudie ist natürlich weniger eindrucksvoll als eine mit Fleisch als Untersuchungsobjekt: deshalb Rindfleisch.

Die Studie kommt aber zu dem Schluss, dass – um mal ein paar Extrema zu nennen – für das Kilo Rindfleisch in Äthiopien 34 182 Liter Wasser nötig wären, in Basilien 19 488 Liter, in Russland 17 220 Liter, in den USA 14 191 Liter. Und in Deutschland? Ja, das scheint ein studientechnischer Gunststandort zu sein, denn hierzulande werden angeblich nur 7712 Liter Wasser für die Produktion von einem Kilo Rindfleisch gebraucht, verbraucht oder sie rinnen durchs Papier. Wenn also irgendwo auf der Welt Rinder gehalten werden sollten, dann bei uns.

Das ist ein Aspekt der Studie, der BUND und Böll-Stiftung eigentlich geradezu zwingen müsste, für verschärfte Rinderhaltung in Deutschland zu plädieren. Aber hier kommt die nächste Absurdität: Wenn, dann sollten laut Studie die Tiere im Stall stehen. Denn da würden nur 5991 Liter Wasser pro Kilogramm Rindfleisch gebraucht, auf der Weide seien es durchschnittlich mehr als doppelt so viel. Weil es auf der Weide halt häufiger regnet als im Stall. In besonders nassen Jahren dürfte dann auch bei uns das Rindfleisch mit besonders viel Wasserverbrauch belastet sein. Wie hatte es noch Dieter Euler gesagt: »Herr, vergib ihnen nicht! Sie sollen sich gefälligst mal schlaumachen.«

Wolfsland

Dass Weidetiere eine Wohltat für unsere gebeutelte Landschaft, die Biodiversität und das Klima sind, sollte bis hierhin klar geworden sein. Leider sind sie aber auch leichte Beute für einen Räuber, der nach 150 Jahren Abwesenheit nach Deutschland zurückgekehrt ist: den Wolf. Weil sich einzelne Wölfe, aber auch ganze Rudel regelrecht auf Weidetiere spezialisieren, gefährden sie die Weidetierhaltung insgesamt. Manche Tierhalter haben deshalb schon aufgehört, andere holen ihre Tiere neuerdings nachts in die Ställe, wieder andere hält die Anwesenheit des Wolfs davon ab, den Weidegang überhaupt in Erwägung zu ziehen.

Die Weidetierhalter stehen in immer mehr Regionen Deutschlands unter Druck, denn die Wölfe breiten sich in rasanter Geschwindigkeit aus. Schätzungen gehen von Wachstumsraten von bis zu dreißig Prozent bei einer Population aus, die durch nichts gebremst wird, außer durch nicht rechtzeitig gebremste Autos. Nach der im Oktober 2023 vom Bundesamt für Naturschutz veröffentlichten Statistik starben im damaligen Monitoringjahr[II] von insgesamt 159 tot aufgefundenen Wölfen 125 durch Verkehrsunfälle. Elf Wölfe wurden illegal geschossen und ganze zwei »im Rahmen von Managementmaßnahmen entnommen«. Gleichzeitig wuchs aber die Zahl der Wolfsrudel in Deutschland um 22 auf 184. Dazu kamen 47 Paare, die noch keine Welpen hatten, und 22 sesshafte Einzelwölfe. Dabei »wurden im abgeschlossenen Monitoringjahr in den bestätigten Wolfsterritorien insgesamt 1339 Wolfsindividuen nachgewiesen«.[25]

»Heute haben wir in Niedersachsen so viele Wölfe wie Schweden und Norwegen zusammen. Schweden und Norwegen zusammen sind aber zwanzig Mal so groß wie unser Bundesland«, sagte

II Ein Jahr des deutschen Wolfsmonitorings reicht jeweils vom 1. Mai bis zum 30. April des folgenden Jahres. Danach dauert die Überprüfung der Meldungen bis in den Herbst.

der Landrat des Kreises Stade, nachdem dort Wölfe einen Herdenschutzzaun überwunden hatten und ihnen 55 Schafe zum Opfer gefallen waren. Die schiere Zahl der Wölfe in Deutschland zeige, »in welchen Konflikt wir da kommen. Und deswegen wird es aus meiner Sicht gar nicht anders gehen, als in eine Regulierung einzusteigen.« Regulierung ist in diesem Fall eine Umschreibung für Abschuss – ein Wort, das der Landrat meidet, weil er sich wahrscheinlich vorstellt, was über ihn hereinbricht, wenn er es in den Mund nimmt.

Einerseits ist der Vergleich mit Schweden und Norwegen oder auch Finnland, wie ihn Politiker oder Vertreter von Bauern- und bisweilen Jagdverbänden immer gerne wählen, wenn Wölfe Nutztiere gerissen haben, scheinbar griffig. Andererseits trifft er nicht zu, denn ein Wolfsrudel in Finnland zum Beispiel muss ein Revier von gut tausend Quadratkilometern durchstreifen, um satt zu werden. Bei uns reichen dafür hundert oder maximal zweihundert Quadratkilometer. Das liegt daran, dass es in Deutschland so viel Wild gibt wie nie zuvor, weil es von der industrialisierten Landwirtschaft regelrecht gepäppelt wird. Deshalb ist die Maisernte in vielen Regionen ein jagdliches Ereignis. Die Felder werden von Jägern umstellt, bevor der Häcksler kommt. So sollen wenigstens ein paar der Wildschweine erlegt werden, die sich im Mais rundgefressen haben. Auf den Feldern in Norwegen, Schweden und Finnland wird dagegen überhaupt kein Mais angebaut, weil der dort gar nicht wächst. Und auch der Raps, eine zweite beim Wild beliebte Nahrung, ist in Skandinavien und Finnland längst nicht so verbreitet wie bei uns.

In Deutschland hat der Ackerbau die Wiederkehr der Wölfe trefflich vorbereitet, indem ein großes Angebot an Beutetieren aufgezogen wurde; in vielen Regionen zudem gut unterstützt von Jägern, die nicht wegen des Wildbrets auf die Jagd gehen, sondern um danach Trophäen vorzeigen zu können. Genügend Geweihträger mit großen Geweihen für die Trophäenschauen gibt es aber nur da, wo es viel Wild gibt. Darunter litten früher allein die Waldbesitzer, deren Baumnachwuchs abgefressen wurde, jetzt aber auch die Tierhalter – spätestens dann, wenn die Wölfe merken, dass Schafe sich nicht wehren, wie das Wildschweine tun, die ihre Frischlinge verteidigen. Außerdem können Schafe im Gegensatz zu Rehen und Hirschen nicht weglaufen. Und manchmal stört nicht mal ein Zaun, der unter Strom steht.

Ein Deichschäfer in Cuxhaven hat aufgegeben, als er nach mehreren Wolfsangriffen keine Zukunft mehr für seine Schafe auf den Küstendeichen sah. Das gefährdet dann nicht nur die Weidetierhaltung, sondern auch den Küstenschutz, denn ohne Schafe wird es schwer, die Deiche sturmflutsicher zu halten. Das zeigte sich, als in der Nacht zum 21. Oktober 2023 das schwerste Ostseesturmhochwasser seit 1872 die Küste Schleswig-Holsteins überrollte. Es brachen mehrere Deiche, über zweitausend Menschen wurden evakuiert. Auf einer Wiese bei Damp ertranken vierzig Schafe, was schon wie ein zynischer Fingerzeig des Sturmes erscheint. Was der Ostküste Schleswig-Holsteins nämlich fehlt, sind Schafe auf den Deichen. Die Analyse des Oberdeichgrafs der Halbinsel Eiderstedt an der Westküste war eindeutig. Jan Rabeler sagte, die Deiche seien gebrochen, weil sie nicht gepflegt wurden, an der Ostküste fehlten die Schäfer: »Da ist keiner, der es machen könnte oder wollte.« Und: »Eine Grasnarbe ist nur gut, wenn man Schafe drauf hat.«[26] »Das Schaf hat ein goldenes Maul und vier goldene Hufe«, sagen die Küstenschäfer an der Nordsee. Es frisst das Gras kurz und trampelt die Grasnarbe fest, so dass Wind und Wellen keine Angriffsfläche haben. Deichschafe sind durch keine Maschine zu ersetzen.

Es gibt auch keinen »wolfssicheren« oder auch nur als solchen bezeichneten Zaun, mit dem man Schafe an einem Seedeich schützen könnte, jedenfalls nicht an einem Meer mit einem deutlichen Tidenhub zwischen Ebbe und Flut. An der Binnenseite geht das, aber buten, an der Spülkante der See, kann man ebenso wenig einen Zaun stellen wie an einer tidenabhängigen Flussmündung, in der das Wasser mit jeder Flut aufgestaut wird.

Sechs Stunden zieht sich das Wasser der Nordsee von der Deichlinie zurück. An vielen Stellen treten dann vorgelagerte Salzwiesen zutage, die sich im Schwemmland zwischen den Lahnungen gebildet haben. Diese ins Watt geschlagenen Pfostenreihen, die mit Reisig verflochten sind, halten den Sand und den Schlick fest, den das auflaufende Wasser mitbringt. Und die dadurch entstehenden Salzwiesen werden beweidet, um sie zu festigen. Das gehört zum Küstenschutz. Schon deshalb müssen die Schafe hinauslaufen können, schon deshalb kann da keiner der angeblich wolfssicheren Zäune stehen. Der würde ja auch sechs Stunden später vom auflaufenden Wasser überspült. Und Wölfe sind gute Schwimmer.

Deshalb sind die Umweltminister der Nordseeanrainerländer Niedersachsen und Schleswig-Holstein stets aufs Neue mit der Forderung nach »wolfsfreien Deichen« konfrontiert oder nach »wolfsfreien Zonen«, wenn das Marschland vor der Küstenlinie mitgemeint ist. Wie auch immer diese herzustellen und aufrechtzuerhalten wären und was auch immer das für Behörden, Jäger und Wölfe bedeuten würde. Schießen natürlich, aber mit welchem Recht und nach welchen Vorgaben?

Übrigens hatte einer der ehrenamtlichen Wolfsberater in Niedersachsen schon 2012 angeregt, »wolfsfreie Zonen« einzurichten. Frank Faß ist sicher niemand, dem man vorwerfen kann, ein verkappter Wolfsfeind zu sein. Er war bis 2018 drei Jahre lang Vorsitzender des Arbeitskreises Wolf beim niedersächsischen Umweltministerium und betreibt zusammen mit seiner Frau Christina in Dörverden an der Weser ein Wolfcenter.[27] Doch musste er feststellen, dass sein Vorschlag, wolfsfreie Zonen einzurichten, nach EU-Recht wohl nicht möglich ist – zumindest noch nicht.

Inzwischen hat sich die Lage verschärft: Nicht nur Schafe sind Wolfsbeute geworden, sondern auch Rinder. Ebenfalls bei Cuxhaven gab es ein Rudel, das sich darauf spezialisiert hatte, weidende Rinder in die Gräben der Sielzüge zu treiben, wo sie sich nicht mehr wehren konnten. Viele der Tiere lebten noch, während sie schon gefressen wurden. Das ist zwar so in der Natur, wenn Prädatoren Beute machen, zumal wenn sie große Tiere angreifen, die auch für sie nicht einfach und schnell zu töten sind. Für die Menschen, die das miterleben, ist es aber nur schwer auszuhalten; vor allem, wenn es weitab von jeder Wildnis stattfindet, in einer von ihnen mit Hilfe der Nutztiere geformten Kulturlandschaft, in die plötzlich ein wildes Raubtier einbricht, das nicht davonläuft, sondern angreift. Irgendwann mussten die Tierhalter hinterm Nordseedeich das dann auch nicht mehr aushalten, denn diese Art der Wolfsangriffe im Marschland hörte auf. Das erste Rudel, das sich darauf spezialisiert hatte, Kühe in die Gräben zu treiben, gibt es offensichtlich nicht mehr. Das aber nicht, weil irgendein Minister die »Entnahme«, also den Abschuss, angeordnet hätte.

Ein ausgewiesener Ökologe, der vermutet, dass das Verschwinden des Cuxhavener Problemrudels schlicht auf illegalem Abschuss beruht, sagt im Gespräch: »Man muss im Nachhinein sagen, das war auch richtig. So etwas kann man einfach nicht akzeptieren und man kann auch von niemandem verlangen, dass er das akzeptiert.« Eckhard Fuhr betreut im Vorstand des Ökologischen Jagdverbands Brandenburg-Berlin das Thema Wölfe und ist Autor des Buches *Rückkehr der Wölfe*, das schon 2014 erschien, zu einer Zeit also, als die Rückkehr der Wölfe für viele Menschen in Deutschland noch eine Neuigkeit war. Darin schreibt er: »Der Wolf erschwert nun einmal gerade die extensiven Formen der Nutztierhaltung, die von Naturschutzverbänden gepriesen und gefordert werden. Hühner- und Schweinefabriken sind von ihm nicht bedroht.«[28]

Womit das Thema gesetzt ist: Ein streng naturgeschütztes Tier stört den Naturschutz, zumindest den, der durch Nutztiere auf der Weide hergestellt werden könnte. Und der ist besonders wichtig, weil sich mit ihm Biodiversität in weite Teile unserer Kulturlandschaft zurückholen lässt. Also heißt der Gegensatz, dem wir schon einmal begegnet sind, als es ums Mähen von Wiesen zum Erhalt einzelner Pflanzenspezies ging, einmal mehr: Naturschutz versus Naturschutz.

Hundszeit

Eine Koexistenz mit dem Wolf sei eigentlich kein Problem, wenn die geeigneten Maßnahmen getroffen würden, die Weidetiere vor den Wölfen zu schützen. Das sagen zumindest viele der Naturschützer, die die Rückkehr der Wölfe gefeiert haben und seitdem gegen jede Abschussgenehmigung Front machen. Viele »Wolfsberater« stimmen ihnen dabei auch zu. Wobei: Der Begriff ist irreführend, denn »wir beraten gar keine Wölfe«, sagt Kenny Kenner, Wolfsberater in der Göhrde, dem größten zusammenhängenden Mischwaldgebiet in Norddeutschland.[III]

»Herdenschutz« ist das Zauberwort, mit dem alles gut werden soll. Und die Unterstützung der Tierhalter in Sachen Herdenschutz ist dann auch die wichtigste Arbeit der Wolfsberater, neben dem Monitoring der Population in ihrer jeweiligen Region. Der Staat fördert zwar den Bau von Herdenschutzzäunen, ob diese aber den Tieren dahinter dauerhaft effektiven Schutz bieten, darf bezweifelt werden. Allerdings wird auch die Anschaffung von Herdenschutzhunden gefördert. Und das scheint eine deutlich wirkungsvollere Investition zu sein, die aber, in Deutschland zumindest, noch nicht von Milchbauern und Mutterkuhhaltern getätigt wird, sondern fast ausschließlich von Schäfern. Das mag teils daran liegen, dass es nur für die Schäfer Zuschüsse beim Hundekauf und Hundetraining gibt. Und sicher auch daran, dass Schäfer an die Arbeit mit den Hunden gewöhnt sind.

Nicole Salomo betreibt ihre Schäferei vom Elbstädtchen Schnackenburg aus. Sie beweidet mit zwei Schafherden und einer

III Am Rande des Wendlands im niedersächsischen Landkreis Lüchow-Dannenberg.

Herde Esel ähnlich karges Heideland wie das der Oranienbaumer Heide in Sachsen-Anhalt. Die Esel fressen aufkeimende Bäume ab, denn auch hier soll die Landschaft offengehalten werden. »Esel eignen sich dafür hervorragend« sagt die Schäferin: »Sie stammen aus der Steppe und sind Raufutterjunkies.« Wenn Esel trockenes Gras oder Äste finden, lassen sie das frische Gras für die Schafe stehen.

Die Weiden, auf denen die Tiere von Nicole Salomo im Vertragsnaturschutz arbeiten, sind hauptsächlich sogenannte Ausgleichsflächen. Das Bergwerk Gorleben hat sie gekauft zum Ausgleich für die Industrieflächen, die südlich von Gorleben mit dem Zwischenlager für Atommüll und dessen Castor-Behältern zugestellt sind, und für die Flächen, die durch die Erkundung des Gorlebener Salzstocks als geplantes Endlager verloren gegangen sind. Auch wenn der Salzstock inzwischen als ungeeignet gilt und die bergmännische Erkundung eingestellt wurde – die Ausgleichsflächen bleiben.[29] Und damit auch der Job von Nicole Salomo, ihren Schafen, Eseln und Hunden.

Das Wendland ist in weiten Teilen kein fruchtbares Ackerland. Im Urstromtal der Elbe haben erst Gletscher Geröll aufgeschoben und Hügel gebaut, dann hat der Fluss sich durchgefressen und mit seinem Wasser vieles zu Sand zerrieben. Deshalb stehen heute Kiefern und Birken zwischen Heide und kleinen Steppenflächen, auf denen sich nicht mal der Wald halten konnte. Solche kargen Flächen sind oft sehr artenreich, und das sollen sie auch bleiben. Deshalb weidet Nicole Salomo dort ihre Schafe und Esel.

Im östlichen Wendland bietet sich Wanderern immer das gleiche Bild: Um die Dörfer herum liegen die Äcker. Dort wurde zuvor jahrhundertelang beweidet. Mit dem Dung der Weidetiere konnte das Bodenleben Humus aufbauen, so viel, dass es für Getreide und Kartoffelanbau reicht. Je weiter man sich aber von den Dörfern entfernt, desto karger wird es. Manchmal gibt es auch scharfe Kanten im Gelände. Auf der dem Dorf zugewandten Seite eines

Feldwegs kann geackert werden, auf der dem Wald zugewandten Fläche würde nicht mal das Vieh satt. Aber das Kleinvieh schon; die Schafe und Esel von Nicole Salomo können dort für einige Zeit grasen, zumal sie mit kleineren Schafrassen arbeitet, die genügsamer sind.

Seit zehn Jahren setzt die Schäferin auf Herdenschutzhunde und hatte während dieser Zeit noch nie einen Wolfsriss. Nachdem die ersten Wölfe gerade aufgetaucht waren in der Region, fand sie ein gerissenes Schaf auf einer ihrer Weiden und ein zweites, angefressen und so stark verletzt, dass sie es töten musste. Als ihr Mann am Tag darauf mit einem Wagen voller Heu an der Weide vorüberfuhr, sah er dann aber drei Hunde aus der Koppel springen. Das waren also keine Wölfe. Bald darauf waren ihre ersten Herdenschutzhunde dann auch einsatzbereit, und danach ist nie wieder etwas passiert, nichts mit wildernden Hunden und nichts mit wilden Wölfen. »Toi, toi, toi«, sagt die Schäferin und klopft auf Holz, »ich habe damals wohl die richtige Entscheidung getroffen«.

Als im Wendland die Menschen anfingen, vom Wolf zu sprechen, als die Schäfer anfingen, sich zu fragen, was das wohl für sie bedeuten wird und wie sie dem begegnen sollen, hat Nicole Salomo sich ihren ersten Herdenschutzhund gekauft. Sie wollte auf alle Fälle mit einem Welpen anfangen: »Denn vor so einem großen Hund hat man ja dann schon Respekt, wenn er vor einem steht und sagt: Ich möchte nicht das tun, was du sagst.« Bei einem Welpen ist dagegen von Anfang an klar, wer Chefin ist. Es habe dennoch mit ihren ersten Hunden immer wieder Probleme gegeben, vor allem mit ihrer inzwischen ältesten Hündin, einer kaukasischen Owtscharka.[IV] »Die ist sehr dominant und hat es mir manchmal sehr schwergemacht, ihr zu vermitteln, dass das nicht richtig war, was sie gerade tat.«

IV »Owtscharka« ist ein Sammelbegriff für Schäferhunde aus Südrussland und dem Kaukasus, abgeleitet vom russischen овчар, auf Deutsch »Schäfer«.

Wenn man heute mit der Schäferin zu einer ihrer Herden kommt und die Hunde zur Begrüßung an den Weidezaun laufen, dann ist von früheren Auseinandersetzungen nichts zu spüren. Nicole Salomo steigt über den Zaun und ist sofort in ein Knäuel von drei Hunden verwickelt, von denen jeder Streicheleinheiten abbekommen will. Die Schäferin geht in die Hocke, ist jetzt kaum größer als die Hunde und muss aufpassen, dass sie nicht von stürmischen Schmuseattacken umgeworfen wird. Auch eine der beiden Owtscharka-Hündinnen ist dabei, als sie mir ihre Hunde vorstellt. Die geriert sich gerade so, als wolle sie sich als gemütlicher Haushund bewerben.

Wir machen den Versuch. Nicole Salomo steigt über den Zaun aus der Weide heraus und stellt sich hinter ihren Pickup. Ich gehe allein auf den Weidezaun zu. Noch sechs Schritte entfernt, da zieht der erste Rüde die Lefzen hoch und lässt ein tiefes Grollen hören. Zwei Schritte weiter und ich bekomme drei kräftige Gebisse gezeigt und werde mit lautem Gebell zum Stehen gebracht. Die Schäferin kommt hinter dem Auto hervor und stellt sich neben mich: Ruhe.

Mir scheint es da kein Autoritätsproblem zu geben, sage ich. »Jetzt nicht mehr«, sagt sie. Aber ihre beiden Owtscharka-Hündinnen sind doch schwierig im Umgang. Sie vertragen sich zum Beispiel nur mit Rüden, weshalb sie immer in getrennten Teams arbeiten müssen. Auch deshalb ist Nicole Salomo später auf eine andere Rasse umgeschwenkt, die in vielen deutschen Schäfereien inzwischen gute Dienste tut. Sie arbeitet jetzt mit den weißen Maremmanos.

Mit vollem Namen heißt diese Rasse *Cane da Pastore Maremmano-Abruzzese*, ist also ein Schäferhund aus der Maremma[V] und dem daran angrenzenden Höhenzug der Abruzzen. In diesen Bergen wurden die Wölfe nie ausgerottet oder vertrieben. Für die Schafhirten dort gehören sie also schon immer zum Alltag. Des-

---

V Gemeint ist hier der Teil der Maremma, der im nördlichen Latium liegt.

halb brauchen sie nicht nur Hütehunde, sondern auch Schutzhunde, die kämpfen können und wollen, die die Schafe gegen Wölfe und Bären verteidigen, und gegen streunende und verwilderte andere Hunde.

Einer der Schäfer dort hat mir mal erzählt, warum die Maremmanos weiß sind: »Damit ich sie auch in der Nacht noch sehen kann, wenn der Wolf kommt.« Für den Fall, dass er schießen muss, meinte er. Der Schafhirte war bewaffnet, was in Deutschland bislang kaum denkbar erscheint. Aber das ist noch nicht einmal der gravierendste Unterschied zwischen den deutschen und den italienischen Wolfsgebieten. Dort gibt es nämlich noch Hirten, die die Tiere begleiten. Das ist bei uns nur noch bei den wenigen Wanderschäfern und auf den Almen der Fall; und selbst da sind die Sennerinnen und Senner nicht bewaffnet.

Nicole Salomo ist zwar täglich bei ihren Schafen, aber nachts sind die Herdenschutzhunde auf sich allein gestellt; ein Team aus drei Hunden bewacht jeweils eine der drei Herden. Zusätzlich bewachen noch zwei weitere den Hof und die dortigen fest gezäunten Weiden, die als Krankenstation und für die Schafböcke genutzt werden. Obwohl die Schäferei ortsnah liegt, hat ihr der Jäger bestätigt, dass der Hof immer wieder von mindestens vier Wölfen besucht wird. Da darf also auch keine Lücke im Schutz sein. Viele Schäfer setzen nur jeweils zwei Hunde pro Herde ein. Nicole Salomo hat das Gefühl, das könnten zu wenige sein.

Elf Herdenschutzhunde arbeiten also insgesamt für die Schäferei Salomo. Was die fressen, muss sie zusätzlich verdienen, oder es geht vom Gehalt ab, denn für den Unterhalt der Herdenschutzhunde bekommt sie keine Zuschüsse. Zu den Schutzhunden kommen drei aktive Border-Collies und ein paar auf dem Altenteil; echte Hütehunde, von denen man mindestens zwei braucht, um eine Herde zu einem neuen Weideplatz umzutreiben. Schließlich ist einer immer in Reserve, meist der Lehrling, denn die Ausbildung auch dieser Hunde dauert drei Jahre.

Viele Hunde für eine einzelne Schäferei. Die meisten von ihnen sind nötig, weil es wieder Wölfe gibt, die anderen, weil das beweidete Gebiet nicht einfach zu managen ist. Nicole Salomo betreibt zwar keine Wanderschäferei, kann aber auch nicht mit festen Wolfsschutzzäunen oder gar Koppeln arbeiten. Denn die Weidezäune müssen alle paar Tage umgesteckt werden. Einerseits weil das beweidete Gebiet nicht viel Aufwuchs bietet, also schnell abgefressen ist, andererseits weil der Naturschutz immer wieder einige Stellen von der Beweidung ausnehmen will, weil da gerade Pflanzen stehen, die geschützt werden sollen. Was vielleicht Unsinn ist, wie wir inzwischen wissen, aber halt weiter so gemacht wird. Und die Schäferin muss sich als Dienstleisterin an die Vorgaben halten.

Außerdem muss Nicole Salomo an die Arbeitskraft ihrer Schutzhunde denken, wenn sie ein neues Weidegebiet abzäunt. Es darf nicht zu klein sein, damit Schafe und Esel satt werden, aber auch nicht so groß, dass die Hunde müde sind, wenn sie einmal die Runde gemacht haben. Außerdem müssen sie Gefahrenstellen schnell erreichen können. Die Maremmanos sind wachsam, auch wenn sie im Schatten dösen und scheinbar nirgendwohin schauen. Sie beobachten die Herde. Wenn dort eine plötzliche Bewegung entsteht, sind sie sofort unterwegs, rasen über die Weide und positionieren sich zwischen dem Weidezaun und der Herde. Schon kurz bevor sie dort sind, lassen sie ihr tiefes, grollendes Gebell hören. Der Zaun ist die Grenze ihres Reviers, und diese Grenze verteidigen sie äußerst aggressiv.

Wenn man das einmal erlebt hat, etwa als Spaziergänger ahnungslos an einem Weidezaun entlanglaufend, dann weiß man, weshalb sich der Einsatz solcher Herdenschutzhunde auf den Seedeichen verbietet. Sie würden auch Surfer, Radfahrer und Spaziergänger angreifen, schon gar deren Hunde.

Auch in der Nähe von Wohngebieten könnte es schwierig werden, Herdenschutzhunde einzusetzen. Eine Nebenerwerbslandwirtin in Nordrhein-Westfalen hat 2023 letztinstanzlich einen Prozess verloren, den ihre Nachbarn wegen des nächtlichen Gebells der Hunde angestrengt hatten. Nun muss sie ihre Herdenschutzhunde nachts im Haus halten, also genau dann, wenn der Wolf kommt. Das Gericht schreibt in einer Pressemitteilung:

> *»In einem ausgewiesenen Wolfsgebiet kann im Einzelfall der Einsatz von Herdenschutzhunden im Freien beschränkt werden, um eine erhebliche Beeinträchtigung der Nachbarschaft durch unzumutbares Hundegebell während der Nachtzeit und der Mittagsruhe an Sonn- und Feiertagen zu unterbinden.«*[30]

Also, liebe naturgeschützte Wölfe: keine Angriffe auf Nutztiere in den Ruhezeiten der Menschen! Achtet die Nachtruhe und die Mittagsruhe am Sonntag! So viel muss man schon verlangen können. Auch Heulen ist nachts und mittags strengstens verboten. Nicht nur Naturschützer liegen bisweilen daneben, auch Juristen fehlt manchmal der Naturverstand.

Zaunleid

Es ist aufwendig, die Hunde aufzuziehen und auszubilden. Wer in einer Schäferei aufgewachsen ist, wie Nicole Salomo, hat das von klein auf gelernt. Aber auch sie musste mit den deutlich robusteren und auch aggressiveren Schutzhunden erstmal Lehrgeld zahlen. Nicht alle Hunde, die sie angeschafft hat, sind bei ihr geblieben. Bei manchen stellte sich erst nach zwei Jahren heraus, dass es nicht funktionieren wird. Kein Wunder also, dass längst nicht alle Weidetierhalter sich Herdenschutzhunde angeschafft haben. Zumal deren Unterhalt kostet. Ein Weidezaun wird einmal bezahlt und einmal bezuschusst. Dann steht er da und soll, bei richtiger Aufstellung und Wartung, Wölfe sicher abhalten. Sagen die Behörden, sagen die Wolfsberater, aber die beraten ja eben nicht die Wölfe.

Die entscheiden nämlich immer öfter ganz anders. Sie haben sich in den vergangenen Jahren in fast alle Regionen Deutschlands ausgebreitet und immer mehr Familien gegründet, also sesshafte Rudel. Und da, wo die Wölfe sich niederlassen, können sie sich die Zeit nehmen, ihr Revier zu erkunden, da sie ja fast niemand stört. Da haben sie dann auch gelernt, die als wolfssicher geltenden Zäune zu überwinden. Es ist eigentlich nur eine Frage der Zeit, wie lange es dauert, bis ein intelligentes Wesen wie der Wolf, der auch noch in einem überragend organisierten Sozialgefüge lebt, Probleme löst, vor die ihn ein anderes intelligentes Wesen stellt. Der Wettlauf zwischen Wolf und Mensch wird so lange vom Wolf gewonnen werden, wie wir Menschen ihm nur immer neue Hindernisse in den Weg stellen und ihn ansonsten machen lassen. Wölfe sind neugierig und Hindernisse auf dem Weg zur Beute für sie wahrscheinlich bloße Denksport- und Tüftelaufgaben.

Im Osten Deutschlands vermuten die Schäfer inzwischen, dass die Wölfe am Schweineschutzzaun entlang der Grenze zu Polen üben. Der ist aufgestellt worden, um die mit der Afrikanischen Schweinepest infizierten Wildschweine aus Deutschland herauszuhalten. Die ASP kam dennoch, auch ohne Wildschweine, weil sich das Virus sowieso meist über kontaminierte Menschen, deren Fahrzeuge und deren Lebensmittel verbreitet. Aber die Zäune stehen und könnten von den Wölfen als Trainingsgerät genutzt werden, weil sie, anders als die Herdenschutzzäune, auch nicht unter Strom stehen. Wobei, was nutzt ein vorschriftsmäßig aus fünf stromführenden Litzen bestehender Zaun von 1,20 Metern Höhe, wenn der Wolf Springen geübt hat? Selbst, wenn er beim Überspringen des Zauns die obere Stromlitze berührt, wird er keinen Schlag bekommen, weil dort oben in diesem Moment keines seiner Körperteile mehr den Boden berührt. Und ohne Erdung kein Stromschlag. Die Vögel fallen ja auch nicht tot von der Leitung, auf der sie gelandet sind.

Deshalb bräuchte es da oben am Wolfsschutzzaun auch gar keine Stromlitze. Wölfe laufen auf vier Beinen, nicht auf zwei.

Hat der aufrecht gehende Affe mal wieder nur sich selbst als Maß genommen, als er sich Wolfsschutzzäune ausdachte? Muss man nicht mit dem Kopf des Feindes denken, wenn man Schutzmaßnahmen konzipiert?

Das wäre eine Zwischenbilanz, die man aus dem Vergleich der bisherigen Herdenschutzmaßnahmen ziehen kann: Herdenschutz funktioniert nur aktiv. Ein passiver Zaun hält nicht lange stand, wenn ihm keine weitere Maßnahme beigestellt ist. Ein aktives Beispiel sind Herdenschutzhunde, wobei auch die nicht immer ausreichen, wie ein Fall im Februar 2023 in Thüringen zeigte. Dort bewachten zwei Hunde eine Herde. Nach dem Wolfsangriff war einer tot, der zweite schwer verletzt. Vielleicht hat ja Schäferin Nicole Salomo Recht mit ihrem Gefühl, dass beim Herdenschutz aller guten Hunde drei sind. Am Ende muss dann womöglich doch wieder wie früher auch ein menschlicher Hirte bei den Tieren sein, und zwar einer, der notfalls schießt, wie in Italien, Rumänien oder Frankreich.

Die einfache Anwesenheit eines Menschen reicht nämlich nicht aus, um einen Wolf abzuschrecken, der sich auf Nutztiere spezialisiert hat. Das bezeugt eine Geschichte aus Brandenburg, die Eckhard Fuhr vom Ökologischen Jagdverband erzählt. Es war einer der seltenen Fälle eines genehmigten Abschusses. Natürlich hieß der nicht so, sondern wurde wieder mit dem Nebelwort »Entnahme« versehen, das gerne auch um das Adjektiv »letal« ergänzt wird. Es sollte jedenfalls ein bestimmter Wolf geschossen werden, der via DNA identifiziert worden war. Dieser hatte gelernt, einen korrekt aufgestellten vorschriftsmäßigen Wolfsschutzzaun zu überwinden – und das tat er dann auch, nicht einmal, nicht zweimal, sondern viele Male und immer wieder. Die Schafherde hinter dem Zaun war sein Futterdepot.

Dann kam die Abschussverfügung. Wie es das deutsche Jagdrecht vorschreibt, wurde zuerst der ortsansässige Jäger gefragt, ob er das machen könne. Der wollte nicht. Daraufhin wurde ein Dienstleister beauftragt, der dann wochenlang jede Nacht bei der

Herde wachte, mit zwei Mann, von denen mindestens einer bewaffnet war. Nichts geschah. Der Wolf kam nicht.

Die Abschussverfügung erging am 22. Juli 2022. Da hatte der Wolf GW1339m im Kreis Teltow-Fläming bei sechzehn Angriffen auf immer dieselbe Herde bereits 65 Tiere getötet und weitere verletzt. Der gemeinnützige Verein Wolfsschutz Deutschland reagierte auf die Abschussgenehmigung mit einem offenen Beschwerdebrief an den EU-Umweltkommissar. Der Grund: Das brandenburgische Umweltministerium hatte zur Abschussverfügung keine Pressemitteilung herausgegeben und verstoße damit gegen die Informationspflicht: »Durch das Geheimhalten von geplanten Wolfsabschüssen haben Naturschutzverbände keine Möglichkeit, gegen die geplanten Abschüsse zu klagen. Ein Recht, das ihnen aber zusteht.«

Die Beschwerde blieb ohne Wirkung, der Einsatz der bewaffneten Herdenschützer aber auch. Es gab keine Wolfsangriffe mehr, wenn Bewaffnete Wache schoben. Dann kam eine Nacht, in der der Dienstplan der beauftragten Firma nicht funktionierte. So befand sich nur ein Mann bei der Herde, und der hatte keinen Jagdschein, war deshalb nur mit einer Trillerpfeife bewaffnet. In dieser Nacht tauchte der Wolf wieder auf. Ein Wolf, auf den vermutlich noch nie geschossen worden war, konnte also einen bewaffneten Menschen von einem unbewaffneten unterscheiden. Wusste er, dass der lange Stock da am Mann gefährlich ist, oder mochte er nur den Geruch von Waffenöl nicht?

Nach diesem Vorfall funktionierten die Dienstpläne jedenfalls wieder. Jede Nacht wachte ein Bewaffneter vor Ort, und der Wolf ward nicht mehr gesehen. So ging das Monate lang und wurde immer teurer. Dann startete das Landesamt für Umwelt doch noch einmal einen Versuch mit den örtlichen Jägern, die dieses Mal den Job übernahmen. Aber erstmal auch ohne Erfolg. Ein weiteres halbes Jahr verstrich, in dem die Herde nun nicht mehr jede Nacht bewacht war und der Wolf sich folgerichtig wieder bediente.

Dann kam ein Abschuss. »Das war eher ein Zufallsschuss«, sagt Eckhard Fuhr, »also nicht die Folge einer gezielten Jagd.« Und es traf den falschen Wolf. »Was allerdings nicht schlimm war, weil die Abschussverfügung so etwas abdeckte.« Das würden die Wolfsschützer der diversen Nichtregierungsorganisationen sicher anders sehen. Wenige Tage später wurde dann aber das richtige Tier geschossen. Und danach gab es keinen Wolfsangriff mehr auf die zuvor vielfach heimgesuchte Herde. »Das zeigt, dass es wirkungsvoll ist, wenn man die richtigen Wölfe schießt«, meint Eckhard Fuhr: »Es zeigt aber auch, dass es nicht so einfach ist. Die Vorstellung, dass eine Abschussverfügung dazu führt, dass das Problem ein paar Tage später erledigt ist, scheitert bei uns in Deutschland an der Realität.« Von der Abschussverfügung bis zum Tod des Wolfes GW1339m dauerte es in diesem Fall in Brandenburg sieben Monate.

Es gibt Länder, in denen das anders ist. In der Schweiz zum Beispiel gibt es eine professionelle Wildhut, wenigstens in den Kantonen, die kein Reviersystem haben wie wir in Deutschland. Die Wildhüter sind angestellte Jäger, die in ihrem Bereich ständig unterwegs sind und deshalb wissen, wo sich welche Wölfe gerade befinden. »Wenn in Graubünden ein übergriffiger Wolf zum Abschuss freigegeben wird«, sagt Eckhard Fuhr, »dann ist der in der Regel zwei, drei Tage später tot.«

In Frankreich gibt es noch immer so etwas wie einen Orden der Wolfsjäger. Die *Louveterie* wurde von Karl dem Großen im Jahr 813 gegründet, von Napoleon erneuert und ist heute eine Art Jagdpolizei. Zu ihren Aufgaben gehört die Jagdaufsicht, der Kampf gegen die Wilderei und die Vermittlung bei Konflikten mit der Landwirtschaft. Die jeweiligen Leutnants der *Louveterie* werden von den Präfekten ernannt und sind dann für ihre Region zuständig. Sie sollen sich um das Gleichgewicht innerhalb des Wildtierbestands kümmern, aber auch die Population »de certaines espèces dites nuisibles«, also von sogenannten schädlichen Spezies, regulieren.[31] Ihr Wappen zeigt bis heute einen Wolfskopf und im zweimal jährlich erscheinenden Rundbrief »Lettre Louveterie« vom Mai 2023 wird berichtet, dass die *Louveterie* gleich nach den ersten Wolfsattacken im Departement Saône et Loire 2020 von der Präfektur zur Hilfe gerufen wurde.

Die Präfekten bestimmen in Frankreich dann auch, wie viele Wölfe zum Abschuss freigegeben werden. Nach dem »Plan National Loup« dürfen neunzehn Prozent der Wolfspopulation getötet werden. Es wird allerdings heftig darüber gestritten, wie viele Wölfe denn nun in Frankreich leben. Tierhalter und Jagdverbänden zweifeln die offiziellen Zählmethoden und die aus ihnen resultierenden Zahlen an. Regionale Erhebungen von Jägern und Landwirten kamen immer wieder zu einer doppelt so hohen Wolfsdichte wie die offiziellen Schätzungen. Streit über den Wolf gibt es schlicht überall, wo er zurückgekehrt ist.

Weshalb kann aber in Frankreich nach nationalem Wolfsplan fast zwanzig Prozent des offiziellen Wolfsbestands getötet werden und in Deutschland kaum mal ein einzelner, wo doch in beiden Ländern dasselbe EU-Recht mit demselben hohen Schutzstatus für den Wolf gilt? Wenn Deutschland das so machen würde wie Frankreich, könnten nach den vom Bundesamt für Naturschutz für 2023 bekanntgegebenen Bestandszahlen dann über 250 Wölfe geschossen werden; selbst ohne dass sie zuvor nachweislich irgendein Nutztier gerissen hätten.

Nach den vielen Wolfsrissen im Jahr 2023 intervenierten gleich zwei grüne Landesumweltminister bei der ebenfalls grünen Bundesumweltministerin. Steffi Lemke schlug danach eine pauschale Abschussgenehmigung vor: In der nächsten Weidesaison soll es nach einem Wolfsriss jeweils drei Wochen lang erlaubt sein, in einem Radius von einem Kilometer um die Rissstelle, Wölfe zu schießen. Ohne den Nachweis via DNA, dass es auch genau dieser Wolf war, der zuvor zugebissen hatte.

Bei der DBBW, der offiziellen deutschen Dokumentations- und Beratungsstelle des Bundes zum Thema Wolf, liest sich die Sache mit dem Wolfsschutz ganz anders:

»Auf europäischer Ebene gehört der Wolf zu den streng geschützten Tierarten. Schon 1979 wurde er in die Berner Konvention – eine Naturschutzvereinbarung aller europäischen Länder – aufgenommen. Die Fauna-Flora-Habitat-Richtlinie der Europäischen Union sieht die Durchführung besonderer Schutzmaßnahmen wie die Erstellung und Umsetzung von ›Managementplänen‹ und die Einrichtung besonderer Schutzgebiete für den Wolf vor. Das absichtliche Stören, Fangen oder Töten sowie weitere Beeinträchtigungen von Wölfen sind verboten.«[32]

Während in der öffentlichen Diskussion immer von »Wolfsmanagement« die Rede ist, wenn es darum geht, einen Problemwolf »letal zu entnehmen«, lesen sich diese Zeilen eher wie ein Bekenntnis zu noch mehr Wolfsschutz. Dass selbst das Stören von Wölfen verboten ist, kann schon ein wenig verstören. Heißt das, wenn ein Wolf vor einer Grundschule oder einer Kita auftaucht, wie in der Lüneburger Heide und in Ostfriesland geschehen, dass er dann nicht vertrieben werden darf? Und wenn er in einen Kälberstall einbricht, wie zuerst in Mecklenburg-Vorpommern, dann in Brandenburg geschehen, darf der Bauer, die Bäuerin nichts unternehmen? Das entspricht, vorsichtig ausgedrückt, nicht dem Rechtsverständnis der meisten Menschen. Das Kopfschütteln über das, was sich der Naturschutz so alles am grünen Tisch ausdenkt, ist garantiert.

Laissez-faire

Naturschützer, die mit großräumigen ganzjährigen Beweidungsprojekten Landschaft wieder vielfältiger machen, die also Naturschutz mit Landwirtschaft betreiben, stellen sich vermehrt gegen Naturschützer, die den Wolf für unberührbar erklärt haben. Gerd Kämmer von Bunde Wischen in Schleswig sagt das mit großer Klarheit: »Nein, den Wolf brauchen wir hier nicht!« Will sagen:

Wir wollen ihn hier nicht haben. Das ist eine deutliche Erweiterung der Forderung nach wolfsfreien Deichen und wolfsfreiem Marschland oder Almen.

»Ich habe lange mit mir gerungen«, sagt er, denn schließlich fühlte er sich als Naturschützer auch dem Heimkehrer Wolf verpflichtet. Dann aber hat er sich entschieden: »Wenn wir den Wolf hier einfach machen lassen, gefährden wir uns so sehr die Weidetierhaltung, dass wir einen wirklich großen Rückschritt erleiden werden.« Es sei schon schwer genug, mit all den behördlichen Auflagen zurechtzukommen, die die ganzjährige Freilandhaltung der Weidetiere mit sich bringt. Ohnehin sind immer weniger Landwirte bereit, das mitzumachen. »Wenn dann noch das Problem Wolf obendrauf kommt, wird es noch schwieriger sein, Tierhalter zu bewegen, ihre Tiere rauszulassen.«

Mit durchziehenden Einzelwölfen glaubt Gerd Kämmer kein Problem zu haben: »Da werden wir den Hundehaltern noch dankbar sein, die die Leinenpflicht in den Naturschutzgebieten ignorieren. Denn die haben die Galloways und die Koniks sensibilisiert.« Auch aus anderen Beweidungsprojekten wird das berichtet. Wo die Spaziergänger ihre Hunde öfter laufen lassen, sammeln sich die Rinder und die Koniks und greifen die Hunde gemeinsam an. Nun ist ein Hund kein Wolf, aber Gerd Kämmer traut seinen Galloways zu, einen einzelnen Wolf durchaus vertreiben zu können. Beim koordinierten Angriff eines Rudels dürfte das nicht mehr so sein.

»Tierverluste werden wahrscheinlich aber gar nicht unser größtes Problem sein.« Er malt ein Szenario für den Fall aus, dass sich ein Wolfsrudel in der Gegend niederlassen sollte; eine Situation, die für ein Weideprojekt wie Schäferhaus das Aus bedeuten könnte. Stiftungsland Schäferhaus grenzt im Westen an die A7. Vom Weidezaun bis zur Autobahn sind es an der engsten Stelle nur fünfzig Meter. Und die Schnellstraße ist an dieser Stelle nicht noch zusätzlich mit einem Wildschutzzaun gesichert. Doch selbst der könnte eine Herde von Rindern in Panik kaum aufhalten: In diesem Fall würden die hinten nachkommenden Tiere die ersten durch den Zaun drücken, auch wenn die vorderen Halt machen wollten vor der stromführenden Litze. Dann rennen plötzlich Galloways über die Autobahn. Und wer ist verantwortlich für den Unfall, der sich dann mit hoher Wahrscheinlichkeit ereignet? Der Tierhalter Bunde Wischen. »Es wird ja kein Zettel drankleben, auf dem steht: Das waren wir, gezeichnet die Wölfe«, sagt Gerd Kämmer. Ob es Wölfe waren, lasse sich immer erst feststellen, wenn es einen Riss gegeben hat.

Das zweite Problem, neben dem der Sicherheit für die Umgebung, sei die Herde selbst. »Die Wölfe werden uns die Tiere so durcheinanderbringen, dass wir, selbst mit aller Geduld und Erfahrung, die Herden womöglich nicht mehr steuern, nicht mehr handhaben können.« Und das wäre es dann, das Aus für das ganze seit nun schon einem Vierteljahrhundert erfolgreich laufende Vorzeigeprojekt.

Also doch ein vermeintlich wolfssicherer Zaun um das komplette Gelände? Um den Nordteil mit dreihundert Hektar und den Südteil mit noch einmal 140 Hektar? Dazwischen ein alter Militärflughafen, der heute zivil genutzt wird. Alles einzäunen? Wer in solchen Weideprojekten oder auch entlang der Weiden an den Deichen und im Marschland mal unterwegs war, hat Schwierigkeiten mit der Vorstellung, dass dort rundherum ein Zaun stehen könnte, den die Dokumentations- und Beratungsstelle des Bundes so beschreibt:

> *»Besonders bewährt für den Schutz von Nutztieren haben sich stromführende Zäune. Da Wölfe eher versuchen, Zäune zu unterqueren, statt sie zu überwinden, ist es besonders wichtig, dass die unterste Litze maximal 20 Zentimeter vom Boden entfernt ist. Damit die Litzen ausreichend unter Spannung stehen, muss der Zaun gut geerdet sein. Elektrozäune sollten 120 Zentimeter hoch sein.«*[33]

Ist es denkbar, dass so etwas um ein 440 Hektar großes Gebiet herumgebaut wird? Oder um achthundert Hektar wie in der Oranienbaumer Heide? Ein Zaun, für den erst einmal sämtliche Vegetation in der Umgebung entfernt und eine mindestens zwei Meter breite Trasse eingeebnet werden müsste, damit die Wölfe keine Möglichkeit finden, über Baumstämme abzuspringen oder durch Senken zu schlüpfen. Und das keineswegs an geraden Geländegrenzen entlang, sondern kreuz und quer durch die Landschaft, um viele Ecken und Kanten herum. Außerdem müsste dieser Zaun dann auch jeden Tag kontrolliert werden. Denn, so erzählte es ein Wolfsberater bei einer der vielen öffentlichen Diskussionen über den Schutz der Weidetiere vor dem Wolf: Man kann erkennen, was die Wölfe vorhaben. Sie machen durchaus Probegrabungen, bevor sie sich unter einem Zaun hindurchbuddeln. Deren Spuren lassen sich aber nur finden, wenn man das Gebiet jeden Tag kontrolliert, und zwar zu Fuß. Wer soll das machen? Und was würde geschehen, wenn zu sehen wäre, wo ein Wolfsangriff bevorsteht? Wer dürfte da eingreifen, wodurch und am Ende womit, doch nicht etwa mit einer Waffe in der Hand?

Ein Weidezaun um die gesamten Beweidungsgebiete komme ohnehin nicht in Frage, sagt Gerd Kämmer: »Wolfssichere Zäune um hunderte von Hektar große Weidelandschaften wären niemals ein Thema für uns, selbst wenn das finanzierbar und kontrollierbar wäre, weil wir dann auch alle anderen Wildtiere aussperren würden.« Nicht einmal mehr die Rothirsche könnten dann die Galloways besuchen kommen, wie das im Stiftungsland Schäferhaus immer wieder zu beobachten ist. »Wir wollen ja eben keine geschlossenen, hermetisch abgeschirmten Flächen. Unsere halboffenen Weiden sollen in die Landschaft hineinwirken und alle anderen Tiere, die die Weidelandschaften besiedeln, sollen ja gerade auch hinaus- und hereinkönnen.« So wie die Hirsche, die aus dem Stand über den Rinderweidezaun springen. »Und in solch einem System wird es dann schwierig mit dem Wolf« – sagt er, um nicht zu sagen: unmöglich.

Mit Sorge und auch deutlich geäußertem Unverständnis schaut Gerd Kämmer nach Niedersachsen, wo man mehrere Wolfsrudel, die sich auf Weidetiere spezialisiert haben, einfach machen lasse: »Die haben gelernt, Schutzzäune zu überwinden und auch große Weidetiere anzugreifen. Und diese Wölfe geben ihr Wissen jetzt an die nächsten Generationen weiter, an die Jungwölfe, die dann ihr Rudel verlassen und andere Regionen besiedeln. Wir züchten uns da gerade Wolfspopulationen heran, die genau das machen, was wir überhaupt nicht brauchen können: tödlich für die Weidehaltung, für den Naturschutz, für die Biodiversität.« Allerdings machte eines dieser Wolfsrudel vor einiger Zeit möglicherweise einen gravierenden Fehler, indem es Richtung Hannover zog und dort »Uschis Pony« fraß. »Vielleicht führt das ja in Brüssel zu etwas Nachdenken«, sagt Gerd Kämmer. Es war Dolly, das Pony der EU-Kommissionspräsidentin Ursula von der Leyen, das der Wolf GW950m Anfang September 2022 tötete. Die Kommissionspräsidentin ließ damals mitteilen, die ganze Familie sei fürchterlich mitgenommen. Kurze Zeit später war dieser Wolf mit naturschutzrechtlicher Sondergenehmigung zum Abschuss frei. Manchmal geht es dann doch schnell. Die Frage, ob es ebenso gelaufen wäre, wenn es das Pony eines anderen Pferdehalters getroffen hätte, lässt sich nicht klären.

Das Umdenken, das sich Gerd Kämmer wünscht, fand in Brüssel erst sehr viel später statt und maßgeblich unter dem Eindruck anstehender Europawahlen. Nachdem deutsche Ministerpräsidentinnen und Ministerpräsidenten unter Führung des Niedersachsen Stephan Weil bei Ursula von der Leyen vorgesprochen hatten, zeigte sie sich offen für eine Diskussion über den Schutzstatus des Wolfes. Und die deutsche Umweltministerin lockerte kurz darauf die Regeln für den Abschuss sogenannter Problemwölfe. Scheint so, als habe Gerd Kämmer Recht: Dieser eine Riss dieses einen Wolfsrudels macht vielleicht am Ende den Unterschied. Nachweisen können werden wir das eher nicht. Und wir wollen ja auch keine neuen Mythen entstehen lassen. In anderen Situationen heißen solche Unsicherheiten dann gerne *Fog of War* – der »Nebel des Krieges«.

Konsequenz

In anderen großflächigen Naturschutzgebieten, wo die Landschaft mit ganzjähriger Beweidung mit Rindern und Koniks offengehalten wird, haben sich die Wölfe längst niedergelassen – mit harten Konsequenzen. Die Oranienbaumer Heide, jenes Paradebeispiel von Renaturierung und Rückholung der Biodiversität bei Dessau in Sachsen-Anhalt, ist auch ein Paradebeispiel für die Folgen der Wolfsansiedlung im Naturschutz – und letztlich in der Landwirtschaft.

Als der gelernte Landwirt Stefan Reinhard seine Stelle als Geschäftsführer der vom Nabu gegründeten Primigenius gGmbH in Wulfen bei Köthen und Dessau antrat, war der Wolf in der Oranienbaumer Heide längst sesshaft geworden. »Wir haben hier mitten im Weidegebiet ein Wolfsrudel. Dessen Rendez vous-Platz ist da, wo unsere Weidetiere leben. Genau da ziehen die Wölfe ihre Welpen auf.« Das bedeutet natürlich, dass es in der Vergangenheit immer wieder Angriffe auf die Weidetiere gab, die dort im Naturschutz arbeiten.

Die Folge der Wolfsansiedlung war drastisch: Es kam im Beweidungsgebiet kein Kalb mehr durch und es wurde kein Fohlen mehr groß. Vielen Kälbern konnten die Mitarbeiterinnen und Mitarbeiter des Projekts gar keine Ohrmarken mehr einsetzen, weil sie ihre Geburt nur um wenige Stunden oder Tage überlebten; und von der Geburt der meisten Fohlen bekamen sie nicht einmal mehr etwas mit. Die mächtigen Heckrinder konnten manche ihrer Kälber zuerst noch schützen. Sie haben beeindruckend große Hörner und sind nicht unbedingt friedliche Tiere. Stefan Reinhard sagt ja, er habe einige Heckrinder mit eher problematischem Charakter. Wenn sich solche Tiere bisweilen gegen Menschen stellen, dann erst recht gegen Wölfe, die ja das Urbild des Feindes für ein Rind abgeben. Die Mütter konnten ihre Kälber also verteidigen, wenn die Wölfe sie nicht gerade bei der Geburt überraschten, während der sie ziemlich wehrlos sind. Wenn der Nachwuchs aber dann ins Flegelalter kam und die Mütter verließ, um die Umgebung zu erkunden, war er sichere Beute für die Wölfe.

Das musste Stefan Reinhard abstellen. »Wir mussten einfach reagieren«, sagt er, »wir sind ja als Tierhalter nicht nur verpflichtet, unsere Tiere vor Hunger und Durst zu schützen, sondern auch vor Wolfsübergriffen. Wir sind ja auch für ihre Gesundheit verantwortlich.« Und natürlich gab es empörte Anrufe von Spaziergängern, die am Wegesrand halb gefressene Kadaver von Kälbern und Fohlen liegen sahen. Die Rückkehr des Wolfes mögen viele begrüßen, die Folgen wollen die meisten aber lieber nicht sehen.

Das führte dann zu einer harten Entscheidung: »Wir haben die Reproduktion in diesem Weidegebiet eingestellt.« Das bedeutet, dass die Heckrinder und die Koniks dort keinen Nachwuchs mehr zeugen dürfen und können. Es gibt keine Kälber und keine Fohlen mehr, die leichte Beute für die Wölfe sind. Die männlichen Heckrinder sind keine Bullen mehr, sondern Ochsen. Dadurch bekommen die Kühe keine Kälber. Bei den Koniks war das mit der Kastration nicht so einfach machbar. Ein Wallach ist kein Hengst und kann keine Herde zusammenhalten. Er hat keine derartigen Ambitionen und würde dabei auch von den Stuten nicht akzeptiert. Hengste halten aber ihre Herden zusammen, was im Fall der Oranienbaumer Heide überlebenswichtig ist, denn nur gemeinsam sind die Pferde in der Lage, sich gegen die Wölfe zu wehren. Also wurden die beiden Hengste in einer aufwendigen und teuren Vasektomie-Operation sterilisiert.

An dieser Stelle ein kurzer Exkurs: Schon vor vielen Jahren habe ich mit den beiden inzwischen ehemaligen Zoodirektoren, die ich näher kenne, immer mal wieder darüber diskutiert, warum sie im Zoo Tiere gebären lassen, die danach eigentlich überzählig sind. Sie können sie gar nicht halten und auch nicht immer an

Auswilderungsprogramme irgendwo in der Welt abgeben. Das hat mehrfach zu Protesten von Tierschützern geführt, weil die Tiere dann teilweise geschlachtet und an die Löwen oder andere Raubtiere verfüttert werden müssen. Wenn das mit Schweinen oder Rinder geschieht, gibt es keine Proteste, aber das nur nebenbei. Beide Tiergärtner sagten mir unisono, dass es darum gehe, die Tiere ihre natürlichen Bedürfnisse ausleben zu lassen. Und zu denen gehört nun mal das Kinderkriegen. Wenn man keine depressiven Muttertiere halten wolle, dann müsse man ihnen das ermöglichen. Was im Umkehrschluss bedeutet, dass der Nabu in Sachsen-Anhalt tendenziell depressive Kühe und Stuten hält. Das ist auch nicht das, was man sich unter Tierwohl vorstellt. Geht aber wohl nicht anders, wenn man gleichzeitig Naturschutz mit Weidetieren machen will und den naturgeschützten Wolf nicht stören möchte.

»Wir lassen nur noch gesunde Alttiere auf die Fläche«, sagt Stefan Reinhard. Und der Erfolg gibt ihm Recht: »Seit 2018 hatten wir keinen Wolfsriss mehr«, auch wenn das Konzept, das er »Vermeidungsstrategie« nennt, alles andere als befriedigend sein mag und schon gar kein Beispiel, an dem sich landwirtschaftliche Betriebe orientieren können. Es ist hoch aufwendig, die Tiere in einem mit hoffentlich wolfssicheren Zäunen begrenzten dorfnahen Gebiet Kilometer entfernt aufzuziehen. Dort werden Bullen und Kühe gehalten und Hengste und Stuten, um ihren Nachwuchs dann, wenn der alt genug ist, in die Oranienbaumer Heide zu bringen, wo sie ihrem Job im Naturschutz nachgehen sollen. Mit dem einfachen Transport ins Beweidungsprojekt ist es aber auch nicht getan. Die Tiere dort brauchen besondere Aufmerksamkeit und Beobachtung.

Stefan Reinhard hatte einen Viehanhänger an seinem Pickup mit in das Weidegebiet gezogen, als wir uns dort trafen. Ein Heckrindochse, der auf einem Lauf lahmte, sollte möglichst bald aus dem Beweidungsprojekt entfernt werden: »Wir tun ihm und uns etwas Gutes, wenn wir ihn mitnehmen und durch ein gesundes Tier ersetzen.« Der Ochse kann sich durch sein Handikap vielleicht nicht mehr so gut bei der kleinen Rinderherde aufhalten; und wenn er alleine ist, kann er sich auch nicht mehr so gut gegen das Wolfsrudel wehren. Er würde also tendenziell deren Opfer, und das soll auf keinen Fall passieren. Man darf sich als Rind im Wolfsgebiet also im Prinzip nicht mal mehr den Fuß vertreten.

Auch zwei junge Konik-Hengste, die eigentlich in Zukunft mal eine Erweiterungsfläche des Weidegebiets besiedeln sollten, haben die Leute von Primigenius wieder herausgenommen aus der Oranienbaumer Heide. Sie taugten offensichtlich nicht für die gefährliche Umgebung. Sie hatten sich nicht dicht genug an die Pferdegruppe gehalten, waren immer wieder ihre eigenen Wege gegangen und wurden dann folgerichtig auch von den Wölfen angefallen. Die beiden konnten sich verteidigen, hatten aber am Rücken und der Kruppe blutige Schrammen. Und das war genug: »Wenn die Tiere nicht kapieren, was hier zu tun ist, dann müssen sie gehen«, sagt Stefan Reinhard: »Beim nächsten Mal wären die Wölfe vielleicht erfolgreich gewesen. Und das kann ich nicht riskieren.« Wobei es nicht nur um die Fürsorgepflicht des Tierhalters geht, sondern auch darum, dass die Wölfe in der Oranienbaumer Heide nicht lernen sollen, große Weidetiere zu erlegen. Denn damit würden sie und ihr Nachwuchs die Tierhaltung in der ganzen Region und darüber hinaus erschweren oder unmöglich machen.

Wölfe sind große Wanderer. Der Rüde, der den eines Tages verschwundenen Vater des Rudels in der Göhrde ersetzt hat, erzählt Wolfsbeobachter Kenny Kenner, stammt nach genetischen Untersuchungen aus den Alpen, aus der Schweiz, Österreich oder Frankreich. Er hat also gut tausend Kilometer zurückgelegt, über alle Pässe und Straßen und Flüsse hinweg. Und weil die Wölfe ja sehr intelligente Wesen sind und ihr Wissen an die nächsten Generationen weitergeben, reist damit auch das Wissen über die Jagdtechniken und die leichte Beute Nutztier womöglich tausend

Kilometer weit. In großer räumlicher Entfernung, vielleicht in ganz anderen Ländern, wundern sich dann die Menschen, dass ihre bislang erfolgreichen Herdenschutzmaßnahmen plötzlich nicht mehr funktionieren. Nur weil ein Wolf zugewandert ist, den wir in Deutschland durch Nichtstun auf Nutztiere und das Überwinden von Zäunen trainiert haben.

Hobbybeute

»Das größte Problem sind die beratungsresistenten Tierhalter«, sagt Wolfsberater Kenny Kenner aus der niedersächsischen Göhrde. »Das größte Problem sind die Hobbytierhalter«, sagt dagegen Eckhard Fuhr vom Ökologischen Jagdverband in Brandenburg. In manchen Fällen sind die beiden benannten Problemgruppen ein und dieselbe. Es sind die Tierhalter, die den Wölfen durch Nichtstun ein Trainingsgelände bieten. Sie offerieren ihre Schafe oder Ziegen den Wölfen in für diese leicht zu überwindenden Einzäunungen, aus denen die Beutetiere selbst nicht entweichen können.

»Wenn mir ein Tierhalter nur sagt: Der Wolf muss weg! Und er zu sonst nichts bereit ist, dann weiß ich schon, dass ich es eigentlich sein lassen kann«, sagt Kenny Kenner. Dann habe Beratung zum Herdenschutz keinen Sinn. Die Wolfsberater in Niedersachsen sind ehrenamtlich tätig und haben entsprechend noch anderes zu tun, als störrische Tierhalter zu überzeugen, etwas für ihre Tiere zu tun. Kenny Kenner ist dabei zudem sehr aktiv, weil er den Wolf zu seinem Hauptthema gemacht hat. Von Haus aus ist er Filmemacher und betreibt in der Göhrde ein Biohotel, wo er auch Wolfsexkursionen und Seminare zum Wolf anbietet. Kenny Kenner kennt das dort ansässige Rudel seit Jahren und hat auch einen Film über dessen Wolfsalltag gedreht, der im Seminarraum des Hotels gezeigt wird. Insofern hat er viel Zeit, sich mit dem Wolf zu beschäftigen, viel Zeit für das Monitoring, das in Niedersachsen Aufgabe der Wolfsberater ist, und mehr Zeit als andere für seine Beratertätigkeit. Dennoch gibt es auch in seiner Region Tierhalter, bei denen er wegen anhaltender Beratungsresistenz aufgeben musste.

Eckhard Fuhr, der durch seine Arbeit im Vorstand des Ökologischen Jagdverbands ein ganzes Bundesland überblickt, sieht vor allem die »Hinterhofhaltungen« als Problem; also die drei Schafe, die schon immer hinterm Haus gehalten wurden und bei denen der Besitzer dann bass erstaunt ist, wenn die eines Morgens tot auf der Weide liegen oder nur noch Haut und Knochen von ihnen übrig sind. »Dann höre ich auch heute noch, nachdem der Wolf schon Jahre wieder da ist: Aber das haben wir doch schon immer so gemacht und es ist noch nie was passiert.« Die Wölfe, die diese drei Schafe gerissen haben, waren scheinbar die ersten, die dort je aufgetaucht sind. Und über den Wolf gesprochen wurde offenbar zuvor auch nicht. Dabei ist die Besiedelung in Brandenburg ziemlich flächendeckend. »Bei manchen der Hobbytierhalter ändert die erste Erfahrung mit dem Wolf auch nicht viel«, sagt Eckhard Fuhr. »Da werden mit der Entschädigungszahlung die nächsten drei Schafe angeschafft. Und das wars.« Bestenfalls würden die Tiere dann nachts in einen Schuppen oder die Garage gesperrt. Das gehe so lange gut, bis der Wolf tagsüber kommt.

»Das sind die Tierhalter, die unsere Wölfe zu Nutztierräubern erziehen« – und damit auch diejenigen, die den anderen Tierhaltern schaden. Den professionellen Schäfern zum Beispiel, die dann erleben müssen, dass die Wölfe ihre Herdenschutzzäune überwinden, weil sich ein Einzelwolf, ein Wolfspaar oder ein ganzes Rudel plötzlich auf Nutztiere spezialisiert hat.

Mit dem Begriff »Hobbytierhalter« stellt Eckhard Fuhr einen Unterschied zum professionellen Umgang mit den Tieren und der Bedrohung fest. Vielleicht ist aber auch unser ganzer Umgang mit dem wiedergekehrten Wolf eher nicht professionell. Vom sogenannten Wolfsmanagement wird immer nur geredet, was das aber meint, bleibt völlig nebulös. Die eine Seite dürfte darunter die Herstellung möglichst günstiger Lebensbedingungen für Wölfe verstehen. Das lässt sich aus der bereits zitierten Netzseite der DBBW, der Dokumentations- und Beratungsstelle des Bundes zum Thema Wolf schließen. Auch aus den Pressemeldungen des Bundesamtes für Naturschutz geht vor allem hervor, dass »der langfristige Erhalt des Wolfes in Deutschland« von zentraler Bedeutung sei.

Das ist ziemlich genau das Gegenteil dessen, was die andere Seite interessiert. Eckhard Fuhr, der nach dem Buch über Wölfe eines über Schafe geschrieben hat,[34] sagt: »Der Wolf ist nicht wichtig für die biologische Vielfalt. Jede Schafherde ist in ihrer Wirkung ökologisch wichtiger.« Und ein ausgewiesener Artenschützer drückt es noch viel drastischer aus: »Ich bin der Meinung, dass der Wolf in stärkerem Maße abgeschossen werden muss«, sagt Werner Kunz, Autor des Buches *Artenschutz durch Habitatmanagement*, das aufräumen will mit dem *Mythos von der unberührten Natur*, wie der Untertitel verrät. Daran lässt sich schon ablesen, dass der Biologieprofessor Eingriffe in die Natur befürwortet, zum Beispiel solche mit Weidetieren. Und die gefährde der Wolf. Zumal der in Deutschland keineswegs mehr gefährdet sei, weshalb man ihn auch nicht noch weiter schützen müsse.

Das ist der erste der drei Gründe, die der Artenschützer für den Abschuss von Wölfen anführt. Der zweite sei die konkrete Gefahr, die vom Raubtier Wolf ausgeht. Sobald ein Wolf den ersten Menschen getötet habe, »was ja durchaus geschehen kann«, wäre das ein gewaltiger Schaden, am Ende auch für den Naturschutz. Denn dann wäre die Gleichung: Wolf gleich Naturschutz, Naturschutz also gefährlich für die Menschen. Fazit: »Man soll den Wolf nicht so sehr schützen, weil das am Ende dem ganzen Artenschutz schadet. Da sollte man sich lieber anderen Tieren widmen«, sagt Werner Kunz. Der dritte Grund für den Abschuss von Wölfen sei schließlich, dass der Wolf kein spezielles Biotop brauche. Er gehöre als Generalist nicht zu einem bestimmten Ökosystem und könne letztlich auch in der Stadt leben, wenn er dort genügend zu fressen findet. »Wir müssen aber verloren gegangene Biotope wieder aufbauen oder die letzten vorhandenen schützen, wenn wir gegen das Artensterben und den Biodiversitätsverlust etwas tun wollen. Und genau dabei stört eben der Wolf.«

Wolfsberater Kenny Kenner, der natürlich nicht für den generellen Abschuss von Wölfen eintritt, nur weil die sich nun bald überallhin ausgebreitet haben, sieht das Problem mit dem Wolfsangriff auf Menschen ebenfalls. Und adressiert dabei genau das fehlende Wolfsmanagement. »Was passiert denn, wenn ein Wolf auffällig wird Menschen gegenüber? Wer entnimmt dieses Tier dann?«, fragt er und antwortet auch gleich selbst: »Ich wüsste nicht, wer das machen soll.« Weil es nämlich in Deutschland kein Wolfsmanagement gebe, das diesen Namen verdient: »Wir brauchen da ein System, wir müssen festlegen, wer wann in welchem Fall eingreift, und das muss dann auch geschehen.« Und nicht erst, wenn Menschen angegriffen werden. Auch die Tierhalter müssen sich darauf verlassen können, dass eingegriffen wird, wenn es zu viel Ärger mit Wölfen gibt: »Und zwar schnell und vom Gesetz gedeckt«, anstatt illegal wie derzeit immer wieder. Wir brauchen ein Wolfsmanagement, das nicht nur verbale Beruhigungspillen verteilt und Schadensersatz zahlt, sagt der Wolfsberater: »Es muss wirklich aktiv sein und auch etwas machen können. Und das haben wir noch nicht, in keinem Bundesland.«

So etwas nennt man gemeinhin »Politikversagen« oder gar »Staatsversagen«. Davon wird dann öffentlich und in den Medien auch die Rede sein, wenn es so weit kommt, dass Wölfe Menschen angreifen oder sogar töten.

Übrigens hat es nichts mit dem fehlenden Wolfsmanagement zu tun, wenn der Wolf in immer mehr Bundesländern in das Jagdrecht aufgenommen wird. Das ändert nämlich erst einmal gar nichts, weil die Tiere dann schlicht ganzjährigen Jagdschutz genießen. Und am Ende kann sich das Jagdrecht sogar negativ auf ein ja vielleicht doch irgendwann noch kommendes Wolfsmanagement auswirken. Grund dafür ist unser verzwicktes Revierjagdsystem. »Das haben die Revolutionäre von 1848 schlecht gemacht«, sagt der Jäger Eckhard Fuhr. Die Nationalversammlung in der Frankfurter Paulskirche hat damals zwar das feudale Jagdrecht abgeschafft, es aber mitnichten demokratisiert. Ersetzt wurde es durch ein Jagdrecht, das an den Besitz des Bodens geknüpft ist und von den Eigentümern verpachtet werden kann. So entstand mit dem örtlich begrenzten Jagdrevier die seltsame Figur des Jagdpächters.

Jäger dürfen in fremden Revieren nicht einmal eine Waffe tragen, geschweige denn ein Tier erlegen. Selbst wenn es also in Deutschland irgendwann einmal staatliche Jäger gäbe, wie die bei der Wildhut in der Schweiz oder der *Louveterie* in Frankreich, müssten sie jedes Mal um Betretungserlaubnis bitten, wenn ein von ihnen verfolgter Wolf eine Reviergrenze überläuft. Das Gleiche gälte auch für bewaffnete Hirten, die ihre Herde im Notfall verteidigen wollen. Letztlich ist das deutsche Jagdrecht gelebte Kleinstaaterei, was spätestens deutlich wird, wenn man die Ausdehnung des Jagdreviers eines Wolfsrudels mit den Revieren der Jäger vergleicht. Von denen gibt es 384 000 in Deutschland. So kommt es, dass in einem Wolfsrevier mehrere hundert menschliche Jäger tätig sind – oder auch untätig, wenn man sich die Wilddichte im Land anschaut. Wölfe interessieren sich nicht für menschliche Grenzen, profitieren aber durchaus von menschlicher Begrenztheit. Und davon haben wir in Deutschland viel zu bieten.

Kapitel 3
Ruck zur Natur

»Der Herr ist mein Hirte. Mir wird nichts mangeln.
Er weidet mich auf einer grünen Aue
und führet mich zum frischen Wasser.«[1]

Psalm 23

Geburt einer Landschaft

»Es war einmal …« – und hier passt diese Einleitung tatsächlich, weil es der Anfang unserer Geschichte ist. Der Anfang des modernen Teils der Menschheitsgeschichte, wenn wir die mal etwas weiter fassen und mit dem Beginn der Landwirtschaft gleichsetzen. Es war einmal eine Eiszeit. Diese endete vor rund zwölftausend Jahren. Damals stieg die Durchschnittstemperatur sehr rasch um mehrere Grad Celsius an. Das Erdzeitalter des Pleistozäns ging zu Ende, es begann das Holozän und die Zeit, die wir Mittelsteinzeit nennen.

Zuvor war es schon einmal warm geworden auf der Erde, dann aber noch einmal wieder eiskalt. Die Eisschilde wuchsen wieder in der bislang letzten, der über tausend Jahre währenden Dryas-Eiszeit. Danach sprang die Durchschnittstemperatur fast auf unser heutiges Niveau. Das war vor 11800 bis 11700 Jahren. Die Eisschilde schmolzen, der Meeresspiegel stieg in der Folge um weit über hundert Meter, die Britischen Inseln entstanden und die Beringsee trennte Amerika von Asien. Dann erfanden einige der Steinzeitmenschen den Ackerbau, ließen sich nieder, gründeten erste Siedlungen und bald die erste Stadt. Damit markierten sie den Übergang in die Zeit, die wir Jungsteinzeit nennen, das Neolithikum. Natürlich ging das nicht ganz so schnell, wie es erzählt ist, aber für die Erdgeschichte dann doch in rasanter Geschwindigkeit.

Die exakte Datierung der Ereignisse stammt aus dem Vergleich von Eisbohrkernen aus Grönland und dem Hohenheimer Jahrringkalender. Der anhand der Jahresringe von Bäumen erstellte Kalender der Universität Hohenheim ist das am weitesten zurückreichende dendrochronologische Projekt. Derzeit bildet es 12468 Jahre ab: »Ob Dachbalken, antike Möbel oder der Griff einer Steinzeitaxt – jedes Holzstück, das wenigstens fünfzig bis hundert Jahrringe besitzt, zeigt ein so charakteristisches Muster, dass wir das Alter bis auf das Jahr genau bestimmen können«, zitiert die Universität Hohenheim den Paläobotaniker Michael Friedrich.[2] 2008 veröffentlichten Universitäten aus Schweden, Dänemark, der Schweiz und Deutschland eine Arbeit, mit der sie die im Eis konservierten Klimaereignisse mit denen in den Jahresringen von Bäumen zusammenführten, die zum Teil in Mooren konserviert oder aus Kiesgruben geborgen worden waren.[3] Seitdem wissen wir sehr genau, wann die Eiszeit endete und das Holozän begann.

Wir können die klimatischen Schwankungen und die Temperatursprünge datieren und feststellen, dass nach dem Schmelzen der Eisschilde ein Teil unserer Vorfahren sesshaft wurde und die Landwirtschaft erfand. Allerdings nicht da, wo zuvor in riesigen Gletschern kilometerdickes Eis lag, sondern in jenem damals »Fruchtbaren Halbmond« zwischen Nil, Euphrat und Tigris. Dort begann die Neolithische Revolution, der wohl größte Umsturz der Lebensweise in der Geschichte der Menschheit. Was uns heute völlig normal vorkommt, die Sesshaftigkeit, die gibt es erst seit der Jungsteinzeit und damit erst eine sehr kurze Zeit in der Entwicklungsgeschichte des Menschen. Während uns die wenigen Menschengruppen, die noch als Jäger und Sammler leben, heute exotisch erscheinen, sind eigentlich wir die Exoten. Als Jäger und Sammler lebte die Gattung *Homo* nämlich 99,5 Prozent der Zeit ihrer bisherigen Existenz auf dieser Erde.

Wie kam es dann dazu, dass sich die Menschen vor rund zwölftausend Jahren plötzlich niederließen und die Landwirtschaft erfanden? Kann der klimatische Wandel der einzige Grund sein? Es war wohl möglich, den Anbau von Feldfrüchten auszuprobieren, weil es häufiger regnete. Schließlich war ein großer Teil der Eisschilde geschmolzen. Es gab nun viel mehr flüssiges Wasser auf der Erde, es war wärmer geworden, mehr Wasser verdunstete, der Wasserkreislauf in der Atmosphäre dynamisierte sich. Aber war das schon alles, kam da nicht noch ein anderes Ereignis hinzu – das Ereignis »Nutztier«? Bislang hatten die Menschen nur Hunde bei sich, die aus den Wölfen entstanden waren und sich ihnen schon früh angeschlossen hatten. Nun, da sie sich niederließen, konnten sie auch andere Tiere in ihre Obhut nehmen. Oder andersherum: Da sie jetzt Rinder zu sich genommen hatten, konnten sie sich auch niederlassen. Sie mussten den wandernden Herden nicht mehr hinterherziehen, um Fleisch zu erbeuten und Häute und Horn.

Auf einem Siedlungshügel am linken Ufer des mittleren Euphrat wurde in den 1990er-Jahren eine Rettungsgrabung durchgeführt. Es galt, Erkenntnisse über eine neolithische Siedlung dort zu sammeln, bevor der Tischrin-Staudamm geflutet würde und alles versinken ließe. Dabei kamen auf dem Tell Dscha'dat al-Mughara ein großer Rundbau zutage und die ältesten Fresken der Welt, also die erste gebaute und dann bemalte Wand. Außerdem wurden die ältesten Knochen eindeutig bereits domestizierter Rinder gefunden. Die Funde aus der Siedlung am Euphrat stammen aus dem neunten Jahrhundert vor Christus, sind also um die elftausend Jahre alt.[4]

Etwas später entstand dann bereits die erste Stadt, eigentlich fast schon außerhalb des Gebietes, das wir heute »Fruchtbarer Halbmond« nennen, an dessen nördlichem Rand, im heutigen

Anatolien, im südlichen Teil der Hochebene von Konya. Wobei sie wohl nicht so geplant war, wie sie sich den Archäologen heute präsentiert. Stattdessen wuchs sie aus mehreren Höfen und dann Dörfern zusammen. Die Stadt Çatalhöyük war zweitausend Jahre lang bewohnt und hatte in ihren Hochzeiten wohl achttausend Einwohner. *Megasite* nennen die Archäologen solch eine zusammengewachsene Siedlung. *Megacity* war Çatalhöyük in der frühen Jungsteinzeit.

Die Stadt hatte keine Straßen, nicht einmal Gassen. Die Menschen bewegten sich über die flachen Dächer der Häuser und kletterten von oben über Leitern in ihre Wohnungen. Die Toten wurden unter den Häusern begraben. Die Stadt hatte auch keine schützende Mauer um sich herum, sie war selbst eine Mauer aus Lehmziegeln, weil die Verkehrswege und Eingänge erklommen werden mussten; ein guter Schutz gegen Raubtiere. Um Çatalhöyük herum lagen Felder und es wurde Viehzucht betrieben. Und die Wände vieler der Häuser dieser ersten Stadt waren bemalt und mit Bukranien verziert, mit Rinderköpfen im Halbrelief.

Der britische Archäologe James Mellaart, der erste Grabungsleiter in den 1960er-Jahren, legte eine ganze Kultstätte frei, die er als Tempel eines Stierkultes wertete. Gemalte Stiere an den Wänden, Bukranien in Reihe zwischen Säulen, davor kubisch gemauerte Sitzgelegenheiten, an den Seiten mit Hörnern verziert. Die Archäologen, die seitdem immer mehr von der neolithischen Stadt freigelegt haben, gehen heute eher davon aus, dass jedes Haus seine eigene Kultstätte hatte. Bukranien, Tierdarstellungen und Wandmalereien gab es überall in Çatalhöyük, zum Beispiel drei Stierköpfe übereinander und darüber das Halbrelief einer Frauenfigur, die offenbar gerade ein Kind gebiert. Dazu wurden viele Keramiken gefunden, die großbrüstige Frauen und auch Liebespaare darstellen. Gefäße aus Ton gab es am Anfang noch keine, aber Figuren. Fruchtbarkeitssymbole und Stierkult?

Für den Kunsthistoriker Heinrich Klotz ist die Sache klar: »Über die Bedeutung beider Symbole gibt es kaum einen Zweifel: Die

Gebärende stellt das weibliche Prinzip dar und repräsentiert die Muttergöttin; der Stier repräsentiert wohl das männliche Prinzip. Da es andere dominierende und in vielerlei Zusammenhängen immer wieder aufgenommene Symbolfiguren nicht gibt, können wir vermuten, dass es die beiden Hauptgottheiten von Çatalhöyük waren: die Muttergottheit und der Stiergott.«[5]

Der deutsche Prähistoriker Frank Falkenstein sieht die besondere Hervorhebung des Stieres im angenommenen Kult dieser neolithischen Siedlung dagegen schlicht in der Wirtschaftsweise der Menschen begründet. Rund um Çatalhöyük wurden die Felder schon bewässert und mit domestizierten Getreidesorten und Hülsenfrüchten bestellt. Die Tierhaltung war weit entwickelt und die Jagd stark zurückgegangen. »Bemerkenswert erscheint die Tatsache, dass das Hausrind von Çatal Höyük sich bereits in einem fortgeschrittenen Stadium der Domestizierung befand, wohingegen Schaf und Ziege, sofern sie überhaupt domestiziert waren, noch dem Phänotyp der Wildarten verhaftet waren.«[6] Entsprechend einseitig gestaltete sich die fleischliche Ernährung der Bewohner: Sie bestand zu neunzig Prozent aus Rindfleisch, eine regionale Besonderheit dieses Ortes. Und entsprechend sieht Frank Falkenstein den Stierkult von Çatalhöyük ebenfalls als regional begrenzte Erscheinung. Er lässt sich in anderen Siedlungen der gleichen Zeit und Region jedenfalls nicht nachweisen.

Allerdings gibt es eine weit größere tempelartige Anlage mit Stierköpfen an herausragenden Stellen auf dem Göbekli Tepe, einem vor zwölftausend Jahren erstmals und in der Folge dann mehrfach besiedelten Felsplateau, ebenfalls in Anatolien. Und in der späteren Jungsteinzeit, als die zu Bauern gewordenen Menschen aus dem Fruchtbaren Halbmond gen Norden wanderten, findet sich ein möglicher Stierkult auch anderswo. Frank Falkenstein stellt eine Siedlung aus der späteren Jungsteinzeit im westrumänischen Banat heraus. Das dortige Parţa gehörte im Neolithikum zur südosteuropäischen Vinča-Kultur, die – wie andere neolithische Siedlungen Südosteuropas – deutlich von den ersten

Siedlungskulturen im heutigen Anatolien beeinflusst war. In der Mitte der Siedlung Parţa stand damals ein großes, freistehendes Heiligtum mit mehreren Räumen. Der Bau war mit zahlreichen Bukranien ausgestattet, den Eingang flankierten Säulen mit Stierköpfen aus Lehm, in die echte Hörner eingesetzt waren. Eine in Fragmenten gefundene Lehmstatue, von der nur der Sockel gut erhalten ist, wird von den Ausgräbern als Doppeldarstellung einer schwangeren Frau und eines Stieres interpretiert.[7]

Wie kamen aber die Kühe, und mit ihnen vielleicht ein Stierkult, dorthin? Das lässt sich ganz einfach erklären; despektierlich könnte man sogar sagen: Bei den Menschen ist es halt wie bei den Lemmingen. Der Grund liegt im Druck des Bevölkerungswachstums. Der Archäologe und Prähistoriker Harald Meller beschreibt es so:

> *»Von Natur aus sind wir Allesfresser mit einem Schwerpunkt auf hochwertiger Fleischnahrung. Der mobilen jägerischen Lebensweise geschuldet war unsere Nachkommenschaft stets stark limitiert. Durch nahezu fettfreie Ernährung aus Wildtieren, körperliche Aktivität und das lange Stillen der Kinder blieb die Bevölkerung bei Jägern und Sammlern konstant, da die Frauen während der mehrjährigen Stillperioden in der Regel nicht schwanger wurden. All dies änderte sich radikal mit dem Beginn des Neolithikums. Aufgrund von zuerst ungewohnt kohlehydrat- und fettreicher Ernährung kam es zu nahezu jährlichen Geburten mit der dramatischen Folge einer bis heute anhaltenden Bevölkerungsexplosion.«*[8]

Die erste neolithische Bevölkerungsexplosion war dann wohl auch der ausschlaggebende Impuls für die Wanderung der Menschen nach Norden. Ausgrabungen unter den Häusern von Çatalhöyük, wo die Toten bestattet wurden, zeigen, dass mit der wachsenden Bevölkerung auch die Konflikte zunahmen. Je jünger in der Siedlungsgeschichte die Toten, desto häufiger finden sich Schädelverletzungen. Viele Frakturen zeugen von Gewalteinwendung mit stumpfen Gegenständen, oft von hinten. Das neue sesshafte Leben brachte den Menschen nicht nur Vorteile.

Also machten sie sich auf und wanderten. Dabei nahmen sie ihre Tiere mit. Schon 250 Jahre nachdem die domestizierten Rinder im heutigen Syrien nachgewiesen sind, kamen sie auf Zypern an. Die Insel rechnen manche Wissenschaftler allerdings immer noch dem Fruchtbaren Halbmond zu. Dann ging es aber weiter nach Südost- und Mitteleuropa. Verzweigte Handelsrouten existierten damals bereits; das belegen Steine aus weit entfernten Regionen, die schon Neandertaler beim Herstellen von Werkzeugen benutzt hatten. Und entlang dieser Handelsrouten dürften die Menschen gewandert sein – weg von den übervölkerten und landwirtschaftlich vielleicht auch schon übernutzten Regionen im nicht mehr ausreichend fruchtbaren Halbmond, auf der Suche nach einem besseren Leben im Norden. Eine neue Einwanderungswelle des sogenannten modernen Menschen, also unserer Vorfahren, nach Europa.[9]

Was die Bauern aus dem Süden mitbrachten, waren ihre domestizierten Rinder. Mit den Tieren kann man ausgezeichnet wandern, das beweisen bis heute Nomaden in manchen Weltgegenden. Rinder sind ohnehin von Natur aus Wandertiere. Sie brauchen nur Grünzeug und Wasser auf dem Weg. Insofern konnte sich der gerade noch von der »mobilen jägerischen Lebensweise« geprägte Mensch sehr gut mit Rindern zusammentun, die inzwischen wie die Hunde zu seinen tierischen Begleitern geworden waren. Und dann eben mit den Tieren gemeinsam zur Besiedelung neuer Gebiete aufbrechen, schließlich eigneten sich die Rinder ja auch zum Tragen all der Gegenstände, die einer der neuartigen Haushalte brauchte. Das Wagenrad war da noch nicht erfunden, auch Keramikgefäße gab es noch nicht, Säcke und Tragen zum Beispiel aus Rindenbast schon.

Mittelland

Wohin wanderten aber diese Menschen? In was für eine Landschaft bewegten sie sich? Wie sah es da aus, in diesem Mitteleuropa des Neolithikums, der Jungsteinzeit? Wohin kamen die damaligen Migranten, wie konnten sie dort sich und ihre Tiere ernähren?

Die Lehre von der sogenannten natürlichen Sukzession sagt uns, dass nach der Eiszeit in jenem Europa dichter Wald aufgewachsen sein musste. Das haben wir in der Schule im Biologieunterricht und Tausende von Biologinnen und Biologen im Studium gelernt: Sukzession ist der natürliche evolutionäre Aufwuchs der Pflanzengesellschaften nach einem katastrophalen Ereignis, einer Eiszeit zum Beispiel. Und das Ende der Sukzession in Mitteleuropa sei der flächendeckende Hochwald, so die zugehörige Theorie. Das sind dann Buchenhallen wie im Nationalpark Kellerwald, wie sie angeblich schon der römische Historiker Publius Cornelius Tacitus als »dunkle Drohung Germaniens« beschrieben hat: »Das Land, obgleich in der besondern Erscheinung etwas verschieden, ist doch im Allgemeinen entweder durch Wälder schauerlich oder durch Sümpfe wüst.«[10]

Genau das stimmte aber nicht für die Zeit, als die ersten Bauern nach Mitteleuropa kamen, sagt zum Beispiel der niederländische Ökologe Frans Vera. Was Tacitus beschreibt, ist ja das, was er tausende Jahre später sah oder berichtet bekam. Die dunklen Wälder sind womöglich erst später entstanden, nachdem die Menschen die wilden Weidetiere dezimiert oder durch den zunehmenden Jagddruck vertrieben hatten. Die neolithischen Einwanderer nach Europa fanden dort aber keineswegs ausschließlich geschlossene dichte Wälder vor, die sie hätten roden müssen mit ihren Steinäxten, um ihren Rindern Grasland zu schaffen. Das gab es längst, immer noch und sowieso. Denn dort lebten bereits Rinder, nämlich wilde Rinder, Auerochsen und Wisente, zudem Wildpferde und Hirsche, Rentiere zum Beispiel. Und diese wilden Weidetiere lebten in gewaltigen Herden in dem Land, in das unsere zu Bauern gewordenen Vorfahren mit ihrem Vieh einwanderten. Als Megaherbivoren, große Pflanzenfresser, hatten sie Teile der Landschaft immer offengehalten. Aus der Mammutsteppe der ausgehenden Eiszeit war mitnichten flächendeckender Hochwald geworden, sondern in den weiten, hügeligen und flacheren Gebieten abseits der Berghänge gab es teilweise halboffene Weidelandschaften. Keine weiten Steppen, keine Tundra mehr wie zu den Hochzeiten der Mammuts, aber eben halboffene Weidelandschaften mit Baumgruppen und Einzelbäumen, mit lichten Wäldern und Wiesen in Lichtungen. Ganz so, wie wir sie heute mit Hilfe von Rindern auch wiederherstellen können.

Das allerdings widerspricht der gängigen Theorie von der sogenannten natürlichen Sukzession der Pflanzengemeinschaften in Mitteleuropa. Wie der Begriff »Sukzession« schon sagt, rückt hier jeweils etwas nach. Auf die ersten Pionierpflanzen, die den blanken Boden besiedeln, wie er unter tauenden Eisschilden hervorkommt, folgt die nächste Pflanzengemeinschaft und auf diese wieder die nächste. Am Ende sollte dann in Mitteleuropa überall Wald stehen, denn der repräsentiert den Endzustand der Sukzession, die Klimax oder das Terminalstadium. So behauptet das zumindest die zugehörige Theorie, die noch immer den wissenschaftlichen Diskurs dominiert.

Auch wenn das eigentlich allem Wissen über die Abläufe in der Natur widerspricht. Die nämlich kennt kein Terminalstadium. Wenn es das gäbe, wäre die Entwicklung ja irgendwann zu Ende. Dann gäbe es auch keine Evolution, sondern das Leben würde sich nur bis zu jenem Endstadium verändern. Und wenn das erreicht ist, verharrt dann alles und reproduziert lediglich das Erreichte? Falls in solch einem Naturbild noch Krankheiten und Stürme vorgesehen sind, fängt die Sukzession dann regional zwar wieder von vorne an, aber nur da, wo diese Kalamitäten auftreten; bis in Mitteleuropa am Ende wieder der dichte und dunkle Hochwald steht.

Johann Heinrich Cotta, einer der Begründer der Forstwissenschaft, die tatsächlich und ursprünglich aus Deutschland stammt, beginnt die Vorrede zur ersten Auflage seiner *Anweisung zum Waldbau* von 1828 entsprechend mit dem hiesigen Beispiel:

> *»Wenn die Menschen Deutschland verließen, so würde dieses nach 100 Jahren ganz mit Holz bewachsen seyn. Da nun letzteres niemand benutzte, so würde es die Erde düngen, und die Wälder würden nicht blos größer, sondern auch fruchtbarer werden.*
>
> *Kehrten aber nachher die Menschen wieder zurück, und machten sie wieder ebenso große Anforderungen an Holz, Waldstreu und Viehweide, wie gegenwärtig, so würden die Wälder bey der besten Forstwirthschaft abermals nicht blos kleiner, sondern auch unfruchtbarer werden.«*[11]

Auf Heinrich Cotta folgten noch viele Wissenschaftler, die alle behaupteten, dass die eigentlich natürliche endgültige Vegetation Mitteleuropas der Hochwald sei. Und diesen Wald habe der Mensch verdrängt, zerstört für Ackerbau und Viehhaltung. Nicht alle sahen das allerdings so negativ wie die Forstwissenschaftler. Der Botaniker und Landschaftsökologe Heinz Ellenberg, der über ein forstwissenschaftliches Thema promoviert hatte, lobte später die Landwirtschaft als Motor der Biodiversität. Gemeint war wohl die noch nicht industrialisierte Landwirtschaft, die für Vielfalt sorge, trotz der klimatischen Bedingungen in der gemäßigten Zone Mitteleuropa.

> *»Ein solches Klima fördert allgemein den Baumwuchs. Mitteleuropa wäre deshalb ein eintöniges Waldland, wenn nicht der Mensch das bunte Mosaik der Äcker und Heiden, Wiesen oder Weiden geschaffen und den Wald im Laufe von Jahrtausenden immer mehr zurückgedrängt hätte. Nur die salzigen Marschen und die windbewegten Dünen an der Küste, manche übernassen und nährstoffarmen Moore, einige Felsschroffen, Steinschutt-*

halden und Lawinenbahnen in den Gebirgen sowie die Höhen oberhalb der klimatischen Baumgrenze würden heute auch dann waldfrei bleiben, wenn sich die Bäume ungehemmt entwickeln dürften.«[12]

Seinem Buch *Weideökologie und Waldgeschichte*[13] hat Frans Vera ein Zitat des US-amerikanischen Paläontologen und Evolutionsbiologen Stephen Jay Gould vorangestellt: »Das größte Hindernis für wissenschaftliche Innovation ist in der Regel ein konzeptioneller Mangel, kein sachlicher Mangel.« Frans Vera gilt als einer der Väter der modernen »Megaherbivorenhypothese«, die davon ausgeht, dass die großen Pflanzenfresser entscheidenden Einfluss auf die Vegetation haben und damit Landschaften gestalten. Dazu gehören die heute lebenden großen Huftiere und Rüsseltiere, aber auch viele ausgestorbene Arten wie die Mammuts, die Riesenfaultiere in Amerika und große Beuteltiere in Australien.

»Dass wir heute große zusammenhängende Wälder in Europa haben, heißt nicht, dass das früher auch so war«, sagt Frans Vera. Denn diese großen Wälder seien erst entstanden, nachdem die großen Pflanzenfresser von den Menschen ausgerottet worden waren. Es ist nicht ganz klar, wie viel unsere Vorfahren dazugetan haben, dass am Ende der Eiszeit Riesenhirsche und Mammuts verschwanden; und hier rechne ich mal die Neandertaler mit, weil die meisten Europäer auch deren Gene in sich tragen.[14] Klar ist aber, dass wir Menschen für das Aussterben der Auerochsen verantwortlich zeichnen, ebenso für die Verdrängung von Wisenten nach Osten und von Elchen nach Norden.

Diese großen Pflanzenfresser können damals jedoch nicht sehr zahlreich gewesen sein, behaupten die Anhänger der Sukzessionstheorie, weil sie ja sonst die Klimax Wald geschädigt hätten, also den Endzustand der Sukzession. Da aber Europa ihnen zufolge von Wald bedeckt gewesen war, konnten dort nicht viele Wildrinder und Hirsche gelebt haben. Einen Zirkelschluss nennt das Frans Vera: Es kann nicht so gewesen sein, weil es nicht so gewesen sein soll. Da hätten wir dann wieder einmal Christian Morgenstern mit der unmöglichen Tatsache: »Es kann nicht sein, was nicht sein darf!«[15] Man kann diese Katze oder Schlange sich auch andersherum in den Schwanz beißen lassen: Weil es sehr viele große Pflanzenfresser in Europa gab, deshalb gab es eben keine geschlossenen großen Waldgebiete.

Für diese Sichtweise spricht, dass wir heute weite Gebiete mit sogenannter Schwarzerde haben, die Magdeburger und die Hildesheimer Börde zum Beispiel, oder im Thüringer Becken, in Rheinhessen, in der hessischen Wetterau und am Niederrhein. Auch bei Würzburg gibt es Schwarzerde und auch im österreichischen Weinviertel. Die dicken Humuslagen in den Böden dort können eigentlich nur mit Hilfe des Dungs von Millionen von Weidetieren entstanden sein; so wie auch in den Regionen von Ungarn, der Ukraine und Russland oder Kasachstan, die heute teilweise noch immer Steppengebiete sind, also Grasland.

Welche gewaltigen Tierherden einmal durch Europa gezogen sein könnten, lässt sich vielleicht an den Beobachtungen des deutschen Geografen und Naturforschers Peter Simon Pallas ablesen, der für die Zarin Katharina II. im 18. Jahrhundert Expeditionen nach Sibirien unternahm. Dort beobachtete er Rentierherden von tausenden von Tieren. Bei Flussüberquerungen liefen sie so dicht gedrängt durch das Wasser, dass die Kälber die Rücken der erwachsenen Tiere als Brücke benutzen konnten. Ihre Geweihe erschienen ihm wie ein wandernder Wald. Das ist genau das Bild, das wir von einer zwölftausend Jahre alten Ritzzeichnung auf einem Adlerknochen aus der Grotte de la Mairie in Teyjat in der Dordogne kennen: Rentiergeweihe neben- und hintereinander in endlos erscheinender Folge. Die Menschen werden damals gezeichnet haben, was sie sahen – und dazu mussten sie keine Expedition nach Sibirien unternehmen.

Aber, würden gegen solche Argumentation die Vertreter der Sukzessionstheorie einwenden: Wir finden in den Pollendiagrammen aus früheren Zeiten keine Pollen von Gräsern und keine von

Büschen, wie man sie in Steppenlandschaften finden müsste. Die Palynologen, die Pollenwissenschaftler, stellen fast nur Baumpollen von Eichen, Hainbuchen, Buchen, Linden, Ulmen sowie Haseln fest; aber kaum von Gräsern und keine von Sträuchern wie Weißdorn oder Schwarzdorn. Letzteres ist nur natürlich, weil die Dornensträucher von Insekten bestäubt werden und ihre Pollen deshalb möglichst nicht durch die Gegend fliegen lassen. Und fliegen muss der Pollen von den angenommenen Wäldern zum Beispiel in Moore. Da nämlich graben die Palynologen in tiefere Torfschichten und bergen die konservierten Pollen früherer Jahrtausende. Dorthin brachten die Bienen halt keine Schlehenpollen. Aber auch an der restlichen Aufzählung ist bei genauerem Hinschauen einiges erklärungsbedürftig.

Eichen, Hainbuchen, Linden und Buchen sollen danach in einem Wald zusammengestanden haben. Einen solchen Urwald gibt es aber nicht und hat es so auch nie gegeben, zumindest nicht in dieser Mischung. Jeder Förster weiß das: Wenn er eine Eiche hochkommen lassen will in einem dichten Wald, dann muss er diesen einzelnen Baum freistellen. Die Eiche braucht Licht. Also gilt es, ihre unmittelbare Umgebung freizuhalten von Wuchskonkurrentinnen. Wenn neben einer Eiche, die des Försters Nachfolger im Amt einmal ernten soll, Buchen wachsen, dann kann er diese mitwachsen lassen, damit die Eiche in Konkurrenz zu ihren Nachbarn schön gerade hochwächst. Aber spätestens dann, wenn die schneller wachsenden Buchen die Höhe der Eichenkrone erreicht haben, muss er sie wegnehmen. Hainbuchen, Buchen und Linden sind nämlich Bäume, die Schatten ertragen. Ihre Schösslinge wachsen auch unter Eichen oder anderen Bäumen auf. Junge Eichen werden dagegen nicht alt im Schatten. Wobei das mit dem Alter relativ ist. Manche junge Eichen im Wald sind mannshoch. Trotzdem kommen sie ohne Licht nicht durch.

Im Forêt de Villefermoy, südöstlich von Paris, wurde über 34 Jahre lang aufgezeichnet, welche Baumarten erfolgreich ein Loch im Kronendach des Waldes schließen konnten. Am Anfang, im Jahr 1973, fanden sich dort mehr Sprösslinge der Traubeneiche, *Quercus petraea*, als die anderer Baumarten. Am zweithäufigsten war die Hainbuche, *Caprinus betulus*, die dritte Stelle nahm *Tilia cordata* ein, die Winterlinde. Nach neunzehn Jahren waren die Eichen schon über fünf Meter hoch geworden und starben dann alle ab. Sie waren überwachsen worden von den Hainbuchen, in deren Schatten wiederum nur die Linden weiterwuchsen.[16]

Eichen wachsen langsamer als andere Bäume und kommen deshalb höchstens gemeinsam hoch. Dann bilden sie einen regelrechten Eichenwald. Wenn die Pollenanalysen von Proben aus nacheiszeitlichen Landschaften aber Eichenpollen und gleichzeitig die Pollen schattenertragender und schneller wachsender Bäume enthalten, dann kann der Ursprung dieser Probe kein dichter Wald gewesen sein.

Was mit alten Eichen geschieht, die mal in einer halboffenen Weidelandschaft standen, also in einer von Pflanzenfressern beweideten Landschaft groß geworden sind, lässt sich überall da beobachten, wo diese Flächen zu Naturschutzgebieten erklärt und die Waldweide verboten wurde. Der Reinhardswald in Nordhessen ist ein Beispiel dafür, mit dem sogenannten Urwald am Dornröschenschloss Sababurg aus dem Grimm'schen Märchen. Ein Protokoll aus dem Jahr 1739 verzeichnet genau den damaligen Vieheintrieb in dcn Reinhardswald: 5 459 Schweine, 3 059 Pferde, 5 869 Stück Rindvieh, 19 374 Schafe und 718 Ziegen waren es, die in jenem Jahr in dem 21 000 Hektar großen Wald weideten.[17] Jetzt sterben dort die alten Hute-Eichen, und es kommen keine neuen nach.

Der zweite Hinweis darauf, dass die Pollenanalysen für eine beweidete halboffene Landschaft sprechen, ist das Vorhandensein von Haselpollen. Haselsträucher blühen nicht oder kaum im Schatten. Sie können vielleicht eine Weile überleben unter einem geschlossenen Kronendach, bilden dort aber nur wenige Kätzchen aus und folglich auch kaum Pollen. Außerdem ist das Fehlen der Pollen von Gräsern kein Beweis für das Fehlen von Gras. In einer

Weidelandschaft kommen sie nämlich nur da zum Blühen, wo die Tiere nicht weiden können. Das ist meist am Rand von dornigen Büschen und im Gestrüpp. Und das sind Stellen, wo kein Wind hin weht und also auch nichts aufgewirbelt und bis zum nächsten Moor davongetragen werden kann. Ob das so stimmt, ist von einem schwedisch-japanischen Palynologenteam überprüft worden. Sie haben in der Nähe heutiger halboffener Weidelandschaften Proben genommen und ausgewertet, was dort an Pollen anfliegt. Ihr Ergebnis passt zu dem Bild, das aus den Torfschichten stammt und mit dem bislang die Existenz dichter Wälder begründet wurde.[18] Nur dass da, wo die Forscherinnen und Forscher ihre heutigen Proben nahmen, eben genau diese dichten Wälder nicht standen.

Vieles spricht also dafür, dass die natürliche Landschaft Mitteleuropas kein dichter Hochwald war, sondern eine Landschaft, die von Weidetieren gestaltet wurde und wieder gestaltet werden könnte.

Feldversuch

Frans Vera hat die schon länger existierende Megaherbivorenhypothese aktualisiert und gleichzeitig bewiesen, weil er die Chance zu einem groß angelegten Versuch mit offenem Ausgang bekam. 1968 hatte der Staat einen zunächst für die Ansiedlung von Öl- und Schwerindustrie gedachten neuen Polder quasi der Natur überlassen. Damals war am südöstlichen Rand des Ijsselmeeres eingedeicht worden, aber der tiefste Teil des dadurch entstandenen neuen Polders der Provinz Flevoland, 4,5 Meter unter dem Meeresspiegel, wollte trotz dauernden Pumpens nicht trocken werden – also keine Industrieansiedlung, sondern Brache. Vom Flugzeug aus wurde das sechzig Quadratkilometer große Gebiet dann mit Schilfsamen bestreut, weil das Ried auch in der Lage ist, eine Sumpflandschaft trockenzulegen und man dann die Pumpen abstellen kann. Daraufhin hat man die ganzen sechstausend Hektar sich selbst überlassen. Der ehemalige Meeresboden in dem Polder Oostvaardersplassen besteht aus sehr fruchtbarem, kalkhaltigem Ton. Entsprechend explosionsartig begann die Vegetation, sich dort auszubreiten.

1982 wurde Frans Vera dann zum Chef der Abteilung Naturentwicklung und Naturschutz im Ministerium für Landwirtschaft und Fischerei der Niederlande ernannt und bekam die Möglichkeit, sich aktiv einzumischen in die Entwicklung des Polders Oostvaardersplassen. Und später, nach seinem Wechsel an die Landwirtschaftsuniversität Wageningen, konnte er die Regierung immerhin weiter beraten.

Was in dem eigentlich aufgelassenen Polder geschah, ließ auch die Fachleute staunen. Das ausgesäte Schilfrohr vermehrte sich und machte aus dem tieferliegenden Teil alsbald einen riesigen Schilfsumpf mit vielen kleinen und größeren Wasserflächen darin. Auf dem durch eine Kaimauer abgetrennten, höher gelegenen, trockeneren Teil des komplett eingezäunten Polders begann sich zunächst eine Graslandschaft auszubreiten, bald durchsetzt mit Büschen und ersten Bäumen.

Als das Ried im feuchten Teil des Polders überall hoch aufgewachsen war, begannen Naturschützer davor zu warnen, dass ein dauerhaftes Schilfdickicht den vielen seltenen Vogelarten, die sich dort angesiedelt hatten, nicht mehr den geeigneten Lebensraum bieten würde. Die Löffler, Bartmeisen, Rohrschwirle, Rohrsänger und Rohrdommeln brauchen nämlich halboffene Landschaften mit Wasser und Bewuchs. Das Ganze drohte aber zuzuwachsen. Damals folgten lange Diskussionen um Bewirtschaftungsmaßnahmen. »Der Naturschutz will in solchen Situationen immer gerne mähen«, sagt Frans Vera. Das kennen wir schon. Aber wie sollte das funktionieren und finanziert werden auf sechzig Quadratkilometern, von denen 3600 Hektar Schilfsumpf waren? Natürlich sollten die gerade neu entstandenen Habitate für die vielen geschützten Vogelarten erhalten werden, aber wie?

Die Rettung kam schließlich aus der Luft. Erst flogen hunderte, dann tausende, letztlich zehntausende Graugänse ein, die sich Oostvaardersplassen als Mausergebiet auserkoren hatten. Nach der Aufzucht der Jungen müssen die Wildgänse irgendwann in die Mauser gehen, also ihr Flügelkleid erneuern. Dafür suchen sie sich ein Gebiet, das möglichst frei ist von Füchsen und anderen Räubern, denn während der Mauser können sie dreißig Tage lang nicht fliegen. Oostvaardersplassen war perfekt dafür geeignet: ein Sumpf mit Schilf. Die Gänse flogen ein und begannen während ihrer Mauser, das Schilf zu beweiden. Sie fraßen viel davon runter, weil das Reet nicht so nahrhaft ist wie Gras – zu wenig Proteine. So blieben dann Wasserflächen offen; das Ried konnte wieder neu aufwachsen und im frischen Schilf vielen anderen Vögeln Heimat bieten. So schufen die Gänse Lebensraum für all die Vögel, die im jungen Schilf und am Schilfsaum leben. Der Schilfsumpf war ein Weidegebiet geworden. Die Weidetiere sind in diesem Fall die Graugänse.

Allerdings blieb das nicht auf Dauer so. An dieser Stelle der bis dahin künstlich initiierten natürlichen Entwicklung wäre das Ganze beinahe zu Ende gewesen. Wenn die Wildgänse die Mauser nämlich hinter sich haben, sind sie abgemagert und brauchen dringend fette Wiesen, um sich mit Proteinen wieder aufzupäppeln. Und die gab es nicht mehr in ausreichender Menge in Oostvaardersplassen, denn die höher gelegenen Gebiete des Polders waren dabei, zu verbuschen. Sie würden bald weitgehend zugewachsen sein und die Gänse sich dann wohl ein anderes Gebiet zum Mausern suchen müssen.

Was also tun, um den Graugänsen auch die proteinreiche Nahrung für die Zeit direkt nach der Mauser zu bieten? Wenn man eine Landschaft offenhalten will, braucht man Rinder, so viel war klar. Doch die Landwirte der Region hatten kein Interesse daran, den höher gelegenen Teil des Polders zu beweiden. Schwierig zu bewirtschaftende Gebiete gibt es in der künstlich geschaffenen Marschlandschaft dort genug. Deshalb setzten Frans Vera und seine damaligen Mitstreiter auf eine Auswilderung: Heckrinder, Koniks und Rothirsche sollten es richten – und das taten die neuen Weidetiere auch. Sie schufen Grasland, das die Gänse nach der Mauser nutzen konnten, die wiederum für den Schilfsumpf sorgten, der all den anderen Tieren zum Lebensraum geworden war.

Inzwischen ist Oostvaardersplassen das größte Riedmoorgebiet, oder fachlich korrekt ausgedrückt: das größte Niedermoor Mitteleuropas. 1989 wurde es in die von der UNESCO geführte Liste der Feuchtgebiete von internationaler Bedeutung aufgenommen. Seit 2018 ist der Polder Teil des neuen niederländischen Nationalparks Nieuw Land.

Leider gibt es in dem Gebiet aber keine großen Beutegreifer. Niemand reguliert die Population der großen Pflanzenfresser. Die Wölfe sind dort noch nicht angekommen, und für ein Wolfsrevier ist das Gebiet zu klein. Auch steht ein Zaun drum herum, sodass die Weidetiere nicht von dort wegkönnen. Die Niederländer haben außerdem irgendwann beschlossen, im Oostvaardersplassen nicht mehr einzugreifen und ein sogenanntes Naturentwicklungsgebiet daraus zu machen. Es wurde also nicht geschossen, und es wird auch kein Tier eingefangen, per Bolzenschuss betäubt und dann geschlachtet. Es gibt dort nur Naturschutz, keine Landwirtschaft. Eine krasse Form der Realitätsverweigerung könnte man das auch nennen. Das führte nämlich dazu, dass in den Wintern viele Tiere verhungerten. Kein schöner Anblick und nichts, was in Deutschland akzeptiert würde. Ertragen musste den allerdings kaum jemand, weil der größte Teil des Gebietes von Besuchern nicht betreten werden darf. Auch das aus Sicht vieler deutscher Naturschützer keine gute Idee.

Schließlich stellte sich im Fall Oostvaardersplassen der Tierschutz in den Niederlanden gegen den Naturschutz. 2010 forderte das niederländische Parlament nach einer Diskussion über die verhungernden Tiere im Nationalpark das Landwirtschaftsministerium auf, die Tiere zu füttern. Sicher keine Lösung des Problems. Inzwischen werden schwache Tiere geschossen, damit sie nicht leiden müssen. Die Kadaver bleiben aber liegen. Sie ernähren viele Füchse, Marder und Vögel, darunter auch sehr große Arten, die aus der Ferne kommen. Inzwischen fliegen Geier von den Alpen und sogar aus Spanien bis ans Ijsselmeer. Man darf sich durchaus fragen, wieso Geier aus Spanien wissen, dass es in den Niederlanden für sie verwertbare Kadaver gibt. Sie wissen es jedenfalls.

So oder so hat Oostvaardersplassen bewiesen, dass die Sukzessionstheorie eben genau das ist: eine Theorie. Die gelebte Praxis von Fauna und Flora sah hingegen anders aus: Weidetiere gestalteten die Landschaft in Mitteleuropa. Das taten sie allerdings auch, indem sie wanderten. Der Kontinent war von ihren Wanderwegen durchzogen und ist es bis heute. Da, wo wir die Landschaft noch nicht gänzlich zerschnitten haben, wandert das Wild, wenn auch nicht mehr hunderte oder tausende von Kilometern. Bis auf den Rothirsch gibt es ja keine wild lebenden größeren Pflanzenfresser mehr, abgesehen von ein paar Wisenten im Osten Polens und ein paar Elchen im Norden und Osten.

Was wir aus Oostvaardersplassen lernen können: Wenn wir etwas Ursprüngliches zurückholen wollen, dann müssen wir nur die Weidetiere wieder machen lassen. Vielleicht nicht so wie die Niederländer, indem wir zuschauen, wie sie am Ende verhungern, wenn die begrenzten Gebiete an Überbevölkerung leiden und das Futter knapp wird. Bunde Wischen zeigt ja, wie es besser geht und nebenbei auch noch Menschen mit vorzüglicher Nahrung versorgt.

Das funktioniert übrigens nicht nur in Europa, das ginge zum Beispiel auch im Osten der Vereinigten Staaten. Da sterben nämlich die alten Wälder so langsam vor sich hin, weil die Bisons dort schon lange ausgerottet sind. Es fehlt die Verjüngung durch die Waldweide. Rinder gäbe es in den USA aber wirklich genug. Mit einem Satz: Wir kennen das Rezept.

Waldweide

Aber Verjüngung des Waldes durch Beweidung? Jeder ökologisch denkende Förster würde vehement widersprechen. Weiß er doch, dass eine natürliche Verjüngung des Waldes nur durch intensive Jagd erreicht werden kann. Und keineswegs dadurch, dass man sich noch mehr Pflanzenfresser in den Forst holt, als dort jetzt schon ihr Wesen treiben. Der Wildbestand ist ohnehin viel zu hoch, als dass junge Bäume hochkommen könnten. Das liegt einerseits daran, dass die Landwirtschaft außerhalb der Wälder sich intensiv darum kümmert, dem Wild Futter zur Verfügung zu stellen, andererseits aber auch an den Jägern, die immer noch zu einem Großteil nicht wegen des Wildbrets jagen – und schon gar nicht wegen des Waldes –, sondern wegen der Trophäen.

Der als Waldrebell berühmt gewordene Förster Georg Meister, der zeitlebens dafür warb, dass »Wald vor Wild« kommen müsse, schreibt in seinem Buch über *Die Zukunft des Waldes*:

> *»Vor 140 Jahren haben Förster und Jäger mit der ›waidgerechten Hegejagd‹ begonnen, hohe Standards für die Trophäenjagd zu entwickeln und gleichzeitig die Standards für den Wald herabzusetzen. Immer wieder haben einzelne Förster auf diesen krassen Verstoß gegen eine umfassende Nachhaltigkeit im Wald hingewiesen. Die Reaktion der Politik war fast immer gespalten. Die große Bedeutung eines gesunden und naturnahen Waldes für das Gemeinwohl wurde mit schönen Worten betont, gleichzeitig gab es keine oder nur halbherzige Entscheidungen, um die enorme Macht des Jagdkultes zu beschränken. Daran konnten auch so aufrüttelnde Ereignisse wie das ›Waldsterben‹ nichts ändern. Zu eng waren die Verflechtungen von trophäenjagenden Politikern, Waldgroßgrundbesitzern und Förstern, zu einflussreich die Lobby für diese Sonderform der Jagd.«*[19]

Georg Meister war selbst einer jener Förster, die auf den krassen Verstoß der Jäger gegen eine nachhaltige Waldwirtschaft hingewiesen hatten. Die Jagdlobby hat dann auch verhindert, dass er der Gründungsdirektor des von ihm auf den Weg gebrachten Nationalparks Berchtesgaden wurde.

Der Begriff Nachhaltigkeit stammt übrigens ursprünglich aus der Forstwirtschaft. Geprägt hat ihn Hannß Carl von Carlowitz, der kein Förster war, sondern der Oberberghauptmann des Kurfürsten von Sachsen, also dessen oberster Bergmann. Er sorgte sich im frühen 18. Jahrhundert, dass der Raubbau an den Wäldern im Erzgebirge sowohl den Erzabbau in den Bergwerken als auch die Verhüttung des Eisens gefährden könnte. Für beides brauchte es Unmengen von Holz. Deshalb schrieb Carl von Carlowitz seine *Sylvicultura Oeconomica*, in der er »eine continuierliche, beständige und nachhaltende Nutzung« des Waldes forderte.[20] Das Buch war ein Bestseller auf der Leipziger Buchmesse 1713. Der Begründer der Forstwirtschaft, und das ist Carl von Carlowitz, war also ein Ökonom: Er wollte den Wald aus ökonomischen, nicht aus ökologischen Gründen erhalten; es ging ihm um Forst-Wirtschaft.

Darum ging es auch Georg Meister, wenngleich eher aus ökologischen Gründen. Seine Plädoyers für eine rigorosere Jagd, um dem Wald zu helfen, legen den Schluss nahe, dass richtige Waldweide für die Förster und Forstwissenschaftler obsolet sein muss, weil damit noch zusätzlich Weidetiere in die Wälder geholt würden.

Es gibt aber Forstwissenschaftler, die das durchaus in Erwägung ziehen: »Es geht dabei nicht darum, Waldweide wieder großflächig zu reaktivieren, sondern als belebendes Element mit einer besonderen Biodiversität und als ökonomisch wichtiges Requisit im Weidemanagement kleinflächig möglich zu machen«,[21] schreibt Rainer Luick, der sich als Forstwissenschaftler intensiv mit Waldweidesystemen beschäftigt hat; was wir schon an seinem Beitrag zur Parasitenbehandlung von Weidetieren gesehen haben.[VI] Er vergleicht ganz offensiv den Schaden, den ein zu hoher Wildbestand dem aufwachsenden Wald zufügen kann mit der Waldweide von Rindern.

> *»Ein heikles Thema ist der Aspekt von Wild und Wald. Untersuchungen im Nationalpark Berchtesgaden,[22] zum vergleichenden Einfluss von Waldweide durch Rinder und durch Wild, kommen zum Schluss, dass der Einfluss von Rindern auf Standort und Waldvegetation unter den Rahmenbedingungen einer modernen nur extensiven Waldweide vernachlässigbar ist, während gleichzeitig gravierende Verbissschäden durch Reh- und Rotwild signifikant waren. Wer schon einmal die Rotwildgebiete in Nordrhein-Westfalen und in Rheinland-Pfalz – Eifel und Hunsrück – gesehen hat, wo in manchen Revieren großflächig nahezu jeder Baum geschädigt ist, aber diese waldbaulich und betriebswirtschaftlich enormen Schäden nicht diskutiert werden dürfen, für den relativieren sich die Diskussionen um etwas mehr Großzügigkeit im Umgang mit zeitgemäßen extensiven Weideverfahren, die auch marginale Waldbereiche umfassen sollten.«*[23]

Rainer Luick plädiert dafür, die Rinder durchaus auch in einen Teil des Waldes zu lassen, der neben ihrer Weide liegt. Das sei aus gesundheitlichen Gründen für die Weidetiere gut, die dann nicht vom Schatten ausgezäunt sind. Das sei aber aus Gründen der durch die Beweidung zunehmenden Biodiversität auch für den Wald gut.

Die Forstgesetze der Bundesländer widersprechen der Einrichtung begrenzter Waldweidegebiete nicht einmal grundsätzlich. Sie enthalten nur überall ein sogenanntes Pfleglichkeitsgebot, das von den Behörden gemeinhin so ausgelegt wird, dass Waldweide verboten ist, selbst wenn der Waldbesitzer sie wünscht. Die in den vergangen Jahren an mehreren Stellen und in mehreren Bundesländern entstandenen Projekte, die Waldweide einschließen,

---

VI Siehe den Abschnitt *Weidekrank* im ersten Kapitel.

»sind Ergebnis von persönlich souveräner Dialogbereitschaft«, schreibt Rainer Luick, und stellt fest: »Dort wo die Einrichtung von Weidevorhaben mit Waldanteilen verboten wurde, waren weniger faktische Gründe maßgebend, sondern meist behördlicher Dogmatismus.«[24]

In den halboffenen Weidelandschaften, die schon einige Jahre existieren, lässt sich übrigens auch beobachten, wie das vonstattengeht, was Frans Vera der Sukzessionstheorie entgegensetzt, nämlich eine zyklisch wiederkehrende Sukzession. So wie die Graugänse in Oostvaardersplassen immer wieder neue Gebiete des Schilfsumpfes abweiden und damit immer neuen Aufwuchs hervorbringen, so halten auch die großen Weidetiere die Landschaften, die sie pflegen, in ständiger Dynamik.

Sehr schön sieht man das dort, wo sich dorniges Gestrüpp breitgemacht hat. Wenn das Weidegebiet groß genug ist und der Weißdorn die Weideflächen nicht so sehr verkleinert, dass das Vieh nicht mehr satt wird, kann man den Dornbusch mal machen lassen. Dann schafft er es mit der Zeit, sich gegen den Verbiss der Weidetiere zu wehren. Vielleicht nicht in der Fläche, weil die Rinder die Ausläufer und Wurzeltriebe ja auch platttrampeln, wenn sie an die frischen Blätter kommen wollen, die noch nicht von harten Dornen geschützt sind. Aber punktuell entstehen dann dornenbewehrte Rondelle, die in der Mitte höher aufwachsen. Und aus dieser Mitte wächst nach geraumer Zeit oben ein Bäumchen heraus; eine Eiche zum Beispiel, wenn ein Eichelhäher seine zuvor im Dornengestrüpp angelegte Vorratskammer nicht vollends geleert oder nicht wiedergefunden hat. Der Weißdorn mit seinen kleinen Blättern nimmt der Eiche nicht das ganze Licht, so dass sie aufwachsen kann. Nun wächst die Eiche aber über den Dornbusch hinaus und entfaltet nach und nach ihr Kronendach. Dann wiederum, einige Jahre später, nimmt die Eiche dem Weißdorn das Licht und er stirbt ab. Der junge Baum war beim Aufwachsen noch vom Dornengestrüpp geschützt, der ältere braucht diesen Schutz nun nicht mehr. Längst hat sich der Weißdorn aber anderswohin ausgesamt und ist dort von neuem Kinderstube für Bäume geworden.

Ein Ökosystem ist eben kein Zustand, den es unverändert zu erhalten gilt. Es geht nicht ums Bewahren, wenn man es erhalten möchte. Man kann es gar nicht konservieren. Ein Ökosystem ist ein Prozess, der in ständiger Bewegung ist. *Panta rhei* – alles fließt.

So können in den Weidelandschaften irgendwann Gruppen von Eichen beisammenstehen, so können Eichen auch neben Buchen, Hainbuchen, Ulmen und anderen schattenertragenden Bäumen groß werden. In einem von den Rindern geschaffenen Abstand, wie ihn im Mischwald, in dem es kein schützendes Dornengestrüpp gibt, sonst nur Förster und deren Waldarbeiter herstellen können. Bei beidem handelt es sich um gelenkte Natur, die eine direkt vom Menschen, die andere indirekt über Tiere, die ebenfalls der Mensch einsetzt. Dennoch fällt es uns offenbar schwer, zu akzeptieren, was die Tiere alles an Dynamik schaffen, weil das in unseren Augen Unordnung ist.

Es ist eben nicht so, wie die Forstwissenschaftler der vergangenen Jahrhunderte und Jahrzehnte sagen, dass es in halboffenen Weidegebieten kein Unterholz gibt, aus dem neuer Wald erwächst. Das Unterholz ist nur ein anderes; eines aus Dornenbüschen und Dornenranken wie Brombeeren, das wiederum zukünftigem Wald Kinderstube sein kann. Wenn dieser Wald auch nicht unseren heutigen Vorstellungen vom dichten Forst entspricht, und weil es mit einer geordneten und planbaren Holzernte darin ebenfalls schwierig werden dürfte: Das, was wir in immer noch sehr vielen sogenannten Wäldern in Deutschland stehen haben, sind ja eigentlich nur Holzäcker; das ist kein gewachsener Wald, sondern ein ehemals gepflanzter Stangenforst, Erbe des Nationalsozialismus und der Nachkriegszeit, der jetzt nach und nach vom Klimawandel und seinen Trockenperioden, darauffolgenden Schädlingskalamitäten und Stürmen abgeräumt wird.

Zur romantischen Vorstellung vom deutschen Wald und den zugehörigen Bildern passt das aber durchaus, was Weidetiere an lichten oder auch aufgelichteten Wäldern herstellen, obwohl wir das heute eher für verwilderte Parklandschaften halten würden. Und resilienter gegen Trockenheit, Starkregen und Stürme sind solche Gebiete allemal.

Rückkehr der Vielfalt

Als es wärmer wurde nach der letzten Kaltzeit und die Eisschilde schmolzen, die über Skandinavien und der Ostsee lagen, wanderten Pflanzen und Tiere ein in das auftauende Land. Sie kamen aus dem Südwesten Europas und dem Südosten, von dort zum Teil auch aus Asien. Weniger Zuwanderung gab es aus dem Süden, weil da der Riegel der Alpen im Weg lag, der noch lange vereist war. Aus Südosten und Südwesten gab es sowohl eine Remigration, also eine Rückwanderung zuvor vom Eis verdrängter Arten, als auch eine Immigration, die Einreise von Arten, die zuvor noch nie in Mitteleuropa gelebt hatten.

Dieser Vorgang, sowohl die Verdrängung durch das Eis als auch die Neubesiedlung abgetauter Flächen, hatte sich während der Eiszeit mehrfach abgespielt, weil die Eispanzer über dem Norden mehrfach gewachsen und wieder zurückgegangen waren. »Diese relativ häufigen Wechsel mit Unterbrechung der natürlichen Sukzession führten zur relativen Artenarmut Mitteleuropas im Vergleich mit dem ursprünglichen Zustand, wie er im Mittelmeergebiet in Resten erhalten ist«, schreibt der Zoologe und Ökologe Ragnar Kinzelbach.[25] Wobei der Begriff der »relativen Artenarmut« selbst sehr relativ ist, denn die Zahl der Tierarten allein in Deutschland beziffert er auf bis zu 60 000.

Das letzte Mal, als die Tiere nach der Eiszeit nach Mitteleuropa einwanderten, stand aber unter ganz neuen Vorzeichen. Nun kamen erstens die Eisschilde nicht wieder zurück und zweitens gab es dann recht bald einen neuen Landschaftsgestalter, der anders wirkte, als es bis dahin die großen Pflanzenfresser oder auch kleinere Landschaftsbauer wie die Biber getan hatten. Die Menschen waren zu Bauern geworden, und damit nahmen sie nicht mehr nur heraus aus der natürlichen Landschaft, was dort gewachsen war, ob Pflanze oder Tier. Ab jetzt fügten sie etwas Neues hinzu. Sie bewirtschafteten das Land – und wo sie das taten, musste etwas Anderes weichen, darunter übrigens auch die alten Menschengemeinschaften.

Der Archäologe Harald Meller beschreibt das so: »Die veränderten Ernährungsbedingungen in Kombination mit späterer Tierhaltung – Kohlehydrate und Fett – führten zu erwähntem Bevölkerungswachstum und Krankheiten. Beides wurde expansiv gelöst, das heißt die wachsende Bevölkerung folgte den optimalen Ackerböden durch Anatolien über die Dardanellen nach Griechenland, in den Balkanraum und schließlich nach Mitteleuropa, das in der Mitte des sechsten Jahrtausends vor Christus in weniger als zweihundert Jahren von der ersten frühneolithischen Kultur Mitteleuropas, der sogenannten Bandkeramik, in Besitz genommen wurde.«[26]

Die Krankheiten, die die ersten Viehhalter mit der neuen Nahrung auf vier Beinen gleich mit erworben hatten, waren Zoonosen, also Erkrankungen, die von Tieren auf Menschen übertragen werden. Diese brachten sie dann vor 8500 Jahren mit nach Mitteleuropa. Spätestens während der Corona-Pandemie dürften alle den Begriff »Zoonose« schon einmal gehört haben und sich dann auch vorstellen können, was es bedeutet, wenn zuwandernde Siedler eine solche Krankheit in bestehende menschliche Gemeinschaften einschleppen: »Die bis dahin konkurrenzlos jägerisch lebenden Mesolithiker starben im Kontakt mit den Bandkeramikern an den beschriebenen Zoonosen, gegen die sie keine Abwehrkräfte besaßen, oder sie wanderten in für die Landwirtschaft ungünstige Gebiete ab«, schreibt Harald Meller. Neuere genetische Untersuchungen zeigen nämlich, dass sich die Jäger und Sammler mit den aus dem Süden zugewanderten Bauern zunächst kaum vermischten. Später muss das dann schon geschehen sein, sonst wären die heutigen Europäer nicht zu ihren Neandertaler-Genen gekommen, die die Neolithiker ja wohl nicht alle aus dem Vorderen Orient mitgebracht hatten. Dafür hatten sie anderes dabei: »Sie brachten das ›neolithische Paket‹ aus Kulturpflanzen und Rindern mit, schlugen die großen jahrhundertealten Bäume, konstruierten daraus monumentale Langhäuser, legten Felder an und betrieben Hackfeldbau.«

Natürlich fällten die neuen Bauern nicht nur Bäume, um ihre Häuser zu bauen. Sie bauten auch Pferche für das Vieh, das sie gegen Raubtiere schützen mussten, zudem Lagerplätze für das geerntete Getreide und Geräte aus Holz. Außerdem brauchten sie Feuerholz und möglichst ebene, baumfreie Flächen für ihre Äcker. Die waren damals ausgesprochen klein, aber die neolithische Bevölkerung wuchs schließlich und musste versorgt werden. Also rodeten die Menschen in der Jungsteinzeit. Auch Brandrodung hat es gegeben oder das nachträgliche Abbrennen gerodeter Flächen. Dafür sprechen die Bodenprofile um die ehemaligen neolithischen Siedlungen. Nur dass die Menschen dafür in einen flächendeckenden, riesigen geschlossenen Wald, der von den Alpen bis zu Nord- und Ostsee reichte, einen großen Kahlschlag nach dem anderen vorantrieben, ist wenig wahrscheinlich und zudem nicht nachzuweisen.

Womit hätten die damaligen Menschen das auch bewerkstelligen sollen? Die Bandkeramiker befanden sich noch tausend Jahre von der Kupferzeit und noch viel weiter von der Eisenzeit entfernt. Die effektiven Werkzeuge für die Rodung wirklich großer Waldflächen, mit deren Hilfe ganz Mitteleuropa hätte entwaldet werden können, die gab es noch nicht. Und von den großen Holzkohlehorizonten in unseren Böden, die dort sein müssten, wenn das alles mit Hilfe des Feuers geschehen wäre, fehlt jede Spur. Dennoch hielten und halten zahlreiche Wissenschaftlerinnen und Wissenschaftler bis heute daran fest, dass es so gewesen sei.

»Die ersten Bauern trafen auf flächendeckende Laubmischwaldbestände dominiert von Linden und Ulmen, mit Eichen, Eschen und Ahorn. Viele der im Glazial entstandenen kleineren und mittleren Lösstäler führten keine kontinuierlich fließenden Bäche, da ein Großteil des Wassers in den Bäumen gebunden war. (...)

Mit den ersten Rodungen der bandkeramischen Bauern beginnt die Umgestaltung der Naturlandschaft. Ein imaginärer Flug über die Lösslandschaft würde einem Beobachter allerdings weiterhin dichtes, dunkelgrünes Waldland zeigen, in dem Rodungsinseln lediglich eingestreut sind. Im Pollendiagramm sind diese Siedlungs- und Ackerflächen jedoch weitgehend unsichtbar.«[27]

So schreiben die Archäologin Renate Gerlach und die Prähistorikerin Jutta Meurers-Balke über die Landschaft im heutigen Nordrhein-Westfalen. Im zugehörigen neolithischen Pollendiagramm aus der Gegend von Jülich werden Eiche und Hasel, deren Pollen durchaus signifikant vorhanden sind, aber immerhin als Offenlandpflanzen gewertet.

Der Pflanzenökologe Hansjörg Küster, der die Entwicklung und den Wandel von Landschaften im Blick hat, schreibt in seiner *Geschichte der Landschaft in Mitteleuropa* zwar auch: »Vor 7 000 Jahren reichten schier endlose Wälder von den Alpen bis zur Nord- und Ostsee, von Westfrankreich bis weit nach Russland hinein«, stellt aber gleich darauf fest:

»Gleichwohl gibt es bei der Frage, ob es in Mitteleuropa während des mittleren Postglazials Steppen gab, noch viele Unklarheiten. Vor allem weiß man nicht, wie und wann in Mitteleuropas trockensten Gebieten sich Schwarzerdeböden bilden konnten, die man eigentlich nur aus Steppengebieten kennt. Man weiß auch nicht, ob unter lichten Waldpartien Schwarzerde entstehen konnte, in einer Landschaft, die man vielleicht eher ›Buschland‹ nennen könnte.«[28]

Da hätten wir sie dann, die halboffenen Weidelandschaften, von denen die Megaherbivorenhypothese spricht. Schwarzerde ist ebenjene mächtige Humusschicht, die entsteht, wenn das Bodenleben über lange Zeiträume den Dung der Wiederkäuer in den Boden einlagert.

Hansjörg Küster, den man eigentlich auch Landschaftswissenschaftler nennen kann, hat außerdem noch eine *Geschichte des Waldes* geschrieben, in der er zwar über die Ausbreitung der Wälder in Mitteleuropa spricht, aber nicht über flächendeckenden, dichten Hochwald, sondern über eine ganz unterschiedliche Besiedelung durch verschiedene Baum- und Straucharten in unterschiedlicher Ausbreitungsgeschwindigkeit. Und dann kommt der abschließende Kommentar zur Aussagekraft von Pollenanalysen:

> *»Aus Pollendiagrammen lassen sich genauere Datierungen von Sedimenten nicht ablesen, was sich zunächst vor allem die Geologen, später die Archäologen gewünscht hatten. Sie stellten überzogene und falsche Ansprüche an die Methode. Die Datierungen sind nur auf ein bis zwei Jahrtausende genau; die Haselausbreitung erfolgte im Westen Mitteleuropas um etwa ein Jahrtausend früher als weiter im Osten. Das ist für Archäologen und Ökologen keine Basis für eine genaue Datierung. (…)*
>
> *Die Aufgaben der pollenanalytischen Untersuchungen haben sich gewandelt: Heute geht es in erster Linie nicht mehr um die Datierung, sondern um die Darstellung der Dynamik von Vegetation, um das Erkennen von biologischen, erdgeschichtlichen, klimatischen und vom Menschen ausgehenden Einflüssen auf die Entwicklung von Vegetation und Landschaft, um die Erfassung des ›Global Change‹ in langen Zeiträumen.«*[29]

Was sagt uns das für die Diskussion um dichte oder lichte Wälder? Vielleicht, dass wir es mal mit einer Anleihe aus einer anderen Wissenschaftsdisziplin versuchen könnten.

These – Antithese – Synthese. Das ist der Dreisprung der Dialektik. Gegen die Sukzessions-These setzen Wissenschaftler wie Frans Vera die Megaherbivoren-Antithese. Und was wäre nun die Synthese? Vielleicht, dass es beides gab, an verschiedenen Stellen gleichzeitig, an gleichen Stellen zu verschiedenen Zeiten. Die Dialektik ist zwar eine sehr alte, aber durchaus erfolgreiche Form des Nachdenkens über Probleme, erfunden von Zenon von Elea, wie Aristoteles uns überliefert, erneuert von Kant und Hegel, Horkheimer und Adorno und von vielen anderen bis heute, wie wir wissen. Aber das ist halt alles Geisteswissenschaft, gar Philosophie, jedenfalls nicht empirisch arbeitende Naturwissenschaft, die sich auf handfeste Fakten stützt. Auf Pollendiagramme zum Beispiel, die ja eindeutig was beweisen? Genau ...

Migranten

»Die an extensive Landnutzungen und dabei vor allem an Tierhaltungsverfahren gekoppelte Biodiversität ist vielleicht der wichtigste europäische Beitrag zum globalen Naturerbe«, schreibt der Forstwissenschaftler Rainer Luick.[30] Das könnte daran liegen, dass diese von Weidetieren gestalteten Landschaften nicht nur offen, sondern auch maximal unordentlich sind, würde der Artenschützer Werner Kunz sagen, den wir schon kennen, weil er den Wolf nicht für weiter schützenswert hält. Er hält aber auch einiges andere nicht für schützenswert, zum Beispiel die sogenannte unberührte Natur. Das hat damit zu tun, wie die Tiere – um mal nur bei denen zu bleiben –, die wir in unseren Landschaften vorfinden, hierhergekommen sind nach jener letzten Eiszeit, und woher sie stammen. Woher sie kamen und wie sie sich in ihrer ursprünglichen Heimat entwickelt haben, das bestimmt auch, welche Habitate sie brauchen, um in Mitteleuropa zu überleben, also welche Arten von Lebensräumen, welche Nischen im Ökosystem.

»Die meisten Tierarten, die bei uns leben, sind nach dem Ende der letzten Vereisung zugewandert«, sagt Werner Kunz. Zwischen den verschiedenen Vereisungen im Pleistozän, in den wärmeren Zeiten, als die Eisschilde zurückwichen, kam die eiszeitliche Fauna immer wieder zurück in die Taugebiete. Nach der letzten Vereisung nicht mehr. Einige der großen Pflanzenfresser starben aus: der Riesenhirsch, das Wollnashorn, der Europäische Waldelefant. Einige zogen sich zurück in Gebiete, wo sie dann erst später ausstarben wie das Wollhaarmammut. Ähnlich dürfte es vielen anderen Arten auch gegangenen sein. Es fand also ein größeres Aussterben etlicher eiszeitlicher Tiere statt. Welchen Anteil die Menschen damals daran hatten, dass die wirklich großen Pflanzenfresser nicht überlebten, ist nicht geklärt. Sie waren Jäger, schon die Neandertaler vermochten auch die riesigen Waldelefanten zu erlegen und die Mammute, aber haben sie diese Tiere deshalb tatsächlich ausgerottet? Das werden wir vielleicht nie klären können.

So oder so war nach dem Ende der Eiszeit und dem Rückzug der Eisschilde viel Platz in Mitteleuropa; Platz für tierische Migranten, die anfangs noch nicht einmal Konkurrenzdruck hatten. Sie mussten sich nicht durchsetzen, sondern konnten sich einfach ausbreiten. Entsprechend wird unsere heutige Fauna dominiert von Arten, die ursprünglich nicht aus Mitteleuropa stammen.

Untersucht hat Werner Kunz das an Schmetterlingen, die sein Spezialgebiet sind. »Es gibt im mitteleuropäischen Flachland keinen einzigen endemischen Tagfalter«, sagt er, also keinen einzigen typischen Mitteleuropäer unter den tagaktiven Schmetterlingen, der hier seinen Ursprung hätte. Das gilt nicht für die Falter im Gebirge. Die haben überlebt, indem sie sich vertikal bewegt haben. Vor dem Eis sind sie in tiefere Lagen ausgewichen, mit dem Tauwetter wieder nach oben gezogen. »Die Tagfalter in den flacheren Gebieten haben alle einen Migrationshintergrund und sind nach der letzten Eiszeit aus anderen Gebieten hierher eingewandert, aus dem Offenland des Südens und den Steppen des Ostens.« Sie sind hierher eingewandert, weil sie gute Lebensbedingungen vorfanden, nämlich offenes Grasland und lichte Wälder.

Ähnliches gilt für die Vögel. Werner Kunz hat einmal bei einem seiner vielen Vorträge provozierend gesagt, dass wir in Deutschland keine Vogelart ausrotten könnten, weil wir hier gar keine endemische Vogelart haben – selbst, wenn wir alle Vögel erschießen würden, wäre wohl keine Art ausgerottet. Nur ein Gedankenspiel, das verdeutlichen soll, welche naturräumliche Situation uns umgibt. Natürlich könnten wir ohne Vögel hier nicht leben, wie wir generell ohne Biodiversität nicht überleben würden. Aber die Vögel, die in Deutschland auf der Roten Liste stehen, leben auch anderswo. Selbst der Rotmilan, dessen größte Population sich in Deutschland befindet, findet sich auch anderswo, etwa in Polen und in Spanien. »Vier oder fünf Vogelarten gibt es, die hier ihr Hauptverbreitungsgebiet haben«, sagt Werner Kunz, »aber sie sind hier nicht ausschließlich.« Das ist in anderen Ländern, vor allem auf anderen Kontinenten, durchaus anders.

Wenn wir also in Deutschland Artenschutz betreiben, dann tun wir das um der Vielfalt willen, zum Beispiel um uns die sogenannten Ökosystemdienstleistungen zu erhalten, die ohne Biodiversität keinen Bestand hätten. Aber wir müssen das nicht unbedingt tun, um eine Art zu retten, die es anderswo gar nicht gibt. Oder wenn doch, dann nur in wenigen Fällen. Tatsächlich ist die Liste der nur und ausschließlich in Deutschland vorkommenden Tiere nicht lang. Das einzige Säugetier, das draufsteht, ist der Elbebiber, *Castor fiber albicus*, eine Unterart des Europäischen Bibers. Daneben gibt es noch einige regionale Besonderheiten wie den Badischen Riesenregenwurm, die Alemannische Grasschnecke, den Ammersee-Kaulbarsch oder den Segeberger Höhlenkäfer.

Tatsächlich taucht in der Liste dann auch ein Tagfalter auf: der Moselapollo *Parnassius apollo vinningensis*, eine Unterart des Apollofalters. Aber der ist ebenfalls keine Flachlandart, sondern ursprünglich ein Falter aus den Bergen. Die Unterart an der Mosel hat sich wohl nur herausgebildet, weil es keine Verbindung mehr zu anderen Populationen des Apollos gab; und überlebt hat sie wohl hauptsächlich, weil ein Weinberg mit dahinterliegendem Steilhang und darunter klebenden Verkehrswegen eine eher karge Landschaft ist, jedenfalls alles andere als zugewachsen.

Übrigens sind auch viele Tiere, die die meisten von uns für echte Waldtiere halten dürften, eigentlich keine. Selbst die großen Säugetiere nicht: das Europäische Reh nicht, das eher Waldränder und Lichtungen bevorzugt, aber auch im Offenland äst, und schon gar nicht der Rothirsch, der ein echter Steppenbewohner wäre, wenn wir ihm Steppen bieten und ihn nicht in die Wälder abdrängen würden. Nicht, dass es gar keine Waldtiere gäbe. Das Wildschwein ist sicher eines, oder war mal eines, bis der Mais nach Deutschland kam. Der Schwarzspecht ist ein Waldvogel, das Wintergoldhähnchen auch. Der Waldlaubsänger heißt dann schon wieder nur so, bevorzugt aber eigentlich lichte Wälder und Parks. Die Amsel war mal ein Waldvogel, ist aber längst ein Gartenvogel geworden. Wildschweine können ja inzwischen auch ganz gut in Berlin leben. Das sind dann die anpassungsfähigen Arten, die nicht zu den gefährdeten gehören.

Dass in Mitteleuropa, und insbesondere in Deutschland, hauptsächlich Tierarten leben, die eingewandert sind, sollte Konsequenzen haben für den Naturschutz und vor allem für den Artenschutz: »Die nach der Eiszeit eingewanderten Arten sind auf Habitate angewiesen, die es hier nicht mehr geben würde, wenn der Mensch und seine Nutztiere nicht mehr eingreifen«, sagt Werner Kunz. Die Betonung liegt hier auf den Nutztieren, die der Mensch eingreifen lassen sollte. Es geht nicht darum, dass der Landwirt die Landschaft im Sinne der sogenannten modernen Landwirtschaft auf- und umarbeitet, im Gegenteil: »Ein fauler Bauer ist besser als zehn fleißige Naturschützer.«

Leider befindet sich die Art von Eingriff in die natürliche Entwicklung, die der Artenschützer im Sinn hat, europaweit auf dem Rückzug. Die von der Europäischen Union in ihrer FFH-Richtlinie aufgeführten zweihundert schützenswerten Lebensräume[VII] sind zu gut zwei Dritteln extensive Agrarlandschaften, von denen wiederum neunzig Prozent Grünlandflächen mit Tierhaltung sind. Und von der gibt es bekanntlich draußen immer weniger. Der Rest der Agrarlandschaft ist der Optimierung der Produktion zum Opfer gefallen und dem, was man vorsichtig vielleicht »Ordnungssinn der Menschen« nennen könnte, aber durchaus auch »Ordnungswahn«.

Werner Kunz dazu in der klaren Sprache des engagierten Artenschützers im Vorwort zu seinem Buch über den *Mythos von der unberührten Natur*:

> *»So wie es die Zivilisation schon in früheren Zeiten mit sich gebracht hat, dass die Wohnungen immer gründlicher von Unrat und Schmutz gesäubert werden konnten, so bringt es die moderne Agrikultur mit sich, die Landschaft immer mehr zu säubern. (...) Acker- und Weideflächen wurden im letzten halben Jahrhundert in Mitteleuropa für einen maximalen Ertrag optimiert und für die Bearbeitung mit Maschinen gesäubert. Die Agrarflächen wurden von Steinen und Unkraut gereinigt, sandige oder schlammige Flächen und Unebenheiten der Ackeroberfläche wurden beseitigt. Ungenutzte Zwischenräume, Ecken und Randflächen wurden bis auf den letzten Quadratmeter in die Produktionsflächen eingegliedert, und Abfälle und Ernterückstände blieben nicht mehr liegen. (...)*
>
> *Doch im selben Ausmaß, wie die Äcker von ›Unrat‹ bereinigt wurden, wurden sie auch von den Tieren bereinigt. Der moderne Acker ist fast artenfrei. Er macht einen ›ordentlichen‹ Eindruck, ist sauber und hygienisch einwandfrei, in Bezug auf die Arten aber zur lebensfeindlichen Wüste geworden. Ganz analog wie die Reinigung der Häuser den Ratten, Wanzen und Flöhen in den Wohnungen die Lebensmöglichkeiten weggenommen hat, hat*

VII FFH steht für »Fauna-Flora-Habitat«; die Lebensraumtypen stehen in Anhang I der zugehörigen Richtlinie.

auch die Reinigung der Feldflur den Arten keinen Raum mehr gelassen. Hasen, Rebhühner, Feldlerchen und Grauammern finden keine Nahrungs- und Brutplätze mehr.«[31]

Nun ist die ausgeräumte Agrarwüste doch das Paradebeispiel für eine Fläche, auf der der Mensch eingegriffen hat. Früher habe ich zu so etwas übrigens »Agrarsteppe« gesagt, aber inzwischen gelernt, dass Steppen äußerst vielfältige Lebensräume sind. Jetzt also Agrarwüste: Was will der Artenschützer nun, wenn er Eingreifen fordert, um Arten zu schützen? Wo doch das übermäßige Eingreifen im Agrarland gerade das Gegenteil von Artenschutz ist. Er möchte Unordnung, ganz gemäß der These vom faulen Bauern, der besser sei als fleißige Naturschützer. Nicht alles saubermachen, mal was vergessen; nicht alles planieren, mal ein paar Pfützen stehen lassen; nicht alles abmähen, mal was wachsen lassen; nicht alles zupflanzen oder zuwachsen lassen, mal was offenhalten, bloße Erde und Sand und Kies.

Hotspots der Artenvielfalt in Deutschland sind sehr oft Truppenübungsplätze oder ehemalige Truppenübungsplätze, wie schon erwähnt. Weil die eben nicht zugewachsen sind wie weite Flächen der restlichen Republik, da wo sie nicht mehr in intensiver Nutzung sind. Auf dem Truppenübungsplatz braucht es eben Platz und freies Sichtfeld für die Panzer und die Artillerie. Der Raum zwischen Mündungsfeuer und Aufschlag ist der lebensfreundliche Ort für viele Arten von Tieren, die anderswo keine Heimat mehr finden.

Werner Kunz lebt in Nordrhein-Westfalen und ist deshalb oft und schon lange Jahre unterwegs in den Tagebaugebieten des Braunkohleabbaus und den sogenannten Bergbaufolgeregionen. Dort findet er viele der Rote-Liste-Arten, die anderswo keinen Lebensraum mehr haben: Wiesenpieper, Steinschmätzer, Grauammern, Heidelerchen – sie brüten da, wo die Bagger das Unterste zuoberst gekehrt haben, auf den Rohböden, auf denen fast nichts wächst. »Mehr als fünfzehn Orchideenarten, deren Vorkommen in ganz Deutschland auf Restbestände zusammengeschrumpft ist und deren Standorte deswegen zum Teil streng geheim gehalten werden, sind auf den Tagebauflächen in großer Zahl zu finden.«[32] Das liegt auch daran, dass die Böden dort nicht überdüngt sind und nicht so bald alles zuwächst wie im Rest des Landes; deshalb gibt es dann auch die nährstoffarmen und offenen Flächen, die viele Insekten zum Überleben brauchen. Weil die eben ursprünglich aus den Steppengegenden des Ostens stammen.

Auch in den halboffenen Weidelandschaften finden viele Arten Lebensräume, die es anderswo nicht mehr gibt. Wenn durch die Überdüngung aus der Luft durch die stickstoffhaltigen Schadstoffe, die wir durch die Verbrennung fossiler Rohstoffe und durch die Ausgasung von zum Beispiel Ammoniak aus der Landwirtschaft überallhin verteilen, der Boden selbst in den kargsten Gebieten stetig Nachschub an Dünger erhält, wächst es auch da immer üppiger. Und dann fehlen zum Beispiel für manche Schmetterlinge die richtigen Entwicklungsräume für ihre Brut. Im hohen Gras ist es nämlich feucht und kühl im zeitigen Frühjahr. Da können sich die Larven, die im Boden überwintert haben, nicht schnell genug entwickeln. Deshalb suchen sich Schmetterlinge gerne leicht erhöhte Plätze über der dichten Vegetation zur Eiablage. Das können Maulwurfshügel sein oder die Hügelbauten der Wiesenameise. Ein paar Zentimeter raus aus der kühlen Dichte reichen schon. In den Mähwiesen existieren solche Orte aber nicht mehr, weil dort ständig alles plattgemäht und dann auch noch planiert wird; auf den Äckern schon gar nicht und am ehemals anders genutzten Feldrand ebenfalls nicht. Dort werden ja keine Ziegen mehr angepflockt, damit sie das Grün wegfressen, und es wird nicht mehr Gras und Kraut weggesichelt fürs Kleinvieh oder für die Stallhasen. Dort kommt bestenfalls der Straßendienst mit dem Mulcher. Und der Mulch düngt dann auch wieder.

Der größte Treiber für die flächendeckende Überdüngung der Landschaft mit reaktivem Stickstoff[33] ist übrigens die Landwirtschaft selbst. Während die Stickstoffeinträge in die Umwelt aus dem Verkehr und den Kläranlagen von 1995 bis 2014 deutlich zurückgingen, blieb die größte Quelle für den flächendeckenden Stickstoffeintrag der Agrarsektor. Dessen prozentualer Anteil lag 1995 bei 45 Prozent, um 2014 dann bei 67 Prozent. Insgesamt sind die Emissionen von Stickstoff in den letzten Jahrzehnten auf etwa 1,5 Millionen Tonnen gesunken, der Anteil der Landwirtschaft daran ist allerdings gering.[34]

Der meiste reaktive Stickstoff stammt aus der aktiven Überdüngung von Feldern und Wiesen. Der Überschuss betrug in den 1990er-Jahren noch über hundert Kilogramm pro Hektar landwirtschaftlicher Nutzfläche in Deutschland. Bis 2020 ist er auf 82 Kilogramm zurückgegangen, aber zu viel bleibt zu viel. Der Stickstoff gast in verschieden Stickoxidverbindungen in die Luft aus oder gelangt als Nitrat ins Wasser, wenn zu viel des Guten ausgebracht wird oder zu einem Zeitpunkt, an dem die Pflanzen den Dünger gerade nicht aufnehmen können. Ein Teil ist aber auch Ammoniak aus der Tierhaltung. Und das meiste dieses NH_3 wiederum stammt aus der Gülle, also aus jener Mischung aus Kot und Urin, die im Stall auf Spaltenböden entsteht, in großen Behältern aufgefangen und dann auf die Äcker und Wiesen ausgebracht wird. Das Umweltbundesamt stellt fest:

> *»Die Landwirtschaft ist mit einem Anteil von etwa 95 Prozent Hauptemittent des Luftschadstoffs Ammoniak in Deutschland. Gemäß der Emissionsberichterstattung stammen über 70 Prozent der gesamten Ammoniakemissionen aus der Tierhaltung mit einem Anteil für die Rinderhaltung von 43 Prozent, für die Schweinehaltung von neunzehn Prozent und für die Geflügelhaltung von acht Prozent. Der Anteil der Mineraldünger- und Gärresteausbringung an den gesamten Ammoniakemissionen beträgt 25 Prozent.«*[35]

Und wieder sollen die Rinder die Hauptschuld tragen. Diesmal ist es zwar kein Klimagas, was da ausgast, aber eines, das für flächendeckende Eutrophierung sorgt, und mit dieser Überdüngung dann auch für den Rückgang der Biodiversität. Erneut fehlt ein Systemvergleich, wie schon in der FAO-Studie zur Tierhaltung. Die notwendige Differenzierung zwischen Stall- und Weidehaltung kommt dieses Mal von der Bayerischen Landesanstalt für Landwirtschaft: »Die Emissionen von Ammoniak betragen bei Weidehaltung nur ein Drittel gegenüber der konventionellen Haltung im Boxenlaufstall.« Weil auf der Weide Urin und Kot deutlich seltener zu jenem Gemisch zusammenkommen, in dem dann Ammoniak entsteht. Das Zitat stammt aus dem Jahresbericht 2019 der Bayerischen Landesanstalt. Der zugehörige Beitrag dort trägt den Titel: »Die Renaissance der Weidehaltung«.[36] Von der ist nur leider wenig bis gar nichts zu spüren. Draußen dürfen immer weniger Rinder den Bewuchs kurzhalten und gegen die Überdüngung anfressen.

Natur oder Naturschutz

Alles wächst zu. Und für einen Gutteil der Naturschützer scheint genau das das Ideal zu sein, für den Artenschützer Werner Kunz dagegen das Feindbild; personifiziert in Figuren wie dem Bestsellerförster Peter Wohlleben, der dem Wald millionenfach geheimes Leben eingehaucht hat und davon raunt, dass der beste Naturschützer derjenige sei, der die Hände in den Hosentaschen lasse, also nichts tue, weil die Natur das ja alles bestens selber könne. So, als hätten wir hier irgendwo noch etwas, das ursprünglich natürlich wäre, was auch immer das dann sein soll. Hans Bibelriether, der Gründungsdirektor des ersten deutschen Nationalparks Bayerischer Wald, war ebenfalls auf dem Pfad Wohllebens unterwegs, nur mit deutlich sichererem Tritt. Er hat das in seinem Buch *Natur Natur sein lassen*[37] dargelegt. Dieses Konzept war für ihn allerdings auch angeraten, hatte er doch einen reichlich naturfernen Stangenforst geerbt, den er tatsächlich erstmal machen lassen konnte, oder besser: verkommen lassen musste. Inklusive der damals hoch umstrittenen und heftig diskutierten Borkenkäfer-Kalamität, die den Wald zwischenzeitlich großflächig keinen Wald mehr sein ließ. Aber dann wuchs er ja wieder, Sukzession halt – ohne Weidetiere.

Um das nochmal zu fragen: Wer ist wohl diese Natur in einer komplett von uns Menschen überformten und überdüngten Landschaft? »Natur ist das, was der Naturwissenschaftler so nennt«, hat ja der Naturwissenschaftler Hansjörg Küster gesagt. Das ähnelt einer Definition von Kunst, die ich bei einer kunstsinnigen Freundin immer gehört habe: Kunst ist es, wenn es signiert ist. Egal, wie es dir erscheint. Also eben eine Frage der Definition.

Was das Verhältnis vom Menschen zur Natur angeht, war das in früheren Zeiten meist eine klare Sache: hier wir – da die Natur. Mensch und Natur waren getrennt voneinander. Seit wir mehr über unsere Herkunft wissen, über die eigene evolutionäre Entwicklung und über all die anderen Menschenarten, die wir überlebt haben, ist das nicht mehr so einfach. Zumal wir uns selbst inzwischen ja taxonomisch mit den Menschenaffen in der Familie der Hominiden einordnen, zu der außer der Gattung *Homo* noch die Gorillas, die Orang-Utans und die uns am nächsten verwandten Schimpansen gehören. Allein in der Familie der Hominiden gibt es neben uns noch sieben andere Arten, die derzeit auf dieser Erde leben. Also ist das Säugetier Mensch Teil der Natur mit enger tierischer Verwandtschaft.

Das mag zwar ehrenwert sein, uns so einzuordnen und sicherlich ein Fortschritt gegenüber dem früheren pyramidalen Herrschaftsdenken, wo ganz oben auf der Spitze der gedachten Entwicklung allein der Mensch stand, die Krone der Schöpfung. Aber wenn wir Teil der Natur sind, was wäre dann Naturschutz? Mindestens eine Begriffsverwirrung. Müssen wir die Natur quasi vor uns selbst schützen, damit die Ökosysteme uns die lebensnotwendigen natürlichen Ressourcen weiter zur Verfügung stellen können – jene Ökosystemdienstleistungen –, dann zwingt uns das, die Natur als etwas außerhalb von uns Stehendes zu begreifen, wenigstens hilfsweise.

Was also ist entsprechend Naturschutz, und was ist dann der Artenschutz, um den es uns ja besonders gehen muss, wenn wir die Vielfalt bewahren oder wiederherstellen wollen? Handelt es sich dabei um einen Teil des Naturschutzes oder, wie inzwischen zu vermuten, vielleicht um etwas davon Verschiedenes? Die Begriffe »Umweltschutz« und »Klimaschutz«, die ebenfalls zu dem Themenkomplex gehören könnten, lassen wir jetzt mal außen vor. Erstmal geht es um die Definition der beiden, die fast jedem Mitteleuropäer als Zwillingspaar erscheinen dürften oder als zwei Seiten ein und der derselben Medaille: Naturschutz und Artenschutz. Dass die beiden nicht miteinander identisch sein und auch als Zwillinge nicht zusammenpassen können, haben wir von Werner Kunz schon gehört. Äußerungen von anderen Menschen, die hier bereits zu Wort gekommen sind, lassen das ebenfalls vermuten. Werner Kunz formuliert es so: »Die Erhaltung einer störungsfreien, unberührten Natur hat ihren Eigenwert«, und vollendet den Satz dann mit dem vernichtenden Urteil: »... und ist in Mitteleuropa nicht die korrekte Maßnahme, gefährdete oder aussterbende Arten zu retten.«[38]

Was im Regenwald Südamerikas oder in den Wäldern Kanadas richtig sein kann, muss in Mitteleuropa nicht auch richtig sein: Wachsen lassen und Nichtstun ist nicht die Alternative zur kompletten Ausbeutung und Überformung der Landschaft. Was aber tun, um die ehemalige Vielfalt, den Artenreichtum Mitteleuropas wiederherzustellen, egal ob nun endemisch oder zugewandert? Die wilden tierischen Landschaftsgestalter, die großen Pflanzenfresser, haben wir fast ausgerottet und die kleineren Landschaftsbauer wie die Biber fast zwei Jahrhunderte lang in weiten Teilen Mitteleuropas nicht mehr bauen lassen. Und wir selbst haben auch nicht mehr getan, was früher noch für Vielfalt sorgte. Wir haben viele ehemalige Nutzungsformen der Landschaft aufgegeben, weil wir sie nicht mehr nötig hatten, weil wir uns für unser

Überleben nicht mehr so sehr abrackern mussten wie in den vergangenen Jahrhunderten.

Wenn man ältere Landschaftsbilder mal nicht mit der ästhetischen Brille betrachtet, sondern schaut, welches Zeugnis sie von der ehemaligen Nutzung des Landes ablegen, dann sieht man viele Zeichen für eine Übernutzung: entwaldete Hänge, die beweidet wurden, baumfreie Hügel, zerfurcht von tief eingeschnittenen Triebwegen, auf denen die Bauern das Vieh zur Weide brachten – also deutliche Zeichen von Erosion. Und wenn man schaut, aus welcher Zeit diese Bilder stammen, dann ist das genau die Zeit, für die die Chronisten unter den Biologen die höchste Artenvielfalt in Deutschland angeben – die Zeit zwischen der Mitte des 18. und der Mitte des 19. Jahrhunderts.

Ganze Landschaften sind damals durch Übernutzung geformt worden, heute würde man »Devastierung« dazu sagen: durch Überbeanspruchung verwüstet. Und wenn man heute Reste solcher Landschaften noch findet, dann stellt man sie vielleicht trotzdem, oder gerade deswegen, unter Schutz.

So wie in der Rhön. Das Mittelgebirge im Dreiländereck von Hessen, Bayern und Thüringen ist mittlerweile ein Biosphärenreservat und macht als »Land der weiten Fernen« für sich Werbung. Dass man in der Rhön so weit über die Täler und Hügel schauen kann, liegt daran, dass viele der Wälder, die dort einmal standen, schon lange nicht mehr existieren. Nur auf den Kuppen der Berge gibt es noch Wald – und damit der nicht wieder hinunterwächst in die Täler, werden Schäfer bezahlt, die mit ihren Tieren die Flächen freihalten. Sie sollen in ihren Herden von Rhönschafen auch immer ein paar Ziegen mitlaufen lassen, sodass die jungen Bäume verbissen werden, die sich von den Wäldchen auf den Kuppen in die Wiesen ausgesamt haben.

Auch die Lüneburger Heide ist durch Übernutzung von Wäldern entstanden. Das Holz wurde gebraucht, um in Lüneburg das Salz zu sieden, das in einem großen Salzstock unter der Stadt lag. Das wurde von dort als Sole im Salzbrunnen hochgepumpt und dann in einer Saline in Pfannen gesiedet. Das so gewonnene Speisesalz wurde anschließend über die alte Salzstraße nach Lübeck transportiert. Später baute die Hanse einen Kanal von Lübeck bis zur Elbe bei Lauenburg. Jetzt konnte das Lüneburger Salz zur Elbe verschifft und von dort in Lastkähnen an die Ostsee transportiert werden. Die Hanse brauchte viel Salz, um in Fässern den Hering zu konservieren und zu verschiffen, der sie reich gemacht hatte. Der Förster Georg Meister beschreibt die Entwicklung so: »In der Umgebung von Lüneburg wurden die Wälder mehrfach in großen Hieben genutzt. Solche allzu rasch aufeinander folgenden ›großen Störungen‹ haben die natürliche Regenerationskraft der meist sandigen und nährstoffarmen Standorte überfordert. (...) Dadurch ist im Laufe der Jahrhunderte eine Heidelandschaft entstanden, die heute bewundert wird.«[39]

Geblieben davon ist der Naturpark Lüneburger Heide, in dessen Kern das 234 Quadratkilometer große eigentliche Naturschutzgebiet liegt, das heute aber nur noch zwanzig Prozent Heidelandschaft schützt. Die wird mit Heidschnucken beweidet und in aufwendigen Aktionen von Naturschützern oder beauftragten Dienstleistern »entkusselt«, also mit Säge und Astschere vom Baumaufwuchs befreit.

Dort wird mit enormem Aufwand ein Zustand bewahrt, den es ohne Eingriff längst nicht mehr gäbe. Was in beiden genannten Fällen sicher nicht schlecht ist für den Artenschutz. Da passen Naturschutz, der ein Ökosystem bewahren, also quasi einfrieren will, und Artenschutz, der in unseren Breiten offenes Land braucht, ausnahmsweise mal zusammen. Ein bisschen wenigstens, denn besser wäre an manchen Stellen auch eine Übernutzung statt der Pflege. Ausgewiesene Artenschützer wie Werner Kunz, wenn man sie ließe, würden da wahrscheinlich ab und zu mit einem Panzer durchfahren, der den Boden aufreißt und offene Stellen hinterlässt, so wie in der Oranienbaumer Heide die Koniks, wenn sie ihre Wälzstellen anlegen.

Schlimmer für den Artenschutz in Mitteleuropa ist die Aufforstung. Die deutsche Bundesregierung will bis 2030 mit Millionenaufwand jährlich zehntausend Hektar Wald, also zehn Quadratkilometer, neu schaffen – zusätzlich zur Wiederaufforstung der Gebiete, in denen durch den Klimawandel die Fichten-Stangenforste abgestorben sind. Das ist dann wohl das Gegenteil von Artenschutz in einem Land, das von Arten des Offenlands bewohnt wird. »Viele in Mitteleuropa lebende Schmetterlingsarten vertragen die unberührte Landschaft nicht«, schreibt Werner Kunz: »Sie brauchen keine Wälder und erst recht keine Waldnationalparks, sondern stattdessen das Offenland und Böden, die nicht zu stark verdichtet und zugewachsen sind.«[40]

Den Artenschwund befördern auch die Gebiete, die nicht mehr bewirtschaftet werden, in denen die Menschen oder ihre Nutztiere nicht mehr eingreifen, zum Beispiel an den Hängen der Mittelgebirge, wo Landschaftspflege kein Anlass für Eingriffe ist, in den Steillagen der ehemaligen Weinberge, wo niemand maschinengerechte Arbeitsflächen herstellen kann. Das sind die Gebiete, die in den letzten Jahrzehnten einfach aufgegeben worden und inzwischen zugewachsen sind. Auch in den sogenannten Ausgleichsflächen, die Industriebetriebe erwerben und dem Naturschutz übereignen müssen, wenn sie selbst irgendwo durch Expansion Land vernichten, wird meistens aufgeforstet. Als der Frankfurter Flughafen sich in den eigentlich geschützten Bannwald ausbreitete, durfte er das tun, weil er zum Beispiel im Kinzigtal Flächen gekauft hatte, um diese aufzuforsten. Damit verschwanden dort all die Arten, die Offenland brauchen, jene also, die nach der letzten Eiszeit hier eingewandert sind. Viele der Arten, die in Mitteleuropa auf den Roten Listen stehen, sind eben keine aus unberührten Naturgebieten. Es sind Arten der ehemaligen Agrar- und vor allem der vielfältigen und kleinräumigen Weidelandschaft.

»Für die ehemaligen Agrar- und Weidevögel Mitteleuropas sind längst Flugplätze, Tagebauflächen und Truppenübungsplätze zu Ersatzbiotopen geworden. Hier ähnelt der Biotop den kärglichen

Agrarflächen der früheren Jahrhunderte und hier findet man heute viele der Rote-Liste-Arten«, fasst Werner Kunz zusammen: »Den Schutz dieser Arten erreicht man nicht durch den Schutz der Natur. Artenschutz ist also nicht Naturschutz.«[41] Die höchste Artenvielfalt finde man heute in den Graslandschaften Osteuropas, die zwar extensiv, aber eben bewirtschaftet und nicht sich selbst überlassen werden.

Heißt das dann, wir sollen wieder Landwirtschaft betreiben wie vor zwei- oder dreihundert Jahren, Hungersnöte inbegriffen? Nein, selbstverständlich nicht. Werner Kunz würde sagen: Weniger ist mehr. Mehr Mut zum Liegenlassen, mehr Mut zur Brache – und da tätig werden, wo es zuwächst. Es gibt genug Platz in diesem Land, um einzugreifen und Landschaft wieder zu öffnen; und sei es nur da, wo wir uns in den letzten Jahrzehnten zurückgezogen haben und die von uns überdüngte Natur haben machen lassen. Wir können sogar mit dem Bagger mal in diese sogenannte Natur fahren und dort etwas aufreißen, was dann eine Sukzessionsfläche wird, in der sich Leben neu ansiedelt, was den Offenlandarten beim Überleben hilft. Das würde Werner Kunz vorschlagen und das hat er auch schon mehrfach veranlasst.

Wir sollten außerdem die Weidetiere wieder in die Wälder lassen, damit zum Beispiel die Schmetterlinge dorthin zurückkehren: Unsere einzigen Falterarten, die überhaupt in Wäldern leben, kommen in lichten Wäldern vor, nicht im dunklen Forst. Das wäre dann Artenschutz, der den Förster graust, den Naturschützer vielleicht auch. Und der Landwirt? Der könnte dann tatsächlich mal die Füße stillhalten, wenigstens an manchen Stellen, oder mal was vergessen auf dem Acker, was liegen lassen von den Ernteresten; am Ende des Jahres nicht nochmal mit der Walze über die Weide fahren und alle Maulwurfshügel plattmachen und Trittfurchen seiner Rinder zuschütten; vielleicht auch mal aufhören, jahrein, jahraus gegen die zwei feuchten Stellen im Acker anzukämpfen, immer wieder durchzupflügen und aufzufüllen, vielleicht einfach mal drum herum fahren und Pfütze Sumpf oder gar zeitweilig

Teich werden lassen. Denn wir kennen ja das Motto inzwischen: »Ein fauler Landwirt ist besser als zehn fleißige Naturschützer!«

Wunderbare Unordnung

Vor vielen Jahren durften die ersten Biber in das Bundesland Hessen zurückkommen, nach fast zweihundert Jahren Abwesenheit. Sie wurden in einer politisch und verwaltungstechnisch komplizierten Aktion aus der damals noch existierenden DDR geholt. Auch weil man das nicht so machen wollte wie Naturschützer in Bayern, die einfach amerikanische Biber ausgesetzt hatten, also ein Neozoon, eine nicht heimische Art. Später zeigte mir ein Förster, was »seine Biber« dort vollbracht haben. Es war in einem schmalen Tal mit Bachlauf, wo der Spessart an die Rhön grenzt. Da hatte eine erste Biberfamilie nun einen Damm gebaut und den Bach gestaut. Dahinter war jetzt ein recht breiter Teich entstanden, der sich bis zu dem Wanderweg ausdehnt, der das Tal entlangführt. Auf diesem Weg war es an manchen Stellen etwas feucht geworden. Der umweltbewegte Förster zeigte mir, wo die Biber überall Bäume gefällt, wie sie die Landschaft verändert hatten; wo die Weiden, die jetzt nicht mehr nur mit den Füßen, sondern komplett im Wasser standen, anfingen, abzusterben. Die Gestaltungskraft der Biber begeisterte ihn. Solche Förster gibt es auch, inzwischen sogar viele.

Da kam ein älteres Paar vorbeispaziert, sah den Mann im Outfit des Revierförsters – und dann war es vorbei mit der Naturidylle. Es begann eine große, anhaltende und zunehmend lauter werdende Schimpftirade über den Teich und den Bach hinweg. Wie das hier aussehe, man würde ja seine Natur nicht mehr wiedererkennen. Ob er hier nicht mal aufräumen wolle? Es dauerte, bis wir um den von den Bibern gebauten Teich herumgegangen, über den Bach gesprungen und bei den beiden angelangt waren. Die Beschimpfung endete erst, als das Paar sah, dass die beiden Unholde, die hier die ganze Gegend verkommen ließen, zu ihnen herüberkommen würden. Drüben dann grüßte der Förster sehr ruhig und für meine Begriffe unangemessen freundlich: »Erstmal guten Tag!« Und ich begriff: Das passiert ihm gerade nicht zum ersten Mal. Hier hatte ein wildes Tier, das es zuvor gar nicht gab, das Tal in Unordnung gebracht – und das sollte in den Augen des Spaziergängerpaares nicht sein, zumal sie dadurch nasse Füße hätten bekommen können. Sie deuteten auf ihre Schuhe und sagten: »Wie das hier aussieht!«

Es sieht halt fast aus wie Natur. Nicht wie die paar Randgehölze am Bach, die die Spaziergänger zuvor für Natur gehalten hatten, aber immerhin so, wie Naturschützer das definieren können. Auch wenn diese Natur aus zweiter Hand stammt: von einem wieder angesiedelten Tier geschaffen, im Fall des Bibers, oder von einem Nutztier, im Fall der Rinder. Und Natur ist nicht ordentlich. Das haben andere Spaziergänger aber inzwischen gelernt. Die Natur hat eben ihre eigene Ordnung, die nicht unsere menschliche und für viele von uns entsprechend unsichtbar ist. Wir können uns auch an wirklich natürliche Ordnungen nicht gewöhnen, weil die sich ständig verändern. Sie sind im Fluss, am Bachlauf zumal, und sogar in dem kleinen, von uns persönlich und ohne Hilfsmittel überschaubaren Rahmen. Jeder Hobbygärtner weiß das: Was gestern noch funktioniert hat, scheitert heute, weil irgendeine Pflanze, ein Tier oder ein Pilz dazugekommen ist, also eingegriffen hat in die Ordnung, die der Gärtner doch herstellen will.

Wir müssen aber Unordnung zulassen oder sogar neu erschaffen, wenn wir überleben wollen. Denn ohne die natürliche Vielfalt um uns herum, in uns selbst, in unserer Gemeinschaft und Kultur ist unsere Art nicht überlebensfähig. Ohne das, was von uns gerne mal als Unordnung empfunden wird, gibt es kein Leben. Möglicherweise ist unsere eigentliche Entfremdung von der eigenen und der uns umgebenden Natur, wenn wir die nochmal getrennt sehen wollen, unser Ordnungswahn. Oder positiv ausgedrückt: unser unbedingter Gestaltungswille, gepaart mit einem unstillbaren Verwertungsinteresse an allem und jedem. Letzteres ist vielleicht typisch europäisch, weshalb wir es auf diesem Kontinent mit der Zerstörung, der Überformung und der Entfernung von der Natur so ziemlich am weitesten gebracht haben. Deshalb ist aber hier auch der Reparaturbedarf am größten.

Im Regenwald könnten die Menschen einfach mit dessen Zerstörung aufhören, und der Wald würde sich von den übrig gebliebenen Insellagen her wieder ausbreiten. Das ist zumindest so geschehen, wo Schutzgebiete ausgewiesen oder Bereiche für den Naturschutz aufgekauft wurden. So lange der Jetstream weiter den Sand aus der Sahara nach Südamerika weht und damit die eigentlich kargen, nährstoffarmen Böden unter den Regenwäldern düngt, solange das Klima regional nicht kippt und die Regenfälle nicht ausbleiben, wie während der Dürre 2023, kann sich der Wald erholen, der dort der Hort einer ungeheuren Artenvielfalt ist. In Mitteleuropa kann der Wald das auch, am besten im maritim beeinflussten Klima des Westens, im trockeneren Osten wird es schon schwieriger. Aber hier ist der Wald eben nicht der Hort der Artenvielfalt. Deshalb muss die Landschaft offengehalten oder wieder geöffnet werden.

Dafür müsste vielleicht auch die ordentliche Kante durchbrochen werden, die durch die erste Flurbereinigung vor etwa zweihundert Jahren entstanden ist. Bis in den Anfang des 19. Jahrhunderts hinein gab es im heutigen Deutschland noch viel Land, das nicht einzelnen Personen gehörte, sondern im Allgemeinbesitz war. Das war die Allmende oder Feldmark, zu der auch Wald gehörte, der oft als Waldweide diente. Dort durfte Brennholz gesammelt werden und Laub, das als Einstreu für die Ställe im Winter diente. Da der Mist aus den Ställen im Frühjahr auf die Felder und nicht zurück in den Wald kam, entstanden in den ausgeräumten Wäldern verarmte Böden.

Mit der zunehmenden Befreiung von ihren Dienstpflichten den Grund- und Leibherren gegenüber wollten die nun freien Bauern selbst über ihr Wirtschaften entscheiden und forderten dafür die Zusammenlegung verstreuten Landbesitzes. Das begann in Schleswig ganz im Norden im 17. Jahrhundert und setzte sich in Lüneburg fort, wo schon 1802 die gemeinschaftlichen Nutzungsrechte am Land aufgehoben und die Grundstücke verteilt wurden. Preußen und die anderen deutschen Länder folgten dann 1821. In Bayern nannte man die Neuordnung von landwirtschaftlichen und forstlichen Flächen zum ersten Mal »Flurbereinigung«.

Mit ihr entstand die scharfe Trennung von Wald und Feldflur, die wir heute für normal und quasi naturgegeben halten. Genau die kommt ja in den bereits erwähnten Naturbildern zum Ausdruck, die die Deutschen beschreiben, wenn sie nach ihrem Bild von Natur gefragt werden: hier Wald, dort Wiese und auf der Wiese – in der Reihenfolge der Nennungshäufigkeit – Reh, Kuh und Hund. Das hat nichts zu tun mit jener gedachten Natur, die unabhängig von uns existiert. Aber die gibt es ja auch hier bei uns nicht mehr.

Wenn jetzt die Wiese am Waldrand tatsächlich eine Weide wäre, nicht nur mit einer dorthin gedachten Kuh, sondern mit mehreren tatsächlich dorthin geführten oder gefahrenen Rindern; und wenn man dann dem Vorschlag des Forstmannes Rainer Luick folgen und Waldweide »als belebendes Element mit einer besonderen Biodiversität und als ökonomisch wichtiges Requisit im Weidemanagement« wieder möglich machen würde, dann dürfte sich die scharfe Kante von Wald und Weide recht bald umbilden in einen sanften Übergang. Die Rinder müssten gar nicht weit in den Wald hineingelassen werden. Hundert Meter wären schon viel, selbst fünfzig würden jede Menge Biodiversität in den Wald hineinbringen. Vielleicht reicht auch ein Streifen von dreißig Metern Waldweide, um die scharfe Kante aufzulösen und einen stufigen Übergang von der Weide zum Wald entstehen zu lassen. Was in Zeiten zunehmender Stürme mit wachsender Heftigkeit auch dem Wald helfen würde. Wo der nämlich dem Sturm keine harte Angriffskante bietet, kann der Wind weniger gut hineinbrechen.

Die großen ganzjährigen Weideprojekte haben längst bewiesen, dass halboffene Weidelandschaften eine Rückkehr der Biodiversität bedeuten. Das ist erforscht und belegt – und strahlt in die Umgebung der Weideprojekte aus. Am besten funktionieren die, wenn dabei auch noch Stellen mit offenen Böden entstehen, sandige Wälzstellen der Weidetiere, wenn die Hügelbauten der Wiesenameisen nicht eingeebnet werden, wenn auch mal Steinhaufen liegen bleiben, umgefallene Bäume und abgebrochene Äste. Wenn also nach menschlichen Maßstäben Unordnung geschaffen wird und bleiben darf.

Antje Stöckmann, Professorin für Natur- und Ressourcenschutz an der Hochschule für nachhaltige Entwicklung in Eberswalde in Brandenburg, hat das Projekt »Weidelandschaft Barnim« mit entwickelt und wissenschaftlich begleitet. Dabei geht es um die ganzjährige Beweidung ehemaliger Rieselfelder im Norden Berlins. Das sind Gebiete, in denen die Abwasser Berlins verrieselt wurden, um sie beim Durchgang durch den Boden zu reinigen. Es ging um Siedlungsabwasser und Industrieabwasser. Entsprechend belastet mit Schwermetallen sind die Böden in dem ehemals zehn Quadratkilometer großen Gebiet, dessen letzte Nutzung als Rieselfeld erst in den 1990er-Jahren endete. Danach wurde dort versucht, den Boden zu sanieren und Wald aufzuforsten. Das ist aus forstlicher Sicht misslungen. So etwas wie ein geschlossener Wald, der irgendwann auch forstlich nutzbar gewesen wäre, wollte sich dort nicht ansiedeln lassen.

Dann startete das Projekt Weidelandschaft Barnim mit Schottischen Hochlandrindern und Koniks. Binnen weniger Jahre hat sich eine abwechslungsreiche halboffene Weidelandschaft entwickelt und auch der Bewuchs der offenen Flächen vollständig geändert. Vorher stand dort all das, was Gärtner und Landwirte schreckt: Quecke, Ampfer, Landreitgras und Brennnesseln. Heute besteht die vielfältige Pflanzengemeinschaft aus Gräsern, Wiesenblumen und Kräutern. Die Liste der Arten, die sich angesiedelt haben, ist lang: Pflanzen, Insekten, Vögel, darunter Rote-Liste-Arten, aber auch Wildschweine und Rehe sind in das Gebiet gezogen. Da die Gewässer ebenfalls mit beweidet wurden und die Highlander und Koniks sich eigene Tränkestellen angelegt haben, konnten sich auch Amphibien und Reptilien ansiedeln, die vorher an den steilen Uferkanten der Wassergräben gescheitert waren. Nach dem Ende der Förderphase des Projekts zieht Antje Stöckmann Bilanz:

> *»Abgesehen von den positiven naturschutzfachlichen Ergebnissen zeigt sich eine große Anziehungskraft von scheinbar wild lebenden Tieren, eine hohe Attraktivität des Landschaftsbildes auf der Versuchsfläche und damit verbundene Potenziale für Erholung und Tourismus sowie die Chance für eine gezielte Umweltbildung.*
>
> *Als Fazit des Forschungsvorhabens ›Weidelandschaft Barnim‹ ist festzuhalten: Eine ganzjährige extensive Beweidung mit unterschiedlichen Nutztieren*
>
> - *erhöht die Struktur- und Artenvielfalt im Vergleich zur ›klassischen‹ Landschaftspflege*
> - *schafft gleitende Wald-Offenland-Übergänge*
> - *unterstützt dynamische Prozesse*
> - *ist eine tier- und artgerechte Form der Nutztierhaltung*
> - *bietet eine hohe Attraktivität für Erholungssuchende*
> - *ermöglicht eine gezielte Umweltbildung*
> - *ist eine naturschutzfachlich geeignete, wirtschaftliche Alternative zum bisherigen Naturschutzmanagement*
> - *leistet einen Beitrag zur regionalen Wertschöpfung.«*[42]

Interessanterweise hat Antje Stöckmann dieses Fazit in einem Buch veröffentlicht, das in der Reihe *Nachhaltige Lebensstile* erschienen ist und sich mit der Frage beschäftigt, welchen Beitrag ein bewusster Fleischkonsum zu mehr Naturschutz, Klimaschutz und Gesundheit leisten kann. Auch im Weideprojekt Barnim müssen die Rinder, für die kein Platz und kein Winterfutter in dem dann doch begrenzten Gebiet mehr da ist, aufgegessen werden. Zwei gute Nachrichten gibt es dazu: Das Fleisch ist nicht belastet und es ist von bester Qualität.

Beweidung von Wiesen- und Waldflächen, gleichzeitig im Verbund, auch außerhalb von Projekten, dürfte ganz ähnliche Ergebnisse schaffen wie die in den wissenschaftlich begleiteten Versuchen, die ja vielerorts längst aus dem Versuchsstadium heraus sind. Und die Attraktivität der Agrarlandschaft würde die Beweidung – wie auch in diesem Fazit wieder zu lesen war – ganz nebenbei mit steigern; nicht nur für die vielen Pflanzen und Tiere, die sich wieder ansiedeln, sondern auch für uns Menschen.

Wenn sich das als eine Form der Landwirtschaft etablieren könnte, selbst außerhalb von Naturschutznischen, ehemaligen Truppenübungsplätzen oder schadstoffbelasteten Rieselfeldern, dann hätten wir diese attraktiven Naherholungsgebiete für Natur und Mensch bald überall. Vielleicht nicht gleich in Ausdehnungen von hunderten von Hektar. Aber auch kleine Augenweiden erfreuen – und auch wenige Kuhfladen ernähren tausende Insekten.

Voraussetzung wäre natürlich, dass die Bäuerinnen und Bauern für die Mehrarbeit, die der Weidegang ihrer Tiere bedeutet, auch bezahlt werden. Dafür ist es noch nicht zu spät: Noch sind nicht alle Tiere in den Ställen verschwunden, noch ist die industrialisierte Tierhaltung nicht flächendeckend. Noch gibt es auch Landwirtschaftssubventionen, die man ja ausnahmsweise mal in sinnvolle Förderungen umleiten könnte. Subventionen für Agroforststreifen gibt es inzwischen, wenn auch vergleichsweise schäbige. Trotzdem ist ein Anfang gemacht, der wieder mehr Sträucher und Bäume in die Agrarwüste bringen soll. Der muss ohnehin wachsen und könnte dann auch gleich auf Waldweidestreifen erweitert werden.

Obwohl, müssen wir das denn eigentlich erweitern? Wir haben doch jetzt diese Hotspots der Biodiversität geschaffen und kennen das Rezept, mit dem man Wiedehopf, Wendehals und Ziegenmelker zurückholen kann. Warum soll das flächendeckend geschehen? Aus Sicht des Artenschutzes müsste das vielleicht nicht sein, wenn der Genpool jeweils groß genug ist, um Inzucht zu vermeiden. Es geht aber nicht nur darum, die Art um ihrer selbst willen zu erhalten. Das wäre die holistische, die ganzheitliche Sichtweise, nach der jede Art einen Wert an sich hat – ehrenwert, aber schwer zu vermitteln. Die anthropozentrische Sicht, die unseren eigenen Vorteil in den Mittelpunkt rückt, kommt pragmatischer daher und dringt leichter durch: Es geht darum, dass wir abhängig sind von der Vielfalt. Wissen wir ja: Ökosystemdienstleistungen. Nur wo es intakt ist, kann es liefern, das Ökosystem. Und das soll es bitte überall. Was haben die Menschen in München davon, wenn es in Berlin sauberes Wasser gibt? Was die in Stuttgart davon, wenn in Hamburg die Luft besser wird? Was die in Frankfurt davon, wenn in Hannover die Sommerhitze erträglicher ist?

Es gilt aber noch ein weiteres Problem zu bedenken: die Zahl der Individuen, nicht der menschlichen, sondern der tierischen, die verloren gegangen sind. Es geht neben Vielfalt auch um Anzahl. Gibt es zu wenige Schwalben, werden die Mücken zur Plage; gibt es zu wenige Greifvögel, brauchen wir erneut Rattenfänger – und nicht nur in Hameln. Was die Biotope nicht richten und die Ökosysteme nicht mehr leisten können, wird für uns zum Reparaturbetrieb. Das hat nicht nur mit Artenvielfalt zu tun, sondern auch mit der Bevölkerungsdichte an Tieren.

Das viel besprochene und kontrovers diskutierte Insektensterben bezog sich in der ursprünglichen Untersuchung der Krefelder Entomologen nicht auf den Artenschwund, sondern auf den Verlust an Individuen. Da wurde nicht Artenvielfalt bestimmt, sondern fliegende Biomasse gewogen, und das an den immer gleichen Stellen, über 27 Jahre. Erst nach dieser langen Zeit zeichnete sich dann der beträchtliche Verlust ab. Das lässt sich nicht dadurch konterkarieren, dass im Feuilleton vermerkt wird, dass bei einer Autofahrt über Land in diesem Jahr wieder mehr Insekten an der Windschutzscheibe kleben als früher, es den Tierchen also so schlecht nicht gehen könne.

Es ist ein bekanntes Phänomen, dass die Beurteilung vergangenen Verlusts an Tieren in der von Menschen geprägten Landschaft sehr häufig aus der Ich-Perspektive vorgenommen wird. Ein in den 1960er-Jahren geborener Biologe hat mehr Fluginsekten gesehen und größere Vogelschwärme in Erinnerung als ein in den 1980er-Jahren geborener, weshalb er eher vom Verlust sprechen wird. Man nennt das *Shifting Baselines*, die Bezugsgrößen verschieben sich. Und die später Geborenen wissen, wenn sie nicht aufwendig recherchieren, nicht einmal, was früher wohl war.

Der Ornithologe und Ökologe Josef Reichholf schreibt in seiner *Kurzen Naturgeschichte des letzten Jahrtausends* über die Stare:

> *»Noch vor dreißig Jahren gab es sie in solchen Schwärmen, dass in manchen mitteleuropäischen Weinbaugebieten Kleinflugzeuge als ›Starjäger‹ eingesetzt wurden, um sie zu vertreiben. In den 1970er und 1980er Jahren flogen solche Flugzeuge zum Beispiel am Neusiedler See. Sie jagten die Starenschwärme ›hinüber‹ nach Ungarn über den Eisernen Vorhang. Die sichersten Schlafplätze auf ihrem Herbstzug fanden die Stare damals in den Zentren der Großstädte. Zehntausende fielen in den 1960er Jahren am Münchner ›Stachus‹ auf den Bäumen in der Mitte des Platzes und vor allem auf den Fassaden der Häuser um den Stachus ein, der damals als ›Europas verkehrsreichster Platz‹ galt. Der Lärm der übernachtenden Stare hielt länger in die Nacht hinein an als der Autoverkehr.«*[43]

Nun hatten die Menschen einerseits in früheren Zeiten schon Starenkästen an die Häuser gehängt, weniger, weil sie die Vögel schützen wollten, sondern um die Höhlenbrüter zu vermehren. Weil sie später nur in die Kästen greifen mussten, um anschließend das »Täubchen des kleinen Mannes« braten zu können. Aber das gab es ja, wenigstens in Deutschland, zu der Zeit nicht mehr, von der Josef Reichholf hier erzählt. Dafür gab es etwas anderes noch in ausreichendem Maße:

»Die Grünmahd, mit der frühmorgens das Futter für das Vieh gemacht wurde, aber auch das Vieh selbst, das auf großen Weiden gehalten wurde, sorgten dafür, dass die Bodenoberfläche für die Stare die ganze Brutzeit über gut erreichbar blieb. Stare sind wie die Amseln und die Sperlinge Bodenvögel. Bei der Suche nach Würmern und Insektenlarven sind sie besonders erfolgreich, weil sie über eine einzigartige Stochertechnik verfügen. Sie können mit ihrem Schnabel in das Loch eines Wurms oder einer großen Insektenlarve hineinfassen und durch eine bestimmte Drehung den Schnabel wie eine Pinzette öffnen. Dabei erfassen sie die Beute.«[44]

Das funktioniert aber nur, wenn die Böden nicht mit hohem Gras zugewachsen sind, die Weiden genügend Insekten Nahrung bieten und das Bodenleben viele Regenwürmer hervorgebracht hat. Der Rückgang der Individuenzahl der Stare in den letzten Jahrzehnten ist nie genau untersucht und bemessen worden. Josef Reichholf schätzt ihn auf achtzig bis neunzig Prozent.

Wenn ich jetzt also an einem Herbstabend staunend im Garten stehe und zuschaue, wie sich ein für meine Begriffe riesiger Schwarm Stare mit elegantem schwarmintelligenten Schwung und tosendem Gezwitscher in die hohen Pappeln bei Nachbars Garten niederlässt, dann erlebe ich nichts weiter als einen schalen Abklatsch früherer Zeiten. Niemals hätte Wolfgang Amadeus Mozart seinen Papageno durch die *Zauberflöte* zwitschern lassen, wenn Vogelfänger damals nicht ein einträgliches Geschäft gewesen wäre, das seinen Mann ernährte. Hier ging es schließlich um eine gute Partie, nicht nur für die Opernsänger, auch für Papagena. Es waren nicht tausende von Singvögeln, die damals zogen, es waren Millionen.

»Was aber bleibet, stiften die Dichter«, hat Friedrich Hölderlin gesagt; oder die Dichterinnen. Solche wie die ganz am Anfang schon zitierte Annette von Droste-Hülshoff, die hier eine Wanderung durch das Westfalen ihrer Zeit um 1840 schildert, von dem aber nichts geblieben ist bis auf die wunderbare Beschreibung:

»Zerstreute Grasflächen in den Niederungen, häufigere und frischere Baumgruppen begrüßen uns als Vorposten nahender Fruchtbarkeit, und bald befinden wir uns in dem Herzen des Münsterlandes, in einer Gegend, die so anmuthig ist, wie der gänzliche Mangel an Gebirgen, Felsen und belebten Strömen dieses nur immer gestattet. (...) – In hohem Grade friedlich, hat sie doch nichts von dem Charakter der Einöde, vielmehr mögen wenige Landschaften so voll Grün, Nachtigallenschlag und Blumenflor angetroffen werden, und der aus minder feuchten Gegenden Einwandernde wird fast betäubt vom Geschmetter der zahllosen Singvögel, die ihre Nahrung in dem weichen Kleiboden finden. – Die wüsten Steppen haben sich in mäßige, mit einer Haidenblumendecke farbig überhauchte Weidestrecken zusammengezogen, aus denen jeder Schritt Schwärme blauer, gelber und milchweißer Schmetterlinge aufstäuben läßt. – Fast jeder dieser Weidegründe enthält einen Wasserspiegel, von Schwertlilien umkränzt, an denen Tausende kleiner Libellen wie bunte Stäbchen hängen, während die der größeren Art bis auf die Mitte des Weihers schnurren, wo sie in die Blätter der gelben Nymphäen, wie goldene Schmucknadeln in emaillierte Schalen niederfallen, und dort auf die Wasserinsekten lauern, von denen sie sich nähren.«[45]

Epilog
Kuhwende

Die Kuh ist kein Klimakiller. Das hat ja schon Anita Idel in ihrem gleichnamigen Buch klargestellt. Die Kuh muss aber nicht nur von ihrem schlechten Ruf befreit werden, sie muss auch als Akteurin nach vorne gebracht werden, in das Bewusstsein der Menschen und der Politik. Denn sie kann, ganz im Gegenteil zu ihrem Ruf, zur Rettung des Klimas beitragen. Das ist das, was ich versucht habe, in diesem Buch zu erklären. Das geht dann Hand in Hand, oder Klaue in Klaue, mit der Rettung der Biodiversität und der Bodenfruchtbarkeit, mit der Zukunft der Landwirtschaft und damit unserer Zukunft.

Die Landwirtschaft ist Mitangeklagte in der Klimadebatte, weil sie sehr viele Treibhausgase produziert. Dass das von den Rindern produzierte Methan nicht dazugehört, ist hier dargelegt worden. Das ändert aber nichts am Lachgas aus dem Dünger, am erdgasbetriebenen Kunstdünger und dem aus den entwässerten Mooren immer noch jeden Tag und jede Nacht ausgasenden Kohlendioxid. Und das ändert auch nichts am horrenden Verbrauch fossiler Energieträger für den gewaltigen Maschinenpark.

Die Landwirtschaft könnte aber für uns alle eine Wende einleiten, sie könnte von der Klimasünderin zur Klimaretterin werden. Nicht nur durch Humusaufbau im Boden, wie das die erwähnte Vier-Promille-Initiative beim Klimagipfel in Paris gefordert oder wenigstens vorgeschlagen hat. Die Effekte einer kleinräumigeren, unordentlicheren, vielfältigeren Landnutzung sind ungleich radikaler. Der Umbau von ganzen Landschaften und die Rückkehr der Biodiversität, die man sich in den wiedererstandenen

Weidelandschaften anschauen kann, wirken so kraftvoll, dass man sich durchaus fragen darf, warum uns das nicht früher eingefallen ist.

Wir leben seit fast zwölftausend Jahren mit Rindern zusammen, haben mit ihnen unsere Kultur geschaffen, die eben deshalb eine Kultur von Rinderhaltern, von Viehzüchtern ist, zumindest hier in Europa, aber auch in weiten Teilen der restlichen Welt. Auf dem Rücken der Rinder haben wir diese Kultur aufgebaut. Sie haben für uns getragen und gezogen, sie sind mit uns gewandert, haben für uns geackert und geerntet. Sie haben für uns das Grasland nutzbar gemacht, und sie haben uns ernährt. Ohne die Rinder gäbe es diese Zivilisation gar nicht.

Wir haben es dann so weit gebracht, dass wir sie von sich selbst entfremdet haben. Wir haben sie zu Fressmaschinen gemacht, die mit artfremdem Futter zu Höchstleistung getrieben werden. Wir haben sie genetisch so verändert, dass sie ihre ursprüngliche Lebensart gar nicht mehr leben können. Zumindest die Hochleistungskühe können draußen auf der Wiese gar nicht mehr überleben. Wenn ich das mal holistisch, ganzheitlich betrachten darf: Mehr Missachtung einer uns verbundenen Kreatur, der wir so viel zu verdanken haben, geht nicht. Wie wir mit Kühen umgehen, das wäre weder dem materialistischen Niccolò Machiavelli eingefallen noch dem sadistischen Marquis de Sade. Wie gesagt: »Die Kuh zum Schwein zu machen, war die eigentliche Sauerei!«

Vor einigen Jahren schon, bei einer der vielen Diskussionen über die Klimakillerin Kuh, fragte ein Landwirt: »Warum lassen wir die Kühe nicht einfach das machen, was sie am besten können: Gras fressen?« Er war mit Recht genervt von der Klimadiskussion, die sich nun nicht mehr um Ölkonzerne und Autos, sondern plötzlich um seine Kühe drehte. In den letzten Jahren hat es fast keine Diskussion im Bereich der Landwirtschaft gegeben, die falscher konnotiert und fehlgeleiteter gewesen wäre.

Natürlich heizen die weltweit agierenden Fleischkonzerne das Klima an. Aber doch nicht der Biobauer mit seinen Rindern, die er für die Kreislaufwirtschaft unbedingt braucht, weil er ja eben keinen Kunstdünger verwendet. Natürlich wird zu viel Fleisch produziert und dafür zu viel Ackerfläche zum Futteranbau verwendet, die anders genutzt werden könnte – aber doch nicht auf der Weide.

Es wäre sehr schön und sehr entspannend, wenn das eine und das andere Mal von uns allen, gerne auch von den Medien, auseinandergehalten werden könnte; vielleicht sogar von am Ende wirkmächtigen Spielern wie den Umwelt- und Naturschutzverbänden. Zudem würde es helfen, wenn sich die Diskussion mal an der Realität orientieren würde. An der Wirklichkeit draußen, vor Ort, auf der Weide und dem Acker, wo das Viehzeug lebt oder besser leben sollte, da wo es mit seinem Leben all das andere Leben befördert, ohne das wir nicht überleben können. Oder auch dort, wo nichts mehr von alldem ist außer Agrarwüste, jene Form der Landwirtschaft, die uns das Überleben schwermachen wird, weil sie ausbeutet, statt aufzubauen.

Viele Menschen leben mit Tieren zusammen, die wenigsten aber mit den sogenannten Nutztieren. Wir unterscheiden deutlich zwischen den Tieren, mit denen wir uns umgeben. Zumal das städtische Leben die meisten von uns von den Agrartieren getrennt hat und selbst beim Spaziergang auf dem Land kaum noch welche zu sehen sind. Hunde nehmen wir als Gefährtentiere an, aber doch nicht Kühe. Dabei waren jahrtausendelang, seit der Jungsteinzeit, beide unentbehrliche Begleiter der Menschen. Die Rinder zogen den Pflug und den Wagen – und wenn es mal schlechtlief, auch unseren Karren aus dem Dreck. Nicht umsonst greift die Bibel das Bild vom Guten Hirten und der Herde auf. Unsere Vorfahren lebten in einer pastoralen Gesellschaft, in von Weidetieren geprägten Landschaften.

Das müsste uns eigentlich noch im Gemüt sitzen; und das tut es wohl auch, sonst wäre unser Bild von Kulturlandschaft und Natur nicht so sehr mit Weide und Rindern verbunden, sonst würden wir uns nicht wohl fühlen in den alten und den neu entstandenen

Weidelandschaften. Vielleicht muss es ja auch wieder Hirten geben in Zukunft. Sie könnten, zusammen mit ihren Hunden, Teil einer Koexistenz mit dem Wolf sein. Auch wenn sich der kaum mit dem Hirtenstab abwehren lässt. Friedlich wird diese Koexistenz deshalb eher nicht werden. Aber sie würde uns wieder mehr Nähe zu den Tieren auf der Weide bringen.

Die Trennung von Mensch und Vieh ist noch nicht alt, bei uns hat sie so richtig erst nach dem Zweiten Weltkrieg angefangen mit der Mechanisierung und später der Industrialisierung der Landwirtschaft. Ich erinnere das noch aus meiner Jugend. Wenn ich bei der mit uns befreundeten Bauernfamilie zu Besuch war, dann stand der Vater nach dem Abendessen auf und sagte: »Ich geh nochmal zu den Tieren.« Es gab auf diesem Hof damals noch alles, was zu einem Bilderbuchbauernhof gehört: Hund, Katzen, Hühner, Schweine – und »die Tiere«. Über alle anderen wurde mit Sammelbegriffen gesprochen: Wer schaut nach den Hühnern, wer füttert die Schweine? Aber wenn der Bauer sagte, er gehe zu »den Tieren«, dann waren immer die Kühe gemeint, und nur sie. Es waren nur zwölf und sie trugen keine Nummern damals. Sie hatten Namen, wie der Hund und die beiden Katzen auch.

Bauernhofidylle halt und heute nicht mehr machbar. Aber an das gerade erst vor ein paar Jahren verloren gegangene Verhältnis zu den Kühen können wir sicher anknüpfen, wenn wir sie jetzt wieder rauslassen. Am besten gleich mit den Kälbern, wo das geht – raus auf die Weiden und in die Waldränder. Diese Kuhwende wäre dann alles auf einmal: eine Agrarwende, das Ende von Qualzucht, mehr Tierwohl und ein Weg aus den Krisen der Biodiversität und des Klimas. Ganz im Sinne des ersten Erdgipfels von Rio de Janeiro. Lang ists her, da gab der 1992 die Maxime das Handelns aus: »Global denken – lokal handeln!« Wenn wir viele neue Weiden schaffen, retten wir mit den Kühen viele lokale Welten.

Literatur

Ambrožová, Lucie; Čížek, Lukáš; Sládeček, František X. J.; Thorn, Simon: »Understanding the drivers of β-diversity improves conservation prioritization for Central European dung beetles«. *Biological Conservation* 273, Amsterdam 2022.

Bayerische Landesanstalt für Landwirtschaft (Hrsg.): »Kurzrasenweide. Futtermenge und -qualität durch konstante Aufwuchshöhe sichern«. Weihenstephan 2020.

Bayerische Landesanstalt für Landwirtschaft (Hrsg.): »Wir bringen Landwirtschaft & Forschung zusammen«, Jahresbericht 2019, Schwerpunktthema »Nutztiere«. Weihenstephan 2020.

Beye, Henriette; Taube, Friedhelm; Lange, Katharina et al.: »Species-Enriched Grass-Clover Mixtures Can Promote Bumblebee Abundance Compared with Intensively Managed Conventional Pastures«. *agronomy* 12/5, 2022.

Brade, Wilfried: »CO_2-Fußabdrücke für Milch und Milchprodukte«. In: *Berichte über Landwirtschaft*, Band 92, Ausgabe 1. Hrsg.: Bundesministerium für Ernährung, Landwirtschaft und Verbraucherschutz. Berlin 2014.

Brade, Wilfried; Brade, Edwin: »Zuchtgeschichte der Deutschen Holsteinrinder«. In: *Berichte über Landwirtschaft*, Band 91, Ausgabe 2. Hrsg.: Bundesministerium für Ernährung, Landwirtschaft und Verbraucherschutz. Berlin 2013.

Bunzel-Drüke, Margret; Reisinger, Edgar; Böhm, Carsten; Buse, Jörn et al.: *Naturnahe Beweidung und Natura 2000. Ganzjahresbeweidung im Management von Lebensraumtypen und Arten im europäischen Schutzgebietssystem Natura 2000*. Hrsg.: Arbeitsgemeinschaft Biologischer Umweltschutz. Bad Sassendorf 2019.

Bunzel-Drüke, Margret; Böhm, Carsten; Finck, Peter; Kämmer, Gerd et al.: *Wilde Weiden. Praxisleitfaden für Ganzjahresbeweidung in Naturschutz und Landschaftsentwicklung*. Hrsg.: Arbeitsgemeinschaft Biologischer Umweltschutz. Bad Sassendorf 2009.

Bundesamt für Naturschutz: »Naturbewusstsein 2009. Bevölkerungsumfrage zu Natur und biologischer Vielfalt«. Bonn 2010.

Burckhardt, Lucius: *Warum ist Landschaft schön? Die Spaziergangswissenschaft*. Hrsg.: Ritter, Markus; Schmitz, Martin. Kassel 2007.

Carlowitz, Hannß Carl von: *Sylvicultura Oeconomica oder Haußwirthliche Nachricht und Naturmäßige Anweisung zur Wilden Baum-Zucht*. Leipzig 1713.

Chemnitz, Christine; Wenz, Katrin: *Fleischatlas. Daten und Fakten über Tiere als Nahrungsmittel*. Berlin 2021.

Cotta, Heinrich: *Anweisung zum Waldbau*. Dresden und Leipzig 1828.

Don, Axel; Flessa, Heinz; Marx, Kirstin et al.: »Die 4-Promille-Initiative ›Böden für Ernährungssicherung und Klima‹ – Wissenschaftliche Bewertung und Diskussion möglicher Beiträge in Deutschland«. Thünen Working Paper 112, Braunschweig 2018.

Edwards, Ceiridwen J.; Bollongino, Ruth; Scheu, Amelie et al.: »Mitochondrial DNA analysis shows a Near Eastern Neolithic origin for domestic cattle and no indication of domestication of European aurochs«. *Proceedings of the Royal Society*, London 2007.

Ellenberg, Heinz: *Vegetation Mitteleuropas mit den Alpen in ökologischer Sicht*. Stuttgart 1996.

Falkenstein, Frank: »Tierdarstellungen und ›Stierkult‹ im Neolithikum Südosteuropas und Anatoliens«. *Proceedings of the International Symposium Strymon Praehistoricus*, Sofia 2007.

Forschungsinstitut für biologischen Landbau (Hrsg.): »Innere Parasiten der Rinder mit Weidemanagement nachhaltig regulieren«. Frick 2012.

Fuhr, Eckhard: *Rückkehr der Wölfe. Wie ein Heimkehrer unser Leben verändert*. München 2014.

Fuhr, Eckhard: *Schafe. Ein Porträt*. Berlin 2017.

Haag, Pascal; Kern, Esther; Müller, Sylvan: *Leaf to Root. Gemüse essen vom Blatt bis zur Wurzel*. Aarau 2016.

Hediger, Heini: *Beobachtungen zur Tierpsychologie im Zoo und im Zirkus*. Basel 1961.

Henderson, Fergus: *Nose to Tail*. Basel 2014.

Idel, Anita: *Die Kuh ist kein Klima-Killer! Wie die Agrarindustrie die Erde verwüstet und was wir dagegen tun können*. Hrsg.: Schweisfurth-Stiftung. Marburg 2014.

Jung, Norbert: »Psychotope zwischen Mensch und Natur«. *Natursoziologie.de* vom Oktober 2008 (ergänzt November 2014); abgerufen im Juli 2023.

Jürgens, Karin; Poppinga, Onno; Sperling, Urs: »Wirtschaftlichkeit einer

Milchviehfütterung ohne oder mit wenig Kraftfutter«. Ergebnisbericht. Kassel 2016.

Jürgens, Karin; Thomas, Frieder; Poppinga, Onno; Bettin, Katharina: »Für mehr Artenvielfalt im Grünland: Die Wettbewerbsfähigkeit der kraftfutterreduzierten Milchviehhaltung stärken!« Hrsg.: Kasseler Institut für ländliche Entwicklung. Gleichen 2020.

Jürgens, Karin; Bettin, Katharina; Isselstein, Johannes; Poppinga, Onno; Thomas, Frieder: »Verbesserung der Grünlandbiodiversität durch kraftfutterreduzierte Milcherzeugung (BioDivMilch)«. BfN Schriften 670. Hrsg.: Bundesamt für Naturschutz. Bonn 2023.

Kämmer, Gerd: »Leitlinien für die tiergerechte ganzjährige Weidehaltung von Rindern und Pferden auf Naturschutzflächen«. Hrsg.: Tierärztliche Vereinigung für Tierschutz. Frankfurt am Main 2023.

Kinzelbach, Ragnar K.: »Veränderungen der Tierwelt Mitteleuropas im letzten Jahrtausend«. In: *Rundgespräche der Kommission für Ökologie*, Band 32. München 2007.

Klotz, Heinrich: *Die Entdeckung von Çatal Höyük. Der archäologische Jahrhundertfund.* München 1997.

Kunz, Werner: *Artenschutz durch Habitatmanagement. Der Mythos von der unberührten Natur.* Weinheim 2017.

Küster, Hansjörg: *Geschichte der Landschaft in Mitteleuropa. Von der Eiszeit bis zur Gegenwart.* München 1995.

Küster, Hansjörg: *Geschichte des Waldes. Von der Urzeit bis zur Gegenwart.* München 1998.

Lampert, Werner: *Die Kuh. Eine Hommage.* Kempen 2019.

Loges, Ralf; Reinsch, Thorsten; Malisch, Carsten et al.: »Ökoeffiziente Weidemilcherzeugung Lindhof: Leistungen und ökologische Effekte«. Kiel 2019.

Loza, Cecilia; Reinsch, Thorsten; Loges, Ralf; Taube, Friedhelm et al.: »Methane Emission and Milk Production from Jersey Cows Grazing Perennial Ryegrass–White Clover and Multispecies Forage Mixtures«. *agriculture* 13/1, 2021.

Luick, Rainer; Schuler, Hans-Karl: »Waldweide und forstrechtliche Aspekte«. *Berichte des Institutes für Landschafts- und Pflanzenökologie der Universität Hohenheim* 17, S. 149–164, Stuttgart-Hohenheim 2008.

Meister, Georg: *Die Zukunft des Waldes. Warum wir ihn brauchen, wie wir ihn retten.* Frankfurt am Main 2015.

Mekonnen, Mesfin M.; Hoekstra, Arjen: »The green, blue and grey water footprint of farm animals and animal products«. *Value of water research report 48.* Twente 2010.

Muscheler, Raimund; Kromer, Bernd et al.: »Tree rings and ice cores reveal 14C calibration uncertainties during the Younger Dryas«. *Nature Geoscience* 1/4, 2008.

Newitz, Annalee: »Çatalhöyük. Leben über den Toten«. *Spektrum Geschichte* 1/2022.

Otten, Thomas; Kunow, Jürgen; Rind, Michael M.; Trier, Marcus (Hrsg.): *Revolution jungSteinzeit*. Bonn 2015.

Poeplau, Christoph; Don, Axel; Flessa, Heinz: »Bodenzustandserhebung Landwirtschaft«. Thünen Institut. Braunschweig 2022.

Reichholf, Josef H.: *Eine kurze Naturgeschichte des letzten Jahrtausends*. Frankfurt am Main 2020.

Reinsch, Thorsten; Loza, Cecilia; Malisch, Carsten et al.: »Toward Specialized or Integrated Systems in Northwest Europe: On-Farm Eco-Efficiency of Dairy Farming in Germany«. *Frontiers in Sustainable Food Systems* 5, 2021.

Roque, Breanna M.; Venegas, Marielena; Kinley, Robert D. et al.: »Red seaweed supplementation reduces enteric methane by over 80 percent in beef steers«. *Plos One*, San Francisco 2021.

Saucke, Helmut; Rowold, Wolfgang; Stein-Bachinger, Karin et al.: »Insektenvielfalt auf Kleegrasflächen: Was tragen Milchviehbeweidung versus Schnittnutzung bei?« 16. Wissenschaftstagung Ökologischer Landbau, Organic Eprints 2023.

Schaap, Martijn et al.: »PINETI-3: Modellierung atmosphärischer Stoffeinträge von 2000 bis 2015 zur Bewertung der Ökosystem-spezifischen Gefährdung von Biodiversität durch Luftschadstoffe in Deutschland«. Umweltbundesamt UBA, Dessau 2018.

Schaik, Carel van; Michel, Kai: *Mensch sein. Von der Evolution für die Zukunft lernen*. Hamburg 2023.

Schibler, Jörg; Elsner, Julia; Schlumbaum, Angela: »Incorporation of aurochs into cattle hern in Neolithic Europe: single event or breeding?« *Scientific Reports* 4, 5798, 2014.

Schoof, Nicolas; Luick, Rainer: »Antiparasitika in der Weidetierhaltung. Ein unterschätzter Faktor des Insektenrückgangs?« *Naturschutz und Landschaftsplanung*, Stuttgart 2019.

Schoof, Nicolas; Luick, Rainer; Reif, Albert; Jedicke, Eckhard: »Der Wolf in Deutschland – Herausforderung für weidebasierte Tierhaltung und den praktischen Naturschutz«. *Naturschutz und Landschaftsplanung*, Stuttgart 2021.

Schweisfurth, Karl Ludwig: *Tierisch gut. Vom Essen und Gegessen werden*. Frankfurt am Main 2010.

Stein-Bachinger, Karin; Rowold, Wolfgang; Saucke, Helmut et al.: »Dungkäfergemeinschaften beweideter Kleegrasflächen zweier Öko-Milchviehbetriebe«. 16. Wissenschaftstagung Ökologischer Landbau, Organic Eprints 2023.

Steinfeld, Henning; Gerber, Pierre; Wassenaar, Tom et al.: »Livestock's long shadow. Environmental Issues and Options«. FAO, Rom 2006.

Striezel, Andreas (Hrsg.): *Leitfaden der Nutztiergesundheit. Ganzheitliche Prophylaxe und Therapie*. Stuttgart 2005.

Stiglmair, Anton: *Tiere und Pflanzen im alten Dorf.* Hrsg.: Hohenloher Freilandmuseum Wackershofen. Schwäbisch-Hall 1988.

Sugita, Shinya; Gaillard, Marie-Jose; Broström, Anna: »Landscape openness and pollen records: a simulation approach«. *The Holocene* 9/4, 1999.

Tischew, Sabine; Felinks, Birgit; Lorenz, Antje et al.: »Praxisleitfaden Einrichtung, Betrieb und wissenschaftliche Begleitung von halboffenen Weidelandschaften auf ehemaligen militärischen Übungsflächen – mit Beispielen aus der Oranienbaumer Heide«. Bernburg 2019.

Vera, Frans: *Grazing Ecology and Forest History*. Wallingford 2000.

Voget-Kleschin, Lieske; Bodssert, Leonie; Ott, Konrad (Hrsg.): *Nachhaltige Lebensstile. Welchen Beitrag kann ein bewusster Fleischkonsum zu mehr Naturschutz, Klimaschutz und Gesundheit leisten?* Marburg 2014.

Weiß, Jürgen; Pabst, Wilhelm; Granz, Susanne: *Tierproduktion*. 14. Auflage. Stuttgart 2011.

Wright, Jane: »French beetles flown in to clean up Australia's cattle dung«. *The Conversation*, 2014.

Zhang, Hucai; Hofreiter, Michael et al.: »Morphological and genetic evidence for early Holocene cattle management in northeastern China«. *Nature Communications* 4/2755, 2013.

Anmerkungen

Prolog – Schäferstündchen

1 Annette von Droste-Hülshoff: *Die Judenbuche.*
2 Bundesamt für Naturschutz: »Naturbewusstsein 2009«, S. 11.
3 Vgl. ebd., S. 27.
4 Hansjörg Küster, Professor für Pflanzenökologie und Geobotanik, in einem Interview im Deutschlandfunk 2017.
5 Burckhardt: *Warum ist Landschaft schön,* S. 33.
6 Ebd., S. 39.

Kapitel 1 – Bukolische Landschaft

1 Friedrich Nietzsche: *Menschliches Allzumenschliches.* Zweiter Band, Aphorismus 107.
2 Lampert: *Die Kuh,* S. 151.
3 Sein Ölgemälde »Der einsame Baum« hat Caspar David Friedrich 1822 gemalt. Das Original hängt in der Alten Nationalgalerie in Berlin.
4 Laut Umweltbundesamt wurden im Jahr 2019 die ökologischen Belastungsgrenzen für die Eutrophierung, die Überdüngung durch Stickstoff, in Deutschland auf fast siebzig Prozent der Flächen empfindlicher Ökosysteme überschritten. Das UBA stellt einen Kartendienst zur Verfügung, der den Mittelwert des Stickstoffeintrags für sämtliche Flächen in Deutschland aufzeigt. Die Daten stammen aus dem Forschungsprojekt »Modellierung und Kartierung atmosphärischer Stoffeinträge von 2000 bis 2015 zur Bewertung der ökosystemspezifischen Gefährdung von Biodiversität in Deutschland«, kurz PINETI – Pollutant Input and Ecosystem Impact. Danach liegen auch in halbnatürlichen und naturnahen Gebieten die Stickstoffeinträge bei zehn bis achtzehn Kilogramm N pro Hektar. Vgl. Schaap et al.: »PINETI-3«.
5 Die Zeitschrift *Das Tier* erschien von Oktober 1960 bis ins Jahr 2000.
6 Hediger: *Tierpsychologie,* S. 58.
7 Vgl. Christian Geissler: *Wird Zeit, daß wir leben.* Berlin 1976.

8 Die Zoologenbrüder Heinz und Lutz Heck haben in den 1920er-Jahren durch die Kreuzung verschiedener Hausrinderrassen versucht, den ausgerotteten Stammvater unserer Rinder wenigstens optisch wieder erstehen zu lassen. Weitergezüchtet, um eine noch höhere Ähnlichkeit mit dem »Ur« auch physiologisch zu erreichen, wird derzeit in verschiedenen Projekten in Deutschland, Dänemark, den Niederlanden und Ungarn.

9 Die Fröruper Berge würden außerhalb Schleswig-Holsteins sicher nicht so heißen. Die höchsten Erhebungen der von den Eisschilden der jüngsten Eiszeit zusammengeschobenen Geröllhalden liegen knapp 55 Meter über dem Meeresspiegel. Das Gebiet, mit einem wiedervernässten Hochmoor, Heideflächen und Wäldern, ist heute Teil des Naturschutzgebietes Obere Treenelandschaft.

10 Nach den Bodenzustandserhebungen des Thünen-Instituts bindet Weideland durchschnittlich 499 Tonnen CO_2 pro Hektar. Im Waldboden sind durchschnittlich 440 Tonnen CO_2 pro Hektar gebunden, übrigens mehr als im Holz des Waldes selbst. Das Schlusslicht ist Ackerboden mit 352 Tonnen pro Hektar.

11 Vgl. Don et al.: »Die 4-Promille-Initiative«.

12 *Nose to Tail Eating* nannte der britische Starkoch Fergus Henderson das Buch, in dem er propagierte, das ganze Tier zu essen. Dies nicht nur, damit weniger Lebensmittel im Müll landen, sondern auch, weil »es dem Tier gegenüber unanständig wäre, es nicht von Kopf bis Fuß zu verwerten; es hält auch jenseits des Filets etliche nahrhafte Leckerbissen und Gaumenfreuden für uns bereit.« Inzwischen gibt es auch die pflanzliche Entsprechung »Leaf to Root«.

13 Schweisfurth: *Tierisch gut,* S. 163.

14 Die Schweisfurth-Stiftung in München ist eine operativ arbeitende Stiftung, die sich seit 1985 für eine zukunftsfähige Landwirtschaft und Lebensmittelwirtschaft einsetzt.

15 Schweisfurth: *Tierisch gut,* S. 41.

16 *Rewilding* ist ein Naturschutzkonzept, das im Yellowstone Nationalpark in den USA mit dem Aussetzen von Wölfen erprobt wurde. Der Yellowstone Park ist mit knapp 9000 Quadratkilometern Fläche etwa halb so groß wie Sachsen.

17 Wildbiologen und Verhaltensforscher nennen die Wolfsrudel »Hirtenwölfe«, die in der nacheiszeitlichen europäischen Savanne den riesigen Huftierherden folgten. Die Wölfe erfüllten dabei die herdenpflegerischen Aufgaben, die auch heute noch nomadisch lebende Hirten etwa in Sibirien bei ihren halbzahmen Rentierherden wahrnehmen.

Sie halten die Herden gesund, indem sie schwache Tiere töten und essen. Vgl. dazu das Kapitel über Wolf und Hund in meinem Buch *Tödliche Freundschaft*. Frankfurt am Main 2017.

18 1991 wurden laut Statistischem Bundesamt 5,3 Millionen Hektar Dauergrünland bewirtschaftet, 2022 waren es noch 4,7 Millionen Hektar und damit elf Prozent weniger.

19 Statistisches Bundesamt: »Dauergrünland nach Art der Nutzung im Zeitvergleich«. Wiesen (Schnittnutzung) 2017: 1843,3; 2022: 1973,1 (in 1000 Hektar). Weiden (einschließlich Almen) 2017: 2644,4; 2022: 2519,5.

20 Das Kürzel BVD/MD steht für »Bovine Virusdiarrhoe und Mucosal Disease« und beschreibt zwei Viruserkrankungen, die beide vom BVD-Virus ausgelöst werden können. Mucosal Disease verläuft bei jungen Tieren oft tödlich, gegen BVD bilden viele Rinder aber eine Immunität aus. In Deutschland müssen Erkrankungen durch das Virus angezeigt werden, in der Europäischen Union läuft seit 2018 eine Impfkampagne mit dem Ziel der »Tilgung« der Seuche.

21 Die Chemiker Fritz Haber und Carl Bosch entwickelten das Verfahren zur Synthese von Ammoniak aus Luftstickstoff und Wasserstoff. Ammoniak ist der Grundstoff für verschiedene Düngemittel, aber auch für Sprengstoff. Bei der Herstellung werden hoher Druck von bis zu 350 bar und hohe Temperaturen von bis zu fünfhundert Grad Celsius verwendet, beides bis heute üblicherweise hergestellt mit fossiler Energie.

22 Der erste Zuchtverband der Holstein-Friesian wurde 1871 in Nordamerika gegründet, das erste Herdbuch in Deutschland ab 1876 geführt. Durchgesetzt gegen das in Norddeutschland übliche Schwarzbunte Niederungsrind und das in Süddeutschland bis heute verbreitete Fleckvieh hat sich die HF-Kuh aber erst nach dem Zweiten Weltkrieg.

23 Vere Gordon Childe führte den Begriff in den 1930er-Jahren ein, ursprünglich als Abgrenzung gegen völkisch-rassistische Theorien der Kulturentwicklung und in Analogie zur »Industriellen Revolution«.

24 Schaik und Michel: *Mensch sein*. S. 11.

25 Die europäischen taurinen Hausrinder stammen nach neueren Genuntersuchungen alle vom nahöstlichen Auerochsen ab. Eine zweite Domestikation fand im heutigen Indien statt. Von dort stammen die Zebus oder Buckelrinder und entsprechend alle weiteren zebuinen Hausrinder. Vgl. Edwards: »Near Eastern Neolithic origin for domestic cattle«.

26 Mit dem Begriff »Ökosystemdienstleistung« wird der Nutzen beschrieben, den wir Menschen aus einem funktionierenden Ökosystem ziehen. Insekten, die dort leben, bestäuben zum Beispiel Obstbäume. Pflanzen reinigen die Luft und produzieren Sauerstoff. Das Bodenleben filtert das Regenwasser und stellt sauberes Grundwasser bereit. Den Nutzen solcher Ökosystemdienstleistungen kann man berechnen, um damit der Natur einen Wert zu geben, der in unser monetäres Wertesystem passt.

27 Diesen Exkurs leihe ich mir in überarbeiteter Form aus meinem eigenen Buch *Tödliche Freundschaft*. Frankfurt am Main 2017.

28 Weiß et al.: *Tierproduktion*, S. 148 ff.

29 Nährstofflexikon zum Stichwort *Undegraded Dietary Protein (UDP)* unter https://www.deuka.de; abgerufen im September 2023.

30 Weiß et al.: *Tierproduktion*, S. 268.

31 Ebd., S. 273.

32 Jürgens et al.: »Wirtschaftlichkeit einer Milchviehfütterung«.

33 Jürgens et al.: »Wettbewerbsfähigkeit der kraftfutterreduzierten Milchviehhaltung«.

34 Bayerische Landesanstalt für Landwirtschaft: »Kurzrasenweide«.

35 Das millionenfache Töten der männlichen Küken der Legehennenlinien ist in Deutschland inzwischen verboten, was das Problem aber nicht löst, sondern nur verlagert. Die Bioverbände haben sich darauf geeinigt, die Bruderhähne aufzuziehen, treiben aber parallel die Zucht von sogenannten Zweinutzungsrassen voran, die gleichzeitig Eier legen und Fleisch ansetzen. Ähnliches gilt für die Zucht von Rindern, die besser an die Weidehaltung angepasst sind. Siehe: https://www.oekotierzucht.de; abgerufen im September 2023.

36 Siehe: https://www.nutztierhaltung.de; abgerufen im September 2023.

37 *top agrar* vom 18. Juni 2020: »Kälberverluste: Wo stehen wir, wo müssen wir hin?«; abgerufen im September 2023.

38 Vgl. Jürgens et al.: »Verbesserung der Grünlandbiodiversität«.

39 Siehe: https://www.nutztierhaltung.de; abgerufen im September 2023.

40 Heckrindbullen haben eine durchschnittliche Widerristhöhe von 140 Zentimetern, die Bullen der Auerochsen erreichten Widerristhöhen von bis zu 180 Zentimetern.

41 Vgl. Bunzel-Drüke et al.: *Wilde Weiden*.

42 Siehe: https://www.offenlandinfo.de; abgerufen im September 2023.

43 https://theconversation.com/french-beetles-flown-in-to-clean-up-australias-cattle-dung-30367; abgerufen im November 2023.

44 Stein-Bachinger et al.: »Dungkäfergemeinschaften beweideter Kleegrasflächen«.
45 Laurence, B. R.: »The Larval Inhabitants of Cow Pats«. *Journal of Animal Ecology*. London 1954.
46 Buse, Jörn: »Bedeutung des Dungs von Weidetieren für wirbellose Tiere, insbesondere für koprophage Käfer«. In: Bunzel-Drüke (Hrsg.): *Naturnahe Beweidung*. S. 280.
47 Ebd., S. 281.
48 Ebd., S. 282.
49 Ebd., S. 283.
50 Ambrožová et al.: »Understanding the drivers of β-diversity«.
51 Großvieheinheiten, kurz GVE oder GV, sind Recheneinheiten, mit denen der Besatz und der Futterbedarf von Nutztieren berechnet werden. Eine Großvieheinheit ist ein gedachtes Rind von fünfhundert Kilogramm Gewicht. Weil Rinder viel schwerer werden können, zählt ein Rind, zumal ein Bulle, gelegentlich als mehr als eine GV. Andere Tierarten werden, je nach Gewicht und Futterbedarf, in Großvieheinheiten umgerechnet. Ein Mastschwein hat 0,16 GV, ein Schaf 0,1 GV und so weiter.
52 Striezel: *Leitfaden*, S. 3.
53 Schoof et al.: »Antiparasitika in der Weidetierhaltung«.
54 Siehe: https://www.biodiversity-exploratories.de; abgerufen im September 2023.
55 Striezel: *Leitfaden*, S. 145.
56 Forschungsinstitut für biologischen Landbau: »Innere Parasiten«, S. 2.
57 Ebd., S. 7.

Kapitel 2 – Klimatische Verschiebung

1 Hans Fallada: »Das brave und das verflixte Rindvieh«. In: *Heute bei uns zu Haus*.
2 Vgl. u. a. *Geo* vom 19.06.2023: »Klimaschutz: Irland erwägt die Tötung von 200 000 Kühen«; abgerufen im September 2023.
3 Rolf Wilhelm Brednich: *Die Spinne in der Yuccapalme. Sagenhafte Geschichten von heute.*
4 Der Weltagrarbericht wurde 2009 vom Weltagrarrat vorgelegt. Der IAASTD, International Assessment of Agricultural Knowledge, Science and Technology for Development, ist eine ähnliche Organisation wie der Weltklimarat IPCC. Er wurde 2002 von Weltbank und

Vereinten Nationen gegründet, um Unterernährung und Armut zu bekämpfen.

5 Siehe Steinfeld et al.: »Livestock's long shadow«.

6 Idel: *Die Kuh ist kein Klima-Killer!* S. 64 f.

7 Das gemeinsame Forschungsprojekt »MethAnLand« des Karlsruher Instituts für Technologie und des Forschungsinstituts für Nutztierbiologie in Dummerstorf soll klären, ob es machbar und sinnvoll ist, das Methan aus der Stallluft herauszufiltern, um damit Maschinen betreiben oder heizen zu können.

8 Siehe: https://www.umweltbundesamt.de/themen/landwirtschaft/umweltbelastungen-der-landwirtschaft/lachgas-methan; abgerufen im September 2023.

9 Siehe: https://wiki.bildungsserver.de/klimawandel/index.php/Treibhausgase#cite_note-8; abgerufen im September 2023.

10 Siehe: https://www.mpg.de/405362/forschungsSchwerpunkt; abgerufen im September 2023.

11 Der Weltklimarat IPCC schreibt dazu: »Eine bestimmte Verweilzeit für Kohlendioxid in der Atmosphäre anzugeben ist nicht möglich. Einzelne Moleküle verbleiben nur wenige Jahre in der Atmosphäre und treten dann in komplizierte Austauschprozesse mit dem Ozean und der Vegetation ein. Von diesen Reservoiren wird ein Teil des CO_2 wieder in die Atmosphäre emittiert, auch in Anhängigkeit von der Temperatur. Ein höherer CO_2-Gehalt (zum Beispiel durch anthropogene Aktivitäten) hält sich daher deutlich länger in der Atmosphäre. Circa die Hälfte ist nach dreißig Jahren nachweisbar und zwanzig Prozent können noch einige Jahrtausende vorhanden sein. Über diese Zeiträume herrscht in der Forschung keine Einigkeit.« International Panel on Climate Change: »Climate Change 2007, Working Group I, 7.3.1.2«.

12 Die Universität von Kalifornien in Davis hat das auf ihrer Netzseite Clear Center anschaulich erklärt: https://clear.ucdavis.edu/news/greenhouse-gas-emissions-what-difference-between-stock-and-flow-gases; abgerufen im August 2023.

13 Siehe: https://www.schleswig-holstein.de/DE/fachinhalte/K/klimaschutz/Downloads/THG_Bericht_lang.pdf?__blob=publicationFile&v=1; abgerufen im August 2023.

14 Brade: »CO_2-Fußabdrücke«, S. 4.

15 Vgl. Roque et al.: »Red Seaweed«.

16 Siehe: »Weniger Methan durch Rotalgen«. *Spektrum der Wissenschaft* 12/2016.

17 Siehe: https://www.forschung-und-wissen.de/nachrichten/umwelt/-13374845; abgerufen im September 2023.
18 Vgl. Loza et al.: »Methane Emission«.
19 Eine Liste der Forschungsarbeiten zum Projekt Ökoeffiziente Weidemilcherzeugung Lindhof gibt es hier: https://www.lindhof.uni-kiel.de/de/forschung/weidemilch; abgerufen im August 2023.
20 Vgl. Loges et al.: »Ökoeffiziente Weidemilcherzeugung Lindhof«.
21 Vgl. Beye et al.: »Species-Enriched Grass-Clover Mixtures«.
22 Der *Fleischatlas* ist eine seit 2013 in unregelmäßigen Abständen erscheinende Heftreihe. Die deutsche Ausgabe wird herausgegeben von der grünen Heinrich-Böll-Stiftung, dem BUND und *Le Monde Diplomatique*. Chemnitz et al.: *Fleischatlas*.
23 Vgl. Mekonnen et al.: »The green, blue and grey water footprint«.
24 Siehe: https://www.boell.de/de/fleischatlas; abgerufen im September 2023.
25 Pressemitteilung des Bundesamts für Naturschutz vom 10.10.2023: »Aktuelle Zahlen und Daten zum Wolf: Bundesweit 184 Rudel bestätigt«.
26 Zitiert nach s.hz: »Das kann die Ostseeküste beim Hochwasserschutz von der Westküste lernen«. *Husumer Nachrichten* vom 25.10.2023.
27 Siehe: https://wolfcenter.de; abgerufen im September 2023.
28 Fuhr: *Rückkehr der Wölfe*, S. 52.
29 Die Erkundung des Salzstocks Gorleben lief von 1979 bis 2014. Danach folgte ein sogenannter Offenhaltungsbetrieb. 2020 stellte ein Zwischenbericht der 2016 gegründeten und mit der Endlagersuche beauftragten Bundesgesellschaft für Endlagerung BGE fest: Das Deckgebirge des Salzstocks in Gorleben ist nicht intakt und auch die Gewässerchemie spricht gegen den Standort. 2021 beauftragte das Bundesumweltministerium die BGE mit der Schließung des Bergwerks.
30 Vgl. OVG Münster: Beschluss vom 04.10.2023, Aktenzeichen 8 B 833/23.
31 Zitiert nach dem Wikipedia-Eintrag »Lieutenant de louveterie«, abgerufen im Oktober 2023.
32 Siehe: www.dbb-wolf.de; abgerufen im September 2023. Abschnitt »Wolf/Schutzstatus«.
33 Ebd., Abschnitt »Wolfsmanagement/Herdenschutz«
34 Vgl. Fuhr: *Schafe*

Kapitel 3 – Ruck zur Natur

1 *Ein Psalm Davids*, Buch der Psalmen, zitiert nach der Lutherbibel.

2 »Dank Baumringen, Eis und Sonnenwind – erstmals 14 500 Jahre lückenlose Geschichte«. Pressemitteilung Uni Heidelberg, vom 01.04.2008.

3 Vgl: Muscheler et al.: »Tree rings and ice cores«.

4 Forschungen legen nah, dass Rinder gleichzeitig an zwei Stellen domestiziert wurden und die Neolithische Revolution auch zweimal stattfand: im Nahen Osten und im Nordosten Chinas. Vgl. Zhang et al.: »Morphological and genetic evidence«.

5 Klotz: *Die Entdeckung von* Çatal *Höyük*, S. 25.

6 Falkenstein: »Tierdarstellungen und ›Stierkult‹ im Neolithikum«, S. 126.

7 Mehr und Ausführlicheres zur Domestikation des Rindes und zu Stierkulten im Kapitel über das Rind in meinem Buch *Tödliche Freundschaft*. Frankfurt 2017.

8 Meller, Harald: »Vom Jäger zum Bauern – Der Sieg des Neolithikums. Der unumkehrbare Auszug des Menschen aus dem Paradies«. In: Otten et al.: *Revolution jungSteinzeit*, S. 22.

9 Mit der Rekonstruktion zweier in einer griechischen Höhle gefundener menschlicher Schädel mit Hilfe von Computertomographie und 3-D-Darstellung wurde einer der beiden einer frühen Form des *Homo sapiens* zugeordnet. Daraus ergibt sich, dass *Homo sapiens* nicht erst vor 40 000 Jahren nach Südosteuropa einwanderte, sondern bereits vor 210 000 Jahren. Danach setzte sich dann aber zuerst einmal der Neandertaler durch, sowohl in Europa als auch im Nahen Osten. Die zweite und erfolgreiche Einwanderungswelle aus Afrika erfolgte dann vor 44 000 Jahren. Das ist auch viertausend Jahre früher, als bisher angenommen. Die neue Datierung beruht auf einem Kiefernknochen mit Zähnen aus einer englischen Höhle.

10 Zitiert nach: *Die Germania des Tacitus*. Deutsche Übersetzung von Dr. Anton Baumstark. Freiburg 1876.

11 Cotta: *Anweisung zum Waldbau*, S. III.

12 Ellenberg: *Vegetation Mitteleuropas*, S. 20.

13 Vera: *Grazing Ecology and Forest History*.

14 Zumindest aus Mitteleuropa verschwanden die Mammute. Die letzten Wollhaarmammuts überlebten in Restpopulationen zum Beispiel auf der arktischen Wrangelinsel bis vor etwa 3700 Jahren.

15 In Christian Morgensterns Gedicht *Die unmögliche Tatsache* wird seine Figur Palmström von einem Auto überfahren, das dort nicht hätte fahren dürfen. Weshalb Palmström einfach weiterlebt: »Und er kommt zu

dem Ergebnis: / Nur ein Traum war das Erlebnis. / Weil, so schließt er messerscharf, / nicht sein kann, was nicht sein darf.«

16 Nach einer Grafik aus Pigott, Donald: *Lime-trees and Basswoods. A Biological Monograph of the Genus Tilia*. Cambridge 2012.

17 Zitiert nach Luick und Schuler: »Waldweide und forstrechtliche Aspekte«.

18 Vgl. Sugita et al.: »Landscape openness«.

19 Meister: *Zukunft des Waldes,* S. 115.

20 Carlowitz: *Sylvicultura,* S. 105.

21 Luick: »Waldweide und forstrechtliche Aspekte«, S. 1.

22 Gemeint ist eine Studie von Bernd-Markus Liss, veröffentlicht 1988 in den Forstlichen Forschungsberichten der Universität München.

23 Luick: »Waldweide und forstrechtliche Aspekte«, S. 4.

24 Ebd., S. 11

25 Kinzelbach: »Veränderungen der Tierwelt Mitteleuropas«, S. 2.

26 Meller, Harald: »Vom Jäger zum Bauern«. In: Otten et al. (Hrsg.): *Revolution jungSteinzeit,* S. 25.

27 Gerlach, Renate; Meurers-Balke, Jutta: »Neolithische Landschaften im Rheinland und in Westfalen«. In: Otten et al. (Hrsg.): *Revolution jungSteinzeit,* S. 171 f.

28 Küster: *Geschichte der Landschaft,* S. 69 f.

29 Küster: *Geschichte des Waldes,* S. 67.

30 Luick, Rainer: »Fleischgenuss und Landschaftsgestaltung«. In: Voget-Kleschin et al. (Hrsg.): *Nachhaltige Lebensstile.* S. 147.

31 Kunz: *Artenschutz.* S. XVI.

32 Ebd., S. XIX.

33 Der größte Teil des Stickstoffs in der Luft ist reaktionsträger elementarer Stickstoff. Er macht etwa drei Viertel der Atemluft aus. Es gibt Bakterien, die in der Lage sind, elementaren Stickstoff in reaktiven Stickstoff aufzuspalten, so dass ihn Pflanzen verwerten können. Klee und andere Hülsenfrüchte leben in Symbiose mit solchen Knöllchenbakterien, die für sie den Stickstoff aufbereiten und dafür mit Zuckern versorgt werden.

34 Siehe: https://www.umweltbundesamt.de/themen/luft/wirkungen-von-luftschadstoffen/wirkungen-auf-oekosysteme/reaktiver-stickstoff-in-der-umwelt#formen-reaktiven-stickstoffs; abgerufen im Juli 2023.

35 Siehe: https://www.umweltbundesamt.de/themen/landwirtschaft/umweltbelastungen-der-landwirtschaft/ammoniak-geruch-staub#emissionen-der-landwirtschaft; abgerufen im August 2023.

36 Bayerische Landesanstalt für Landwirtschaft: Jahresbericht 2019, S. 13.

37 Bibelriether, Hans: *Natur Natur sein lassen. Die Entstehung des ersten Nationalparks Deutschland: Der Nationalpark Bayerischer Wald.* Freyung 2017.

38 Kunz: *Artenschutz,* S. XVII.

39 Meister: *Zukunft des Waldes,* S. 56 f.

40 Kunz: *Artenschutz,* S. 43.

41 Ebd., S. 44.

42 Stöckmann, Antje: »Weidetiere als Landschaftspfleger – mit Pferden und Rindern von der Eintönigkeit zur Vielfalt«. In: Voget-Kleschin et al. (Hrsg.): *Nachhaltige Lebensstile,* S. 174.

43 Reichholf: *Naturgeschichte,* S. 126.

44 Ebd., S. 126 f.

45 Annette von Droste-Hülshoff: *Bilder aus Westfalen.*

Dank

Kein Buch entsteht ohne Helferinnen und Helfer, kein Sachbuch jedenfalls. Diesem hier und meiner Arbeit daran haben die Menschen geholfen, die sich schon lange oder gerade erst aufgemacht haben, die neuen Welten einfach zu schaffen, die unser Überleben sichern. Geholfen haben mir dabei konkret die Manager und Macher der Weidelandschaften von Bunde Wischen, aus der Oranienbaumer Heide und aus dem Erfttal: Gerd Kämmer, Stefan Reinhard und Frank Vohwinkel. Dazu kommen etliche Bäuerinnen und Bauern. Manche von ihnen sind in dem Buch nicht einmal namentlich erwähnt und haben ihm dennoch den Weg gewiesen: Dieter Euler, Kirsten Wosnitza und Gerd-Matthias Albertsen, Jasper und Ernst Metzger-Petersen, Nicole Salomo, Katja Dungworth und Mathias von Mirbach, Johannes Tams, Kathrin Ollendorf und Holger Linde. Dazu kommen die Wissenschaftlerinnen und Wissenschaftler, mit denen ich sprechen konnte. Das waren vor allem: Helmut Nickel, Wilhelm Windisch, Helmut Saucke und Karin Stein-Bachinger, Werner Kunz, Rainer Luick, Nicolas Schoof, Friedhelm Taube, Johannes Isselstein, Nico Blüthgen und Karin Jürgens. Ohne ihre Arbeit und ihre Hinweise wäre das Meiste vage geblieben, was ich vor Ort angeschaut und was ich recherchiert habe. Durch sie sind Vermutungen revidiert oder zu Fakten geworden, Ideen zu Wegweisern.